アンサンブル予報

新しい中・長期予報と利用法

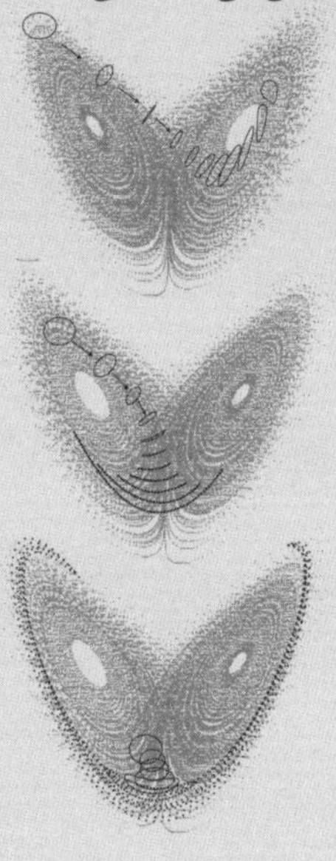

古川武彦・酒井重典●著

東京堂出版

はじめに

　2003年の梅雨明けは大幅に遅れ，ついに東北地方では梅雨明け発表がなされずに立秋を迎えてしまった。北日本や東日本では7月の平均気温が平年より4℃程度も低くなり，各地で観測記録を更新した。冷害が懸念されるなど長期予報に対する関心も高まった。

　気象庁は，2003年春から3か月予報を従来の統計的・経験的な予測手法から，スパコンを利用した力学的な予測手法である数値予報と統計的手法との併用に切り替えた。さらに，同年9月から暖・寒候期予報についても同様の手法を導入した。すでに，1か月予報および週間予報については数値予報が導入されており，2001年春から各予測モデルの計算結果の生データやそれを加工した予報支援資料などが部外にも公開されている。これで1,2日先までの短期予報から，中期予報に属する週間予報，さらに長期予報に属する1か月・3か月予報および暖・寒候期までのすべての予測手法の基礎が数値予報となった。特筆すべきことは，これら中期・長期予報の予報モデルは，現行の台風予報モデルや短期予報モデルにおける一組の初期値に基づく断定的な単一の予測値を与えるモデルと異なって，多数の集団的初期値を用いるアンサンブル予報とよばれる新しい数値予報技術に基づいていることであり，その結果「白か黒か」ではない出現確率など確率的な予測情報を与えることである。

　一方，民間気象事業者の側からみると1993年に始まった予報の自由化は，当初の短期予報から，2001年春には1か月予報に拡大され，2003年秋には3か月予報まで拡大された。さらにより長い期間の予報の自由化も予定されている。気象庁では今後も最新鋭のスパコンの運用を背景に，各種予報モデルの改善および高度化を図るとともに，民間での利用を一層促進するために大量の予測データや予報支援資料を公開し，部外への提供を行う方針である。すでに民間気

象事業者にとっては，こうした数値予報による予報資料を用いて種々のニーズに応えるビジネスが可能な環境にあり，今後ますます高まるといえる。

なお，さきの1か月予報の自由化に合わせて，2001年から気象予報士試験においても長期予報の分野が試験科目にとり入れられている。

わが国の長期予報は明治末期に頻発した東北地方の冷害を契機に研究が始まり，昭和17年(1942年)の最初の発表以来，約60年の歴史を持っているが，長期予報に初めて力学的手法が導入されたのは1990年3月のことで，1か月予報を対象としていた。力学的手法といっても1か月予報の前半部分だけを数値予報で行い，後半は従来の統計的手法で行うという変則的な形態であった。また，当時はアンサンブル予報が実用化されていなかったため，力学的部分も従来型の断定的な数値予報であった。その後，アンサンブル予報の実用化を目指した開発が進められ，気象庁は1996年3月にはアンサンブル予報による本格的な1か月予報を開始した。アンサンブル予報結果はこれまで部内でのみ利用されてきたが，その後の予報モデルの大幅な改善や計算結果の部外提供等の体制が整ったことから，前述のように2001年からデータ公開および自由化に至ったものであり，さらに2003年4月から3か月予報のアンサンブル予報化が実現したわけである。

本書で紹介する週間予報，1か月予報および3か月予報，暖・寒候期予報に導入されているアンサンブル予報は，短期予報や台風予報などと異なる新しい考え方と数値予報技術を基礎としている。アンサンブル予報の導入は今や世界的な潮流となっており，いよいよ長期予報の技術も統計的手法から力学的法則に基づく数値予報時代へと本格的に動き始めた。

しばし過去を振り返ってみよう。21世紀の幕開けは，世界の各地で近来にない寒さで始まった。2001年モンゴルでは歴史的な雪害に見舞われ，日本でも10年近く続いてきた暖冬慣れの各地に予想外の寒さや雪をもたらし，社会を驚かせた。同じく2001年の梅雨明けは，沖縄や奄美地方は例年どおりであったが，関東甲信地方だけが10日程度も早くなり，その後猛暑が継続した。隣の朝鮮半島では厳しい干ばつから一転して大洪水に見舞われた。翌2002年の春は各地

で3月中に桜が満開となってしまい，花見を始め種々のイベントに影響を与えたほか，全国的に異常な高温に見舞われた．2003年，梅雨明けは大幅に遅れ，記録的に涼しい夏となった．このような1週間や1か月程度も継続するような低温や高温，長雨あるいは少雨などの天候の偏りは，地球規模で見ればしばしば起こっている．考えてみると，人々の生活や産業活動は，日々の天気や数日先の天気，あるいはもっと先の天候がいつもの通り，すなわち平年並みに推移することを大前提として動いているのではないだろうか．したがって天候が平年並みから大きく偏ると，農産物をはじめエネルギーの需給関係など社会経済活動の諸分野に影響が現われ，さらに災害をおよぼす程度にまで偏ると危機の発生にもつながりかねない．

科学技術は，近年，急速な勢いで私たちの住まいや活動，さらに産業のフロンティアを押し広げて種々の利便を提供しているが，それらのフロンティアは気象の変化に対する耐性を十分に持ち合わせているとは言い難い．むしろ近年の事象はその弱さを見せつけてすらいる．気象や天候の変動に対して，個人や組織はそれぞれの才覚でリスクを考慮しながら一定の対策をとってはいるが，ある程度以上の厳しい気象や天候による被害や損害は，止むを得ざるものとして諦められてきた観がある．たしかに台風の襲来による農作物の被害などの防御にはおのずと限界がある．最大の原因は，これまで対策を立てようにも頼りとする気象予報の精度が中期および長期予報の分野では十分でなかったことが挙げられるが，同時に，予報に基づいて対策をとるのに必要な費用（コスト）の節減と損失（ロス）の回避・軽減についての実用的なモデルがまだ十分に開発され，流布していないこともある．

一方，最近ウエザーデリバティブとよばれる新しい天候リスク回避の手法が拡がりつつある．ウエザーデリバティブは，1997年あたりから米国やヨーロッパで生まれたもので，暖冬や冷夏が生じた場合の売上減少や機会損失を回避するために，あらかじめきたるべき期間の気温などを指標化（インデックス化）してその数値自身をあたかも金利や株価のように扱ういわゆる金融派生商品の一種であり，天候保険の性格を持っている．日本でも急速に拡大しつつある．こ

の商品の価格設定では，事象の発生確率の見積もりが根幹であるが，現在のところ過去データに基づく統計的な手法が主流である。アンサンブル予報の持つ確率情報はウエザーデリバティブの商品の設計者や購入者にとって利用価値を秘めている。

一般の人々にとって，明日や明後日の天気についての関心は，どのくらい雲が拡がるか，雨が降るか，気温は何度まで上るか，風や波は何mくらいか，それらの時間的な推移はどうなるかなどであろう。このような詳細な関心は各人が明日などに行うべき種々の意思決定にとってたちまち必要であり，また自然な欲望でもある。ところが1か月先や3か月先の天気や天候となると，ユーザーの要請も日単位というよりも（予報技術自身がそこまで達していないことが根本であるが）数日単位や週間，あるいは月単位となり，気象自身も絶対値より，期間の平均値や幅，傾向などである場合が多い。また，先週に比べて，先月に比べてあるいは平年に比べてという情報も重要視される。本書で紹介する中・長期アンサンブル予報は，ある期間の天候に関して，従来の断定的な答え（情報）以外に，信頼度や頻度分布などある幅を持った確率的な情報として出力され，一般にも公開されている。したがって，ユーザーにとっては関心のある天候（事象）の出現を天候リスクととらえて，アンサンブル予報のもつ確率的情報を上手に利用することにより，これまでと異なるより有効な意思決定やリスク管理に役立てられるはずである。

本書の目的は，気象技術者のみならず農産物やエネルギーなどの生産や流通分野，自然災害などを対象とした損害保険分野，天候リスクマネジメント分野など中・長期的な天候変動の影響を受ける人々を対象に，現在，気象庁で行なわれている中・長期予報技術の全体像をできるだけ広くとらえ，また平易に紹介することを心がけた。中・長期予報におけるものの考え方のほか，アンサンブル予報の理論的バックボーンである大気の持つカオスおよび実際に運用中の週間・1か月・3か月アンサンブル予報技術に主眼を置き，合わせて新しいアンサンブル暖・寒候期予報およびその中で併用されている統計的手法などについても言及した。

アンサンブル予報は，大気の運動を物理的法則に従って客観的にとらえ，予測しようとする力学的な数値予報技術に基づいており，その発展型に他ならない。このためアンサンブル予報および数値予報に関わる議論が本書で一応完結するように，大気の諸現象が振る舞う地球，現象の原動力である太陽エネルギー，さらに気象を支配する種々の法則や原理，数値予報技術や数値予報モデルの仕様などについても触れた。

　本書の構成は，1章で長期予報の主な予測対象である季節の特徴を，2章で長期予報におけるものの考え方を，3章で気象を支配する諸法則や気象現象の特徴を，4章で数値予報技術の概要を，5章でアンサンブル予報の基礎概念を，6章で実際の1か月アンサンブル予報の仕様や出力を，7章で1か月予報作成の実践的ガイドを，8章で3か月アンサンブル予報を，9章で暖・寒候期予報とエルニーニョ予測を，10章で週間アンサンブル予報を，第11章で予報の価値や中・長期予報の利用法，ウエザーデリバティブなどを，12章に世界の動きを記述した。週間予報の記述が後章になったのは長期予報を主眼に置いたためである。

　なお，付録として，数式的な部分，エルニーニョの説明，1か月・3か月予報のための予報資料，曲折を経てきたわが国の長期予報の小史，新たに気象予報士試験の部門に加えられた長期予報関連の試験問題例，長期予報関連用語などを収めた。最後になったが気象庁では高野清治，前田修平等(1996, 1999など)が中心となってアンサンブル予報に関する優れた研修テキストや解説等を多数著している。執筆の大きなよすがになったと同時に，随所で引用させて頂いた。また両氏をはじめ気象庁の諸氏には種々教示を頂いた，ここに記してお礼を申し上げる。さらに，種々の助言を頂いた新田尚博士にお礼を申し上げるとともに，辛抱強く編集を担当された廣木理人氏の労苦に感謝いたします。

目　　次

はじめに

1章　季節を彩る天候
1.1　天候を見る眼鏡 ……………………………………………16
1.1.1　平均図と偏差図…… 16　　1.1.2　500 hPa 天気図と地上気温 …… 19　　1.1.3　平年値と階級区分…… 19　　1.1.4　異常気象の尺度…… 22

1.2　季節の顔とその偏りの特徴 …………………………………23
1.2.1　冬…… 24　　1.2.2　春…… 28　　1.2.3　梅雨…… 30　　1.2.4　夏…… 33　　1.2.5　秋…… 42

1.3　日本の天候に影響する地球規模の現象 ……………………43
1.3.1　ブロッキング…… 44　　1.3.2　ENSO（エルニーニョ・南方振動）…… 47　　1.3.3　エルニーニョ／ラニーニャと世界の天候…… 52　　1.3.4　エルニーニョ／ラニーニャと日本の天候…… 54　　1.3.5　テレコネクション（遠隔結合）…… 55

2章　長期予報におけるものの見方
2.1　長期予報への道 ………………………………………………57
2.2　気象と天気予報 ………………………………………………59
2.3　長期予報は何を見ているか …………………………………60
2.4　長期予報における着目点 ……………………………………66
2.4.1　大規模な場（循環場）…… 66　　2.4.2　偏西風の流れ方…… 67　　2.4.3　東西指数…… 69　　2.4.4　西谷型，東谷型…… 70　　2.4.5　3か月予報等の境界条件への依存性…… 71

2.5 長期予報における統計的・経験的予測手法 …………………74
　　2.5.1 相関法……74　　2.5.2 類似法……75　　2.5.3 周期法
　　……76
2.6 力学的予測 …………………………………………………77

3章　気象の外的条件，現象の特徴とそれを支配する法則
3.1 太陽と地球 …………………………………………………78
　　3.1.1 太陽系における地球……78　　3.1.2 地球の自転……81
　　3.1.3 太陽エネルギー……83　　3.1.4 地球大気の熱経済と温室効果……85
3.2 大気圏の構造 ………………………………………………90
　　3.2.1 鉛直方向の構造……90　　3.2.2 南北断面……92
3.3 気象現象の特徴 ……………………………………………94
　　3.3.1 現象の時間・空間スケール……94　　3.3.2 現象の階層性と相互作用……98
3.4 気象現象を支配している法則 ……………………………102
　　3.4.1 支配方程式系……102　　3.4.2 地衡風の関係……103
　　3.4.3 熱エネルギーのやりとり……104

4章　数値予報技術
4.1 数値予報モデル ……………………………………………106
4.2 数値予報の原理 ……………………………………………108
4.3 数値予報のしくみと手順 …………………………………111
　　4.3.1 数値予報用コンピュータ……111　　4.3.2 数値予報の基本手順……111　　4.3.3 連続量の離散化……113　　4.3.4 スペクトルモデル……115　　4.3.5 解析・予報サイクル……117
4.4 数値予報モデルの精度と限界 ……………………………118
4.5 GPVとガイダンス …………………………………………120

目　次　9

5章　アンサンブル予報——中・長期予報の新しい考え方——

5.1　日替わり予報 …………………………………………………121

5.2　初期条件の違いと結果の違い …………………………………123

5.3　ローレンツの実験 ………………………………………………124

　　5.3.1　最初の実験(偏西風のふるまい)…… 124　　5.3.2　ローレンツモデル(2次元熱対流のふるまい)…… 124　　5.3.3　ローレンツモデルと大気のアナロジー…… 127

5.4　アンサンブル予報の原理 ………………………………………132

　　5.4.1　予報の精度—スプレッドの導入—…… 133　　5.4.2　予報で得られる情報…… 135

5.5　初期値の作成方法 ………………………………………………139

5.6　モデルの完全性 …………………………………………………143

6章　1か月アンサンブル予報の枠組みとプロダクト

6.1　予報区, 予報要素など …………………………………………144

6.2　予報モデルの仕様 ………………………………………………145

6.3　アンサンブルメンバー …………………………………………145

6.4　予報資料の種類と内容 …………………………………………146

　　6.4.1　実況解析図…… 147　　6.4.2　アンサンブル平均図…… 147　　6.4.3　スプレッド・高偏差確率…… 148　　6.4.4　各種時系列(気温, 東西指数, 高度, スプレッド, 速度ポテンシアル)…… 149　　6.4.5　ガイダンス(気温, 降水量などの確率, 晴れ日数などの出現率, 気温などのヒストグラム)…… 151　　6.4.6　アンサンブル数値予報モデルのGPVなど…… 153

6.5　ガイダンスの作成 ………………………………………………160

　　6.5.1　ガイダンスの基本概念…… 160　　6.5.2　1か月予報ガイダンス…… 162

7章　1ヶ月アンサンブル予報の実践ガイド

7.1　実況経過の把握 ……………………………………………166

7.2　予報資料の不確定性(信頼度)の検討 ………………………167
　　　7.2.1　スプレッドの検討……167　7.2.2　高偏差生起確率……170

7.3　数値予報結果(予想される大規模な循環場)の検討 …………170
　　　7.3.1　500 hPa 高度場・偏差図の検討……171　7.3.2　850 hPa 温度場および偏差図の検討……171　7.3.3　平均海面気圧・凝結量の検討……172

7.4　要素別予報, 確率値の決定 ……………………………………172

7.5　1か月予報のシナリオ ……………………………………………174

8章　3か月予報

8.1　アンサンブル予報の導入とその意義 …………………………178

8.2　3か月アンサンブル予報モデル …………………………………179
　　　8.2.1　アンサンブル予報のプロダクト……179　8.2.2　予報モデルの仕様……179　8.2.3　アンサンブルメンバー……181
　　　8.2.4　予報モデルの下部境界条件……181　8.2.5　予報資料の構成……181

8.3　力学的予報資料(数値予報循環場の部) …………………………183
　　　8.3.1　実況解析図……183　8.3.2　熱帯・中緯度予想図, 北半球予想図……184　8.3.3　高偏差確率分布図, 循環指数類ヒストグラム……184　8.3.4　各種指数類時系列, 層厚換算温度偏差時系列……185

8.4　力学的予報資料(ガイダンスの部) ………………………………186
　　　8.4.1　アンサンブル平均ガイダンスの作成法……187　8.4.2　確率ガイダンスの作成法……187　8.4.3　気温・降水量・降雪量ガイダンス……188　8.4.4　日照時間・天気日数ガイダンス……188

8.4.5　気温・降水量ヒストグラム……190
　8.5　統計的予報資料………………………………………………190
　　　8.5.1　OCN(最適気候値)法およびCCA(正準相関分析)法……191
　　　8.5.2　OCNおよびCCAの予測精度……192　8.5.3　OCN予報資料, CCA予報資料……193
　8.6　3か月予報アンサンブル格子点値………………………………193

9章　暖・寒候期予報, エルニーニョ予測
　9.1　予測モデル, 予報要素, 予報区など……………………………195
　9.2　予報資料など…………………………………………………195
　9.3　エルニーニョ予測………………………………………………197
　　　9.3.1　エルニーニョ予測モデル……198　9.3.2　予測モデルの精度……200

10章　週間アンサンブル予報(中期予報)
　10.1　週間アンサンブル予報の考え方………………………………202
　10.2　予報モデルの仕様と運用………………………………………203
　10.3　週間天気予報とガイダンス……………………………………204
　10.4　信頼度情報および週間予想・予報支援図……………………204

11章　中・長期予報の利用法
　11.1　中・長期予報資料とその入手方法……………………………209
　11.2　リードタイムを考慮した情報の多段的利用…………………211
　　　11.2.1　予報メニューの階層性……211　11.2.2　情報の多段的適用……214
　11.3　意思決定における予報の効用…………………………………215
　　　11.3.1　コスト-ロス比モデル……215　11.3.2　意思決定における予報の最適ルール……217　11.3.3　基本予報技術の期待費用と価値

　　　　　　……218　　11.3.4　アンサンブル予報の優位性……222
　11.4　アンサンブル予報の応用 ……………………………………223
　　　　11.4.1　確率予報……223　　11.4.2　アンサンブル予報を利用した
　　　　天候リスク評価……225
　11.5　天候リスクヘッジ―ウエザーデリバティブ― ………………228
　　　　11.5.1　ウエザーデリバティブ……228　　11.5.2　ウエザーデリバ
　　　　ティブの例……230　　11.5.3　ウエザーデリバティブと気象……231

12章　諸外国の長期予報……………………………………………………234

おわりに ………………………………………………………………………239

付　　録 ………………………………………………………………………241
　1．支配方程式系……242
　2．ローレンツモデル……243
　3．ENSO（エルニーニョ南方振動）……245
　4．週間・1か月アンサンブル予報資料……249
　5．3か月アンサンブル予報資料……253
　6．長期予報小史……260
　7．演習問題……267
　8．長期予報に関連する用語……274
　9．引用および参考文献……278

索　　引 ………………………………………………………………………281

アンサンブル予報
――新しい中・長期予報と利用法――

1章　季節を彩る天候

　日本列島の大部分は中緯度に属し，さらにユーラシア大陸の東岸に位置し，周囲を日本海や太平洋に囲まれている。こうした地理的条件と地球の自転軸が公転面に対して傾いていることなどから，夏の南西モンスーンや冬の北西季節風など日本には明確な四季が見られる。教科書的に日本の季節をいちべつすると，冬は西高東低の気圧配置となり，大陸からの冷たい北寄りの季節風が卓越して厳しい寒さや日本海側の地方を中心に大雪をもたらす。春になると，低気圧や高気圧が周期的に通り，変化に富んだ天気が見られる。やがて梅雨というモンスーンアジア特有の雨の季節を経て，強い陽射しが照りつける盛夏の季節がやってくる。そして木の葉が色づく秋，台風や秋雨前線に伴う災害の多い季節でもある。その後に再び冬がくる。実際は毎年このように典型的な季節変化をしているわけではなく，年によって季節のあゆみは異なり，したがってそれぞれの季節の天候も異なる。暖冬があり寒冬がある，冷夏や長雨があるかと思えば，干ばつや猛暑の夏があるというように，むしろ平年から大きく偏った天候が現われるのが普通である。しばしば，異常といわれるほどに天候の顕著な偏りが見られる。たとえば，近年の異常気象として記憶に新しいところでは，1993年の冷夏と翌1994年の猛暑・干ばつの夏があり，いずれも記録的である。1993年は全国的に平年より早い梅雨入りとなり，6月から8月までのほぼ3か月間，低温と日照不足の天候が延々と続いた。8月になっても盛夏らしい天候はみられず，ついにこの夏は盛夏としての暑い季節がないまま秋になるという異常ぶりで，気象庁もこの年の梅雨明けは特定できないと発表するほどであった。一転して，翌1994年は前年の夏とはまったく正反対の異常天候が現われた。すなわち，記録的な暑さと干ばつの夏となり，全国の多くの地点で観測開始以来の猛暑や少雨を記録し，四国などではダムが干上がり水不足騒ぎも各地

で起った。

　さて，長期予報では，現象に対する認識や予測技術が，今日・明日などを対象とするいわゆる天気予報（短期予報）とは大きく異なるアプローチがなされる。この章では，以後の各論に先立って，まず，長期予報の主対象あるいは関心事である各季節や天候，さらにそれらの変動を見る眼鏡（認識の仕方）について，ついで四季を彩る代表的な天候とその偏りの様子について，最後に日本の天候を左右する大規模な大気の流れの特徴やエルニーニョ現象などについて述べる。なお，長期予報に対するものの見方については，改めて次章で触れる。

1.1　天候を見る眼鏡

1.1.1　平均図と偏差図

　いわゆる天気予報では，興味の対象は日々の天気の移り変わりであり，一般に気温や雨などが数時間の刻みでとらえられ，予報がなされる。また，天気予報に現われる天気図も，「4月1日午前9時の天気図」のようにある日ある時刻での天気（雲量など）や風，気温，気圧などの気象要素の状態を表わす。同時に個々の高気圧や低気圧あるいは前線の動きなどが着目される。しかしながら，長期予報では，現況の把握や予測，解説を行うにあたって，短期予報のような短い期間ではなく，1週間平均，1か月平均あるいは3か月平均というある期間で平均した「平均値／平均図／平均天気図」などが用いられるのが大きな特色である。また，予報を利用する場合は，平均の値が平年値あるいは適当な期間平均で見た値（気候値という）から偏る程度を示す「偏差値／偏差図」が有用である。一方，予報作業では平均地上天気図に加えて上空の主として平均500 hPa 天気図（以下，単に500 hPa 天気図とよぶ）が多用される。これは500 hPa 天気図の高度は日々はもちろん季節や場所によって変動するが，500 hPa の高度が対流圏のほぼ中間高度にあたり，大気全体の流れ（長期予報作業では慣用的に「循環場」とよばれる）を代表しているとみなされ，また地上気温とも相関が大きいことによる。なお，日本付近では500 hPa 面の高度はお

およそ 5500 m 上空に位置している。

　さて，長期予報ではなぜ平均図や偏差図が用いられるのであろうか。1 か月や 3 か月先までのような長期予報の期間内には，10 個やそれ以上の高・低気圧が日本付近を通過し，さらに前線などの影響を受ける。しかしながら，気象学の教えるところは，1 か月予報の中で，(たとえ世間のニーズが強くても)こうした個々の低気圧擾乱の発生や伝播，強度(雲量の多寡，気温の高低や風の強弱などの天気)を短期予報のように数時間単位や日単位で追跡し，予測することはとうていできず，1 週間などある期間の平均状態の予測のみが可能であるということである。その理由は後に述べることにし，ここでは「大気の運動はカオスとよばれる本質的な性質に左右され，たとえ予測モデルが完全でも，初期の観測誤差等に敏感に依存し，誤差が増大してしまうためである」ということにとどめ，先に進む。

　一方，現象論的に見ると，個々の高・低気圧や前線のふるまいは，地球規模の偏西風の流れ方など大規模な場に支配されており，しかも偏西風の流れ方にはいくつかの典型的パターンがある。さらに，3 章で触れるようにこうした大規模な流れほどその変化は緩慢で持続性が高い(寿命が相対的に長い)ことが知られている。このことは実際の大気の主要な流れは高・低気圧などと大規模な流れの場とは複合的・一体的に重畳して存在しているが，なんらかの手段により大規模な流れの場を予測することができれば，その環境下に共存している高・低気圧などのふるまいの情報が得られることを意味している。高・低気圧や前線と大規模場(偏西風帯のジェットの変動やブロッキング現象，超長波など)はそれぞれ時間・空間スケールが異なるから，大規模な場を見るためには，適切な期間内で平均をとれば，個々の高・低気圧などの通過に伴う高温や低温，北風や南風などの短周期的成分が打ち消しあって，大規模場のみの成分が残る(得られる)ことになる。長期予報の分野では，高・低気圧などと大規模場の現象を，それらの時間変動の相違から区別して，前者を「短周期変動あるいは高周波変動」，後者を「長周期変動あるいは低周波変動」とよぶ。

　じつは，このような平均操作が 1 か月や 3 か月予報等に頻繁に現われる「平

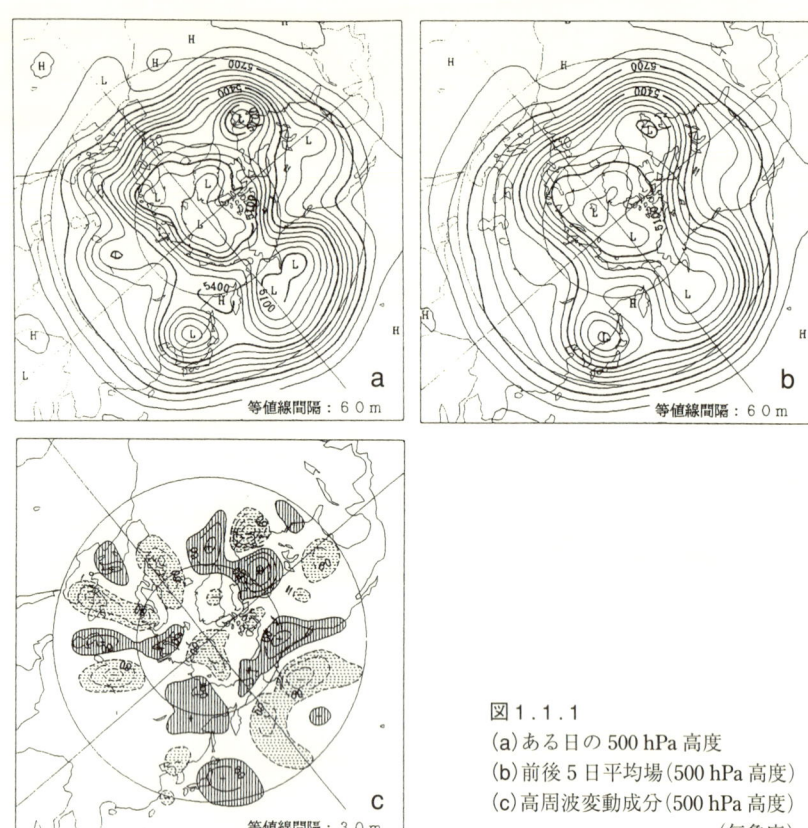

図 1.1.1
(a) ある日の 500 hPa 高度
(b) 前後 5 日平均場 (500 hPa 高度)
(c) 高周波変動成分 (500 hPa 高度)
(気象庁)

均図／平均天気図」に相当する。次節で述べる各季節の特徴もこのような平均状態で記述したものである。この立場は，たとえば，1月という冬の季節の認識を，31日間の連続する天気図を日記帳のように一枚一枚めくるのではなく，31枚の天気図を1枚の図に重ねあわせて，季節の特徴(顔)を見ていることに相当する。この関係を1月の 500 hPa 天気図を対象に見たのが図 1.1.1(a)(b)(c) である。(a) はある日，(b) はある日の前後5日平均場(長周期・低周波変動)，(c) は (a) から (b) の5日平均値を差し引いたもの(短周期・高周波変動)である。すなわち，実際の現象(a)は，(b)のような長周期・低周波変動の場に，

(c)のような短周期・高周波変動が重量したものと考えることができる。短期予報は気象衛星「ひまわり」画像の雨雲群などの移動でピッタリ見える世界であるが，長期予報ではひまわりの画像は重ね合わされてしまい，全体がぼんやりとした帯状の雲分布となる世界である。

こうした平均図／平均天気図の概念は，後述のアンサンブル予報作業から見れば，力学的法則に則った気象予測（数値予報）を日ごとに出力した後で，改めて平均して得られるアンサンブル平均図にほかならない。また，後述の統計的な予測の世界で言えば，過去の月平均図の世界で得られた統計的関係を直近の月平均図を媒介にして将来の月平均図にあてはめるという関係になる。

なお，アンサンブル予報では、コンピュータによる予測計算は原理上10分程度の刻みで行われ，出力（予測結果）は日単位程度で公開されているが，後述するように長期予報では本来そのような日単位の時間的細かさは予報としての意味（精度）が全然ないことに留意すべきである。

1.1.2　500 hPa 天気図と地上気温

500 hPa 天気図と天候の一要素である地表気温との関連を見ると，一般に等圧面高度が高い地域の地表付近では，他の地域と比べて地表までの距離が長い分，そこの場所の気温減率に応じて気温は相対的に高くなる。また，週や月といった期間の平均的な地上気温も，それぞれ対応する期間で平均した 500 hPa 天気図の高度と非常によく対応している。500 hPa 高度と地表との関係は偏差値で見ても同様である。すなわち，一般に 500 hPa の高度場が平年より高い地域（正偏差域）は地上気温が平年よりも高く，逆に高度場の負偏差域は地上の気温が低い。さらに，500 hPa の高度場の正偏差域と負偏差域との境目付近は一般に地上の前線帯に対応する。

1.1.3　平年値と階級区分

長期予報のユーザーにとって，ある月の実際の平均気温が××度，あるいは向こう1か月の平均気温が〇〇度と予測された場合、平均気温の絶対値自身が

利用される場合のほか，それが例年との対比でどの程度高いか低いかの方が都合がよい場合がある。気象庁は普段や例年に対する基準として「平年値」を作成しており，また数値の大小や多寡の程度を表わす指標として「平年並」などの「階級区分」を行っている。2001年1月1日から，従来の平年値が新平年値に更新され，同時にこれまでの階級区分も変更された。平年値やこの階級区分はどのようにして決められているのだろうか。

平年値

現に起こっているあるいはすでに起こった現象，さらに将来のある時間や期間に起こると予想される現象の程度を過去と比較するためには，基準となる一定の過去期間が必要である。国際的には30年という期間が採用されている。30年とした根拠ははっきりしないが，これは一人の人間が社会的に活動する期間がほぼ30年程度であり，その間に一度経験するかしないか程度の稀な現象を「異常」と感じることを考慮したものといえる。具体的には国連の一専門機関である世界気象機関（WMO）は，その技術規則の中で，気候の診断をするとき，その標準となる「平年値」を，「西暦の1位が1の年から数えて連続する30年間の累年の平均値」と定義している。したがって2001年から10年ぶりに新しい平年値に更新された。新しい統計期間は1971年から2000年までの30年間で，それまでの1961年から1970年の10年分の古いデータが除去され，1991年から2000年という最近の10年間のデータが加った。なお，日本各地の気温の新平年値は旧平年値に比べて，近年のヒートアイランド（熱の島）現象や地球温暖化などの影響を受けて，北日本および南西諸島の5月が－0.1℃となっているほかは，すべて高くなっている。とくに，冬を中心に上昇が大きく，東日本や西日本の1月が＋0.5℃となっている。相対的に暖冬や暑夏が現われにくくなったといえる。また，降水量では，北日本の冬や南西諸島の夏などで減少が見られる。

長期予報（季節予報）における階級区分

つぎに，気温や降水量などの予報が発表された場合，その値が過去に実際に起こった事象に比べてどの辺に位置するかの比較情報として，従来から「高い

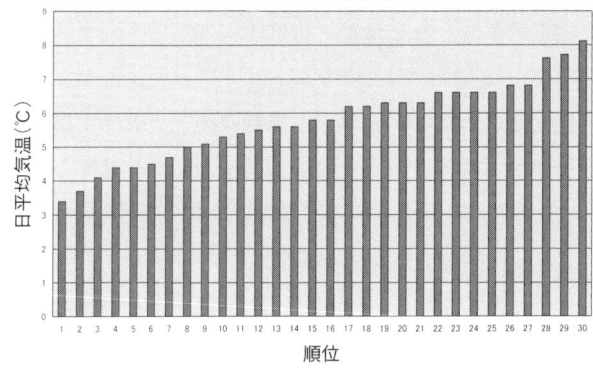

図 1.1.2
東京の地上気温の順位棒グラフ（1971 年～2000 年）

(多い)」,「平年並」,「低い(少ない)」の三つの階級区分で表現している。したがって「平年並」の場合も平年値そのものではなく平年値を含むある幅で定義されている。各階級で生起する割合を一般に「気候的出現率」とよび, 2001 年 1 月からその割合が改定された。

三階級の具体的な求め方は, 図 1.1.2 に示すように, 月平均気温の場合, その平年値の元になっている 1971 年から 2000 年の 30 年間の月平均気温データ 30 個を低い方から順に高い方へ並べ, それを 3 等分して, 第 1 位から 10 位までの幅を「低い」, 真ん中のグループである 11 位から 20 位の幅を「平年並」, 21 位から 30 位までの幅を「高い」と区分されている。正確には,「低い(少ない)」と「平年並」の境界値は 10 位と 11 位の平均値であり, 境界値自身は「低い」階級に含める。また,「平年並」と「高い(多い)」の境界値は, 同様にして 20 位と 21 位の平均から求め, その境界値は「平年並」に含めている。この区分法では各階級に対する出現確率は同等でいずれも 33% で, すなわち「低い(少ない), 並, 高い(多い)」＝「33%, 33%, 33%」となる。この考え方は米国などでも採用されている。もちろん, 各階級の幅を示す気温や降水量は地域によってまた季節によって違ってくる。6 章であらためて触れるように確率がたとえば (65, 20, 15)% の予報例では, 高い(多い)可能性が平年に比べ約 2 分の 1, 低い(少ない)可能性が約 2 倍であることを意味する。なお, 気象庁から発表される 1 か月予報や 3 か月予報には発表のつど, 参考資料として, 平年

並の範囲についてのデータが予報文とともに示されている。

　従来は各階級の気候的出現率はそれぞれ30%，40%，30%とされていたが，新区分では33%，33%，33%と等出現率階級区分に変更された。その主な理由は，たとえば，従来の区分の予報では，「高い」階級の確率が40%と出された場合，気候的出現率は30%であるから10%起こりやすいことを意味しているが，これは「平年並」の階級の出現率40%と同じ数値となり解釈に混乱を生じることにもなった。さらに，長期予報では，地域や季節により，たとえば1か月予報として意味のある情報が出せないときがありえる。このような場合のもっとも確からしい予報は，過去に起こったと同じ確率で起こると考えるのが最良の情報（予報）である。すなわち，「各階級の確率は，統計値算出期間（通常は30年間）の各階級の出現率と同じである」と考える。なお，長期予報作業や関連資料では，しばしば平年値と並んで「気候値」あるいは「気候学的値」が使われる。気候値の定義は定かではないが，平年値をそのまま採用する場合のほか，直近の10年間など目的に応じて種々の期間が採用される。

1.1.4　異常気象の尺度

　異常気象という言葉は世の中ではかなり幅広く使われているが，長期予報の分野では，これまでに経験した平均的な気候状態から大きくかけ離れた気象現象を意味する。台風や低気圧に伴う短期的あるいは局地的な激しい現象から，干ばつ，低温や日照不足などの数か月～1年程度の現象も含まれる。何が異常か正常かは本来相対的な概念であることから，異常気象という用語は状況に応じて適宜使用されているのが現状である。事実，気象庁部内でも，いわゆる異常気象や災害を調査する際に決め手はなく，「出現度数の小さい現象，地点・季節として平常に現われない現象」としている。しかしながら，現象を定量的に扱う際には「異常」と判断するなんらかの尺度（数値的基準）が必要となることから，気象庁では長期予報の分野に関して，次のように定義している。異常気象は特定の現象の発生やある絶対的な閾値と連動したものではないことに留意すべきである。

―― **異常気象** ――

それぞれの地点における月平均気温や月降水量が過去30年間あるいはそれ以上にわたって観測されなかったほど平年値から偏っている場合，あるいは月平均気温が正規分布をする場合，平年値からの偏差が標準偏差の約2倍以上偏った場合を異常高温，または異常低温とし，月降水量が過去30年間のどの値よりも多い，あるいは少ない場合，それぞれ異常多雨，異常少雨とする．図1.1.3は，月平均気温の時系列と異常高温と異常低温の例を示す．

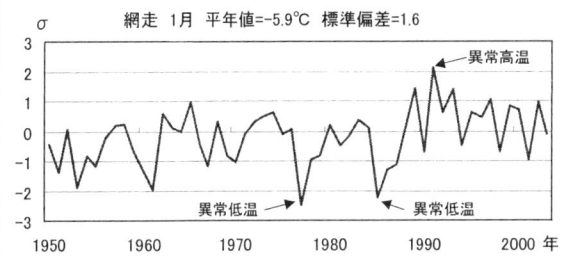

図1.1.3
月平均気温時系列，異常高温，異常低温

1.2 季節の顔とその偏りの特徴

1か月予報では，毎週金曜日に向こう1か月間の予報が更新され，文章による予報とともに1・2週間平均図や1か月平均図などが予報資料として提供されている．3か月予報でも1か月平均や3か月平均図が提供されている．これら週間平均図や1か月・3か月平均図の資料は，アンサンブル予報に基づいて得られる日単位の計算結果をさらに平均することにより導かれたものである．こうした資料を解釈し有効な対策を立てるためには，まず，平年の季節および天候の特徴やその推移，さらに平年から大きく偏った場合の特徴をよく理解しておき，平年と顕著な偏りの特徴との対比で「予報はどう言っているのか」を知ることが重要である．こうした立場は1か月予報のみならず，3か月予報や暖候期予報(春から初秋にかけて，あるいは4月から9月ころまで)，寒候期予報(晩秋から春にかけて，あるいは11月から3月ころまで)についても同様である．以下に各季節の代表となる月(1月，4月，7月，10月)および梅雨を選び，

それらの月平均地上天気図や同 500 hPa 天気図，さらに偏差図を用いて解説した。各月および梅雨の天気図を通じて，季節の種々の顔が見えるはずである。なお，記述の重点を長期予報の立場から見て影響の大きい冬と夏に記述の重点をおいた。

1.2.1 冬

冬の天候はいわゆる西高東低の気圧配置として特徴づけられる。冬の代表として1月の平均天気図を見る。図1.2.1は日本付近の地上天気図である。この図の特徴は，アリューシャン列島付近に低圧部があり，シベリアのバイカル湖付近に高圧部が見られることである。冬の間の日々の天気図では，大陸の高気圧は強くなったり弱くなったりと変動し，日本付近ではときには低気圧や高気圧が通過するなどの変化があり，日本付近を通過した低気圧はアリューシャン列島付近で発達するのがふつうである。そのような毎日の変化があるにもかかわらず，1か月平均図で見ても，図のように日本の東側のアリューシャン列島付近に低圧部，西のシベリア大陸方面に高圧部があって，いわゆる西高東低の気圧配置を形成している。このことは，日々で見ても西高東低のパターンが卓越していることの反映にほかならない。しかしながら，日本での冬(天候)の実際の現われ方は，シベリア高気圧の年による発達の強弱(平年比)に対応して，平年並や寒冬，暖冬が出現することになる。

まず，近年約50年間の冬の推移を見てみよう。図1.2.2は，北日本，東日

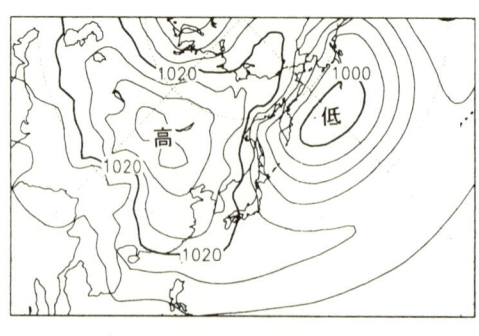

図1.2.1
平年の1月の地上気圧分布図(気象庁)

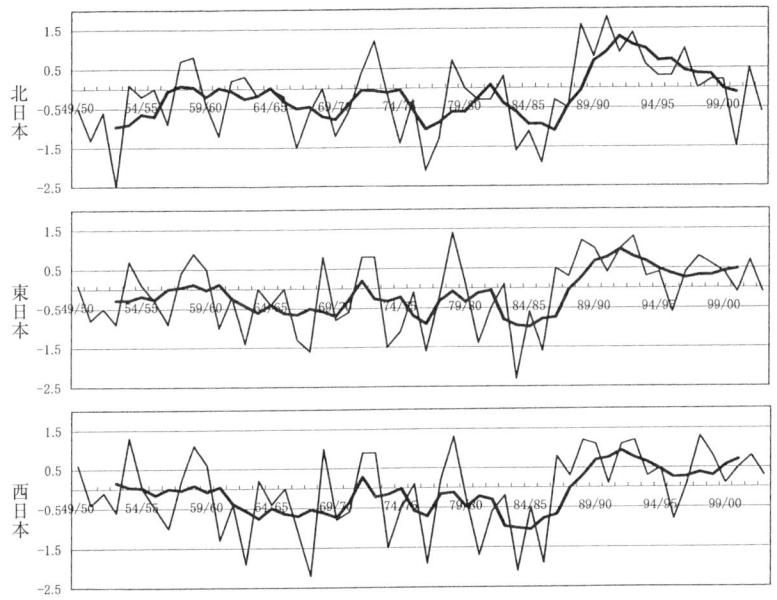

図1.2.2 地域別の冬の気温の経年変化図(気象庁)
(細実線は毎年毎年の変化,太実線は前後5年間の移動平均で平滑化した変化)

本,西日本の3地域を対象に,冬の期間(12月～2月)の平均気温の平年差の時間的経過を示す。細実線は毎年毎年の変化を,太実線はそれらを前後5年間の移動平均により平滑化したもので,大きな変化傾向を表わしている。平年より低い気温に影を施してある。この図からわかるように冬の平均気温は年々の変動も大きく,また10年くらいの間隔で低温の時期と高温の続く時期が代わるがわる現われている。ところが,最近15年くらいは明らかに暖冬が続いてきた。このような高温が全国的に続いた時期は過去に例がない。とくに1990年代前半の冬は全国的にかなりの高温となり,冬の平均気温の平年差が北日本では平年より2℃ほども高くなった。日本付近では緯度が1度南に下がると平均して気温が1℃高くなる勘定だから,ちょうど青森が岩手県の南部まで移ったのと同じ気候になったことに相当する。一方2001年の北日本の冬は十数年ぶりの寒い冬にみまわれた。

ここでは日本の典型的な暖冬の例として1993年を，また寒冬の例として2001年を選びそれぞれの特徴を見ることにする。

典型的な暖冬の例(1993年)

1993年の冬は全国的にかなりの暖冬であったが，この年の1月の500 hPa 天気図を図1.2.3に示す。この天気図は暖冬年の典型的パターンである，実線の等高度線に加えて破線の等値線が描かれているが，この破線は平年に比べて高度が高いか低いかを示しており，500 hPa 高度の平年偏差図とよばれている。陰影部は負の偏差を示す。この図で見られる等高度線の特徴は，図1.2.4で示す平年と比べると，平年で極東域とアメリカ東岸方面に伸張している谷の形が緩んでいる。さらに等高度線の間隔もやや広くなって全体として北極を中心に丸くなっているのが特徴的である。図1.2.3の負偏差域(陰影部)の領域には平年に比べて冷たい空気があることを意味している。一方，正偏差の領域(非陰影部)は平年よりも高度が高いところで，平年に比べて暖かいことを意味する。実際に500 hPa 高度偏差図における正と負の分布と，地上付近の気温の偏

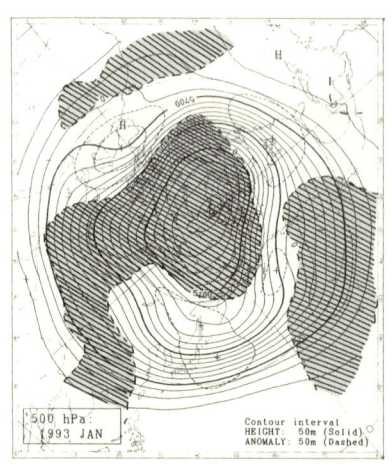 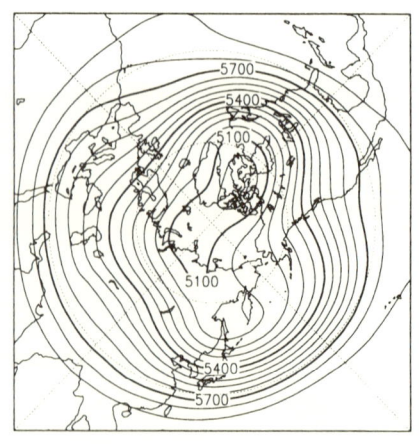

図1.2.3 1993年1月の500 hPa 高度・高度偏差図
暖冬のパターンの代表である。陰影部は平年より高度が低い領域を示す。

図1.2.4 平年の1月の北半球500 hPa 高度分布図

差分布を見ると，両者の正と負はそれぞれよく対応しており，1.1.2 節の理屈で説明される。図 1.2.3 で見られる北半球全体の偏差分布の特徴は，北極を中心に高緯度側は負偏差に覆われており，一方，日本付近およびアメリカ東部そしてヨーロッパなどを中心に中緯度帯は正偏差に覆われている。つまり 1993 年の冬は北半球の寒気は北極付近に留まったままで，中緯度側への流れ出しが非常に弱かったこと，すなわち中緯度帯は平年に比べて暖かい空気に覆われていたわけである。特に日本付近に着目すると，日本の東海上から沿海州付近にかけて＋50 m の偏差領域が広がっているのが見られるが，図 1.2.4 に見るように平年ではこの付近は谷が深まっているところである。1993 年の冬はアリューシャン付近での低気圧の発達も平年に比べて弱かったことを意味しており，平年に比べて冬型気圧配置は弱かったっことにより，北日本を中心に気温が高くなっていた。北半球全体で見ても，アメリカ東部とヨーロッパも同じように正偏差に覆われているが，これらの地域もやはりかなりの暖冬であった。

典型的な寒冬の例（2001 年）

2001 年の冬（2000 年から 2001 年にかけて）は北日本を中心に 15 年ぶりの寒い冬となり，低温の度合いは北日本ほど顕著で，西日本や南西諸島は平年並みの冬であった。図 1.2.5 は 2001 年 1 月の 500 hPa 天気図であるが，この冬と前述の暖冬年（図 1.2.3）との間で，偏差を比較するとみごとに対照的な分布になっていることがわかる。つまり高緯度側は正偏差の領域となっており，日本付近を含む中緯度帯は負偏差の領域となっている。本来なら北極付近にあるはずの寒気が中緯度側へと流れ出し，北極付近は平年より温かい空気に覆われていたことを意味している。同時に寒気が流れ込んできた中緯度帯は，平年より冷たい空気に覆われていた。次に，シベリアのバイカル湖付近から日本付近を通りアラスカ付近にかけて負偏差領域が広がっており，この付近には平年よりも冷たい空気が入り込んでいたことを示している。日本付近に着目すると，南西諸島だけは東方からの正偏差の部分に入っており，寒気の影響を受けていなかったことを示している。

結局，冬の天候を予測する観点でいえば，なんらかの方法で 500 hPa 偏差図

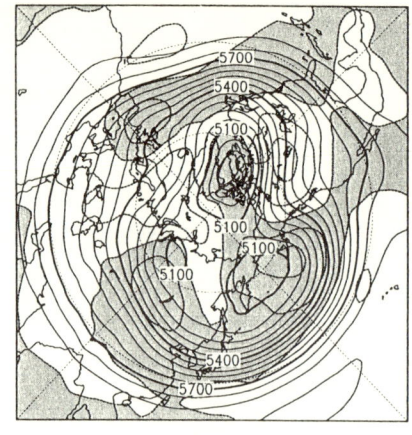

図1.2.5
2001年1月の500 hPa高度・高度偏差図
寒冬のパターンの代表である。陰影部は平年より高度が低い領域を示す。

がどのようなパターンになるかのシグナル(情報)が得られれば，暖冬や寒冬の程度が判断できるわけである。

1.2.2 春

　南北に長い日本列島では，南の沖縄付近と北の北海道では季節の歩みに大きな違いがあり，とくに春と秋は地域による季節感の違いが大きくなる時期である。春は3月から5月までで，通常，天気変化は周期的であり，日々の天気図で見ると，低気圧や高気圧が数日の間隔で日本付近を通過する。春の代表として図1.2.6に示す4月の平年の地上天気図で見ると，日本の北東海上には冬に発達していた低気圧のなごりである低圧部が見えており，その一部が日本付近まで伸びている。一方，冬の天候を支配していたシベリア大陸の高気圧はもうはっきりしなくなっており，大陸の上では海洋よりも季節が進んでいることを示している。この時期は冬の季節風から夏の季節風への移行期にあたるが，季節は決して一様に進むのではなく，あるときは過ぎたはずの冬の天候が現われ，別の時期には夏を先取りした天候が現われるという形で進んで行く。日本付近で冬のなごりの寒気団とやがてくる夏の暖気団がぶつかり合う時期で，低気圧が発達しながら通過することが多くなる。春一番やメイストームなどとよばれる大荒れをもたらす低気圧がしばしば現われるものこの時期である。とく

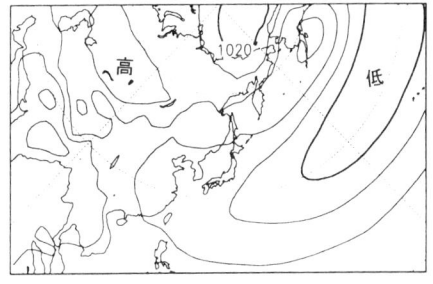

図1.2.6
平年の4月の地上気圧
分布図

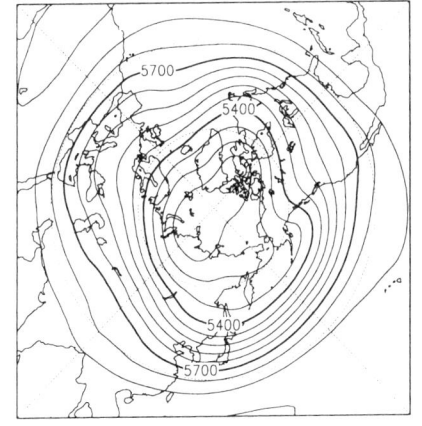

図1.2.7
平年の4月の500hPa高度
分布図

に低気圧が日本海を通過する場合は，それに吹き込む南風が北アルプスなどの山岳を越える際に顕著なフェーン現象が発生し，北陸などの日本海側では乾燥，強風の状態となり，大火などの大きな災害をもたらす場合があるので要注意である。一方，移動性高気圧に覆われる期間や時間帯では夜間の放射冷却により強い冷え込みとなり，お茶や馬鈴薯などの農作物などに遅霜の被害が見られる。

次に春を上空の流れで見てみよう。図1.2.7は4月の平年の500hPa天気図である。冬の平均図で見られた極東方面とアメリカ東岸付近への等高度線の伸張ははっきりしなくなっている。ベーリング海峡付近とカナダ北部およびシベリア北部にわずかなふくらみはあるものの，高緯度方面もかなり同心円状になっている。また，等高度線の間隔も広くなっている。さらに，冬に沖縄付近

まで南下していた5700 mの等高度線は，4月には鹿児島のすぐ南まで北上している。北半球の大気がしだいに温まってきていることを示している。このことは冬に比べて低緯度側と北極方面との気温差が小さくなっており，温度風の関係(気温の水平傾度と整合した地衡風の鉛直シアの関係であり，気温の水平傾度が強いほど上空の風は強くなる)を満たすように中緯度の偏西風も弱くなっていることを意味している。

1.2.3 梅 雨

日本の季節としては春・夏・秋・冬の四つに区分するのが一般的であるが，天気の移り変わりの観点からみると，梅雨というもうひとつの季節を加えた方が，日本の季節を適切に表現できる。つまり6月はじめから7月中旬ころまでの1か月半，年によっては8月までかかることもある2か月くらい続く曇りや雨の日が多い季節，梅雨である。梅雨は，日本から朝鮮半島およびユーラシア大陸東岸にかけての東アジアの地域に見られる雨の季節であるが，この現象は地球規模の季節変化の中でアジアモンスーンの一環として見られる。しかしながら，梅雨の季節だからといって，毎日曇りや雨の日が続いているわけではなく，他の季節に比べてその状態が比較的はっきりしているということに過ぎない。

「梅雨入り・梅雨明け」とはいっても，けっしてある一日を境に明瞭に梅雨入りとなるわけではなく，季節の変わり目は，晴れの日や曇雨天の日をくり返しながら数日の遷移期間を経て移って行くのが普通である。梅雨入りの時期が明瞭にわかる年もあれば，いつの間にか梅雨の季節に入っているというように梅雨入りの時期が明瞭でない年もある。平均的な季節変化で見ると，梅雨の季節というのは，5月の10日前後にまず沖縄付近がもっとも早く始まる。その後九州南部が6月はじめに，西日本から東日本にかけては6月上旬の後半に梅雨入りし，最後に東北地方まで梅雨の季節となる。東北北部は沖縄より1月以上遅れて，6月中旬に梅雨の季節に入る。図1.2.8は梅雨の入りと明けの平年の時期を示している。なお暦の上での入梅は太陽が黄経80度(黄経0度が春分点

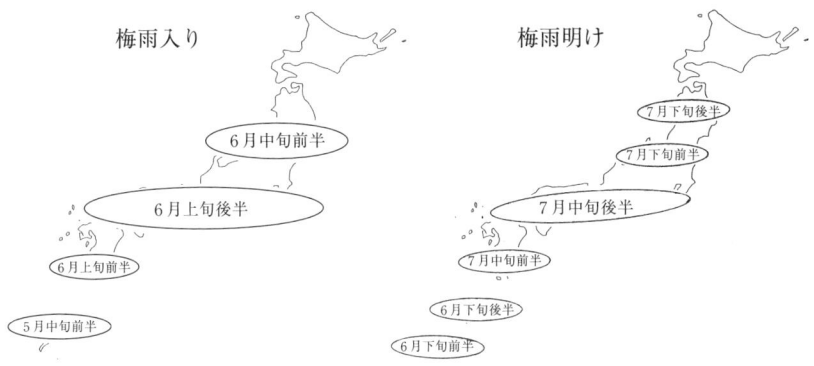

図1.2.8 平年の梅雨入りおよび梅雨明けの時期

で3月21日ころ)を通る日付のことで6月11日または12日にあたり，実際の梅雨入りの時期とよくあっている。北海道には梅雨はないといわれているが，北海道でもこの時期に曇りや雨の日が続くことがあり，このような状況を"えぞ梅雨"とよんでいる。梅雨が明けるのは沖縄が6月の下旬のはじめで，しだいに北に移り，最後に東北北部が7月下旬の後半に明けて，ようやく全国的に盛夏の季節となる。

梅雨のころの気圧配置といえば，梅雨前線とオホーツク海高気圧が思い浮かぶ。すなわち日本の南には太平洋高気圧が，北の方にはオホーツク海高気圧があって，この二つの高気圧の間に梅雨前線が横たわっているというパターンである。上述のように，梅雨の期間を通して毎日このような気圧配置となっているわけではない。あくまでもこれは典型的なパターンであり，梅雨入りのころには比較的はっきりとした形で見られる。図1.2.9は1968年の梅雨入り直後の6月15日から19日までの5日平均(半旬平均という)した天気図を示したものである。この図は上空の500 hPa高度面(実線)と地上の気圧配置(破線)を同時に見た図で，さらに，ジェット気流(2本の太実線)も重ねて描いてあり，典型的な梅雨型の天気図といえる。このパターンの特徴はジェット気流の流れにある。日本付近ではジェット気流が大きく分流しており，日本をはさんで北と南の2本の流れが見られる。後述するブロッキングが起こっている。そして

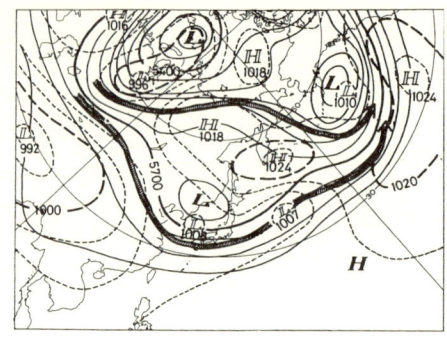

図 1.2.9
梅雨型天気図（1968年6月15日〜19日間の5日平均）
（1か月予報指針，気象庁）

北の流れのリッジに対応してオホーツク海高気圧（中心気圧 1024 hPa）が形成されている。また南の流れは日本付近でトラフを形成している。この図には示していないが，南のジェット気流の下層，本州南岸付近に梅雨前線が位置していることになる。このように，日本に梅雨をもたらすオホーツク海高気圧も日本付近だけの局所的なものではなく，北半球規模の大規模な大気の流れと密接不可分にあることがわかる。西日本や東日本の梅雨の期間の降水量は，年降水量の 1/3 あるいは 1/4 にも相当するが，年によっては梅雨の季節となってもこのような気圧配置が現われずに，降水量の少ない空梅雨となることがある。

　梅雨明けから夏にかけての一般的な推移としては，南の太平洋高気圧がしだいに強まり，日本付近に停滞していた梅雨前線を北の方に押し上げて梅雨明けとなり，夏がやってくる。年によっては梅雨前線がいつのまにか消滅して梅雨明けとなることもある。あるいは北のオホーツク海高気圧の方が強くなって梅雨前線を南に押し下げて梅雨明けとなり，この高気圧が変質して夏の高気圧になるということもある。このような経過のときの夏は，その後に不順な天候をもたらす夏となりやすい。本格的な梅雨の季節に入る前に数日程度，曇りや雨の日が続く「梅雨の走り」や，梅雨明け後に太平洋高気圧が弱まって，梅雨前線が再び日本付近に停滞して，ぐずつき模様の天候となる「戻り梅雨」あるいは「梅雨の戻り」などの呼び方がある。

　なお，「梅雨の入り・明け」の遅早，あるいは梅雨期間の長短は，しばしば冷夏や暑夏と関係し，その偏りが大きくなると，他の季節と同じように種々の

インパクトを与える。とくに，空梅雨はその後に干ばつの恐れが，逆に多雨は洪水や農作物等への被害が，さらに梅雨明けの時期が遅れると日照不足や冷夏をもたらすことになるので注意が必要である。

1.2.4 夏

夏の天候の推移が平年より大きく偏ると，農産物をはじめエネルギー需要など社会経済活動に深刻な影響を与えることから，夏は長期予報でももっとも関心ある季節の一つである。ここでは夏の代表として7月を選び，最初に平年の

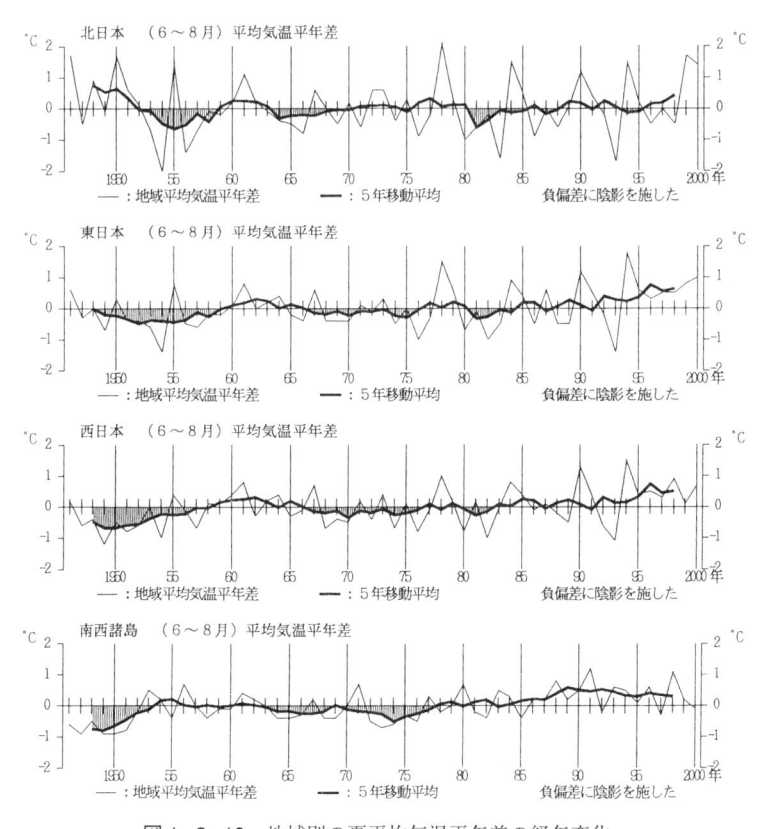

図1.2.10 地域別の夏平均気温平年差の経年変化
（細実線は毎年毎年の変化，太実線は前後5年間の移動平均で平滑化した変化）

状態を眺め，ついで典型的な冷夏と猛暑の年の特徴をそれぞれ記述したい。それに先立って，最近50年ばかりの夏の季節の経年変化，冷夏や猛暑の現われ方を概観してみよう。図1.2.10は夏の気温の平年偏差を四つの領域別に示している。夏の気温にも年々変動があり，また低温の続く時期と高温の続く時期が代わるがわる現われているのがわかる。全国的に1960年ころから70年代の中ごろにかけては年々変動が小さい時期であり，その前の1950年代の中ごろまでと，1970年代後半から最近にかけては変動が大きい時期となっている。とくにここ数年は変動が大きいのが目立っている。中でも代表的な年が1993年の大冷夏とその翌年1994年の記録的な暑い夏で，2年続いて両極端の天候が出現した。以下では平年のほか，この2例をそれぞれ冷夏および猛暑（暑夏）として取り上げる。

平年の夏

図1.2.11は平年の7月の地上天気図である。日本の東海上の太平洋北部に高圧部があり，大陸は低圧部となっている。東海上の高圧部は日々に見られる小笠原高気圧の平均状態に対応している。前述の冬とはちょうど逆のパターンである東高西低の気圧配置となっている。このことは日本付近の風の場は平均でも南よりであることを意味しており，冬における北西の季節風と対照的である。

上空の流れはどうだろうか。図1.2.12は平年の7月の500 hPa天気図を示す。北極を中心とした等高度線の間隔は春よりもさらに広がっている。南北の気温の傾度は小さく，高緯度側と低緯度側の高度差も小さく，上空の偏西風は非常に弱くなっている。そして冬に見られたような極東方向とアメリカ大陸東部への等高線の伸張は見られない。さらに冬に沖縄付近まで南下していた5700 mの等高度線は，春には九州付近まで北上していたが，夏ではサハリンの北部まで上がっている。北半球全体で見ると，亜熱帯高気圧が発達しており，日本の南海上には5880 mの等高度線で囲まれた亜熱帯高気圧のセル（細胞）があり，小笠原高気圧に対応している。このように地上天気図でも500 hPa天気図でも高気圧であることは小笠原高気圧が背が高いこと，すなわち上空まで温

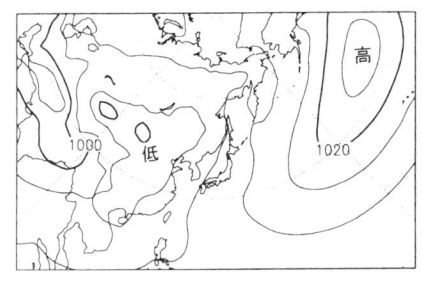

図 1.2.11 平年の 7 月の地上気圧分布図

図 1.2.12 平年の 7 月の 500 hPa 高度分布図

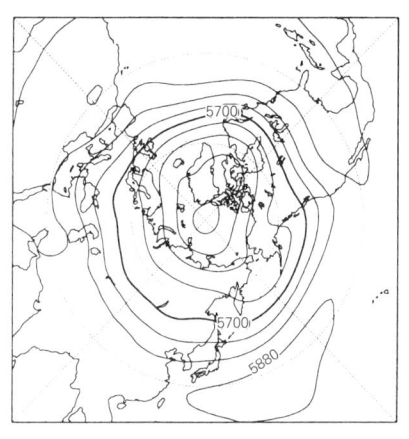

暖な気団で覆われていることを反映している。温暖で背が高いのは，上空で放射により冷却された空気が沈降し断熱昇温しているためである。ちなみに，小笠原高気圧は約 6 km 上空でもなお高圧部となっていることから，その上空の冷たい空気の総重量が中層や地上の高気圧に寄与していることになる。なお，この亜熱帯高気圧の成因は，低緯度地方の洋上で発達する積乱雲群の上昇気流が上空の圏界面に抑えられて北方に向かい，亜熱帯地方の上空から下降して形成されるもので，ハドレー循環とよばれる直接循環(暖かい空気が上昇し，冷たい空気が下降する)に属する。

典型的な冷夏の例(1993 年)

1993 年夏は近年にない記録的な低温と日照不足，さらに長雨の夏であった。6 月以降，いつまでも曇りや雨の日あるいは低温の状態が続き，8 月になっても夏らしい天候が現われることはなく，前述のように梅雨明けが特定されなかった。つまり盛夏のないままに秋を迎えてしまった。この夏の天候は，社会・経済の各方面に大きな影響を及ぼしたが，とくに農作物の被害は甚大で，全国平均の米の作況指数は著しい不良の 74 となるなど，農業関連の被害総額は 1 兆円を超えた。それまでの豊作続きで余剰米の処置が問題になっていた時代に，国内で消費する米も不足する事態となり，食用米の緊急輸入をしなければならない事態となった。まさに近年にない「異常気象」であった。

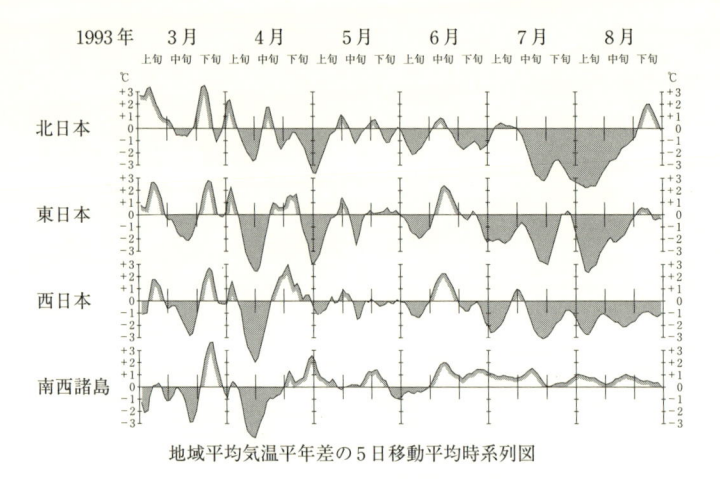

```
1993年    3月      4月      5月      6月      7月      8月
       上旬中旬下旬 上旬中旬下旬 上旬中旬下旬 上旬中旬下旬 上旬中旬下旬 上旬中旬下旬
```

北日本

東日本

西日本

南西諸島

地域平均気温平年差の5日移動平均時系列図

図1.2.13　1993年の3月から8月までの気温経過
陰影部は平年より高度が低い領域を示す。

　図1.2.13は1993年の3月から8月までの気温経過を示しており，全国四つの地域の平均気温が平年に比べてどのような状況であったかを平年偏差で表わしている。夏の期間の平年差がいかに顕著であったかがわかる。

　図は示していないが，地上天気図で見るとこの夏は太平洋高気圧が平年より大きく南に偏っていた。一方，北の主役のオホーツク海高気圧がしばしば現われていた。日本付近には常に梅雨前線が停滞し，期間を通して曇りや雨の日が多く，北日本から西日本の広い範囲で著しい低温となった。7月の500hPaの天気図（図1.2.14）を見てみよう。極渦（北極を中心とした環状の流れ）は北極付近にあって発達しているが，東シベリアとアラスカ湾およびグリーンランド付近などに気圧の尾根（リッジ）があって高緯度方面には正偏差が広がっている。とくに，極東域の高緯度方面は正偏差域に覆われているが，一方，日本付近をはじめ中緯度帯には負偏差が広がっている。これを上空の循環場で見ると，平年に比べると偏西風の流れが極東付近で大きく蛇行しており，とくに，日本付近には北極方面からの寒気が流入しやすい場となっていたことがわかる。これは日本の夏が全体に強い低温となるときの典型的なパターンの一つである。

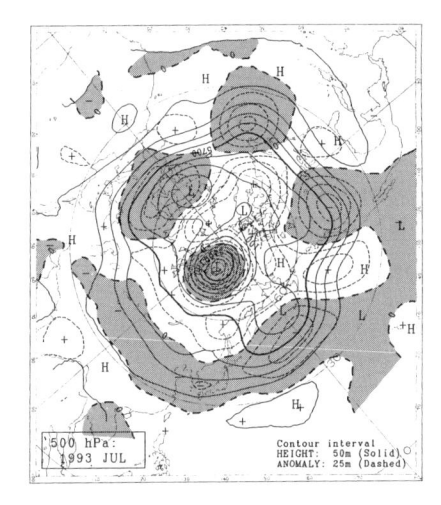

図1.2.14 1993年7月の500 hPa高度・高度偏差図 冷夏のパターンの代表である。陰影部は平年より高度が低い領域を示す。

　結局，1993年の夏はオホーツク海高気圧の現われ方がとくに顕著で，夏の半分以上の日数がオホーツク海高気圧の影響を受けていた．同時に太平洋高気圧は平年に比べて南に偏っており，日本への張り出しは弱かった．したがって，梅雨前線はいつまでも本州付近に停滞し，前線の冷たい空気の南の縁では活動が活発な状態が続き，長雨あるいは大雨をもたらしたといえる．

冷夏をもたらす二つのタイプ

　日本付近に冷夏をもたらす大規模な場には大きく分けて二つのタイプが見られる．一つはオホーツク海高気圧が発達して，日本付近に強い低温をもたらすタイプで，とくに北日本の太平洋側に冷たく湿った北東の空気を流し込むため，いわゆる「ヤマセ」をもたらし，太平洋側の低温が顕著になる．このタイプでは北日本の日本海側の地方は，山越えの気流となり，低温とはならず，むしろ稲作などに好都合な晴天をもたらすことが多くなる．

　二つ目は，シベリア大陸方面から寒気が南下してくるタイプである．日本の広い範囲がすっぽりと寒気の中に入ることになり，日本海側も含めて大規模な冷夏となる．大冷夏の年は，この二つのタイプが代わるがわる現われ強い低温が持続する例が多数見られる．上述の1993年の夏もこのような大冷夏年と同じような経過をたどった．

やませ

　ヤマセとは，暖候期に北海道から東北地方あるいは関東付近までの太平洋岸に吹く冷たく湿った風で，下層雲または霧を伴い低温と日照不足をもたらす。農作物に冷害をもたらす大きな原因の一つである。地上天気図では持続的なオホーツク海高気圧が存在しており，上空の流れはブロッキング高気圧を形成する。三陸方面の霧などはオホーツク海高気圧から流出する北東の気流が冷たい親潮の上を流れてくる途中で，海面から冷却を受けて下層の水蒸気が飽和し雲粒となったものである。

　このような寒気の南下は日本付近の天候を直接的に支配するが，当然偏西風の流れと密接不可分の関係にある。すなわち偏西風が東西方向にスムースに流れているとき(東西流型)には比較的穏やかな天候経過となるが，南北に蛇行した流れ(南北流型)になると，北極方面からの寒気が流れ込み，日本付近は低温や多雨の天候が現われやすくなる。ちょうど1993年の春から夏にかけての北半球の大気の流れも，南北流型になることが多かった。さらに日本付近ではジェット気流の軸が平年よりもかなり南に偏り，平年の北海道付近を流れているジェット気流が，西日本や東日本付近まで南下した。この流れに沿って北極方面からの冷たい空気が，平年より南下し西日本方面まで低温となった。

猛暑の夏(暑夏)の例(1994年)

　この夏は記録的な高温と少雨の夏で，やはり農業関係を始めとして社会の各方面に前年の冷夏とは違った大きな影響が現われた。前年の記録的な低温と長雨・日照不足とはまったく対照的な天候となった。東日本と西日本の夏の平均気温が1946年以降でもっとも高い記録，逆に降水量は1946年以降でもっとも少ない記録となるなど，数十年に一度現われる程度の高温・少雨の夏であった。この夏の高温の特徴は，①北海道から沖縄まで広い範囲で，また長い期間にわたって高温の状態が続いたこと，②日最高気温が極端に高い値として現われたことである。ほぼ全国的に，7月と8月の月平均気温が観測開始以来もっとも高い値を記録した。夏平均気温は西日本では平年に比べて1.5℃，東日本では1.8℃も高くなった。この値は標準偏差の2.5倍あるいは3倍にもなっており，

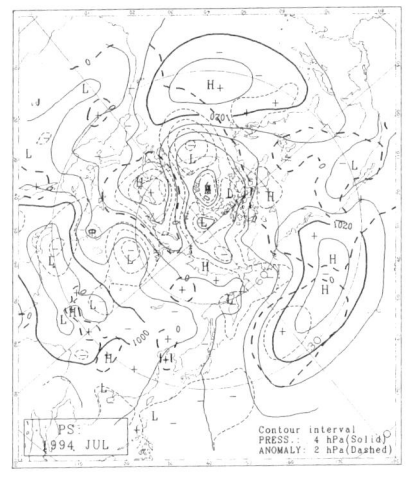

図 1.2.15　1994 年 7 月の
地上天気図

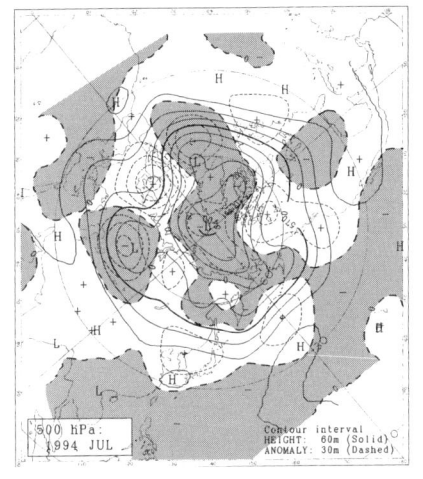

図 1.2.16　1994 年 7 月の
500 hPa 高度・高度偏差図
日本付近が暑い夏になるときの
パターン

単純な統計的表現上で見ると，数十年あるいは数百年に一度現われる程度の極端な値に相当する．また，多くの気象官署で 39℃を超える猛暑が観測された．これまでの国内の最高気温である山形の 40.8℃こそは更新しなかったものの，京都や甲府では 39.8℃という猛烈な高温を記録し，また東京や大阪でも 39.1℃を観測するなど，西日本や東日本の多くの地点で 39℃前後の高温が次々と観測された．また，北海道でも網走の 37.6℃，札幌の 36.2℃など異常な高温を記録した．降水量はとくに北陸や西日本の広い範囲で平年の 40％以下となった．

　図 1.2.15 はこの年の 7 月の月平均地上天気図である．日本付近から太平洋域に着目すると，太平洋高気圧が平年以上に発達しているのがわかる．とくに西側の日付変更線付近に正偏差の中心があり，日本の天候に大きく影響していたことがわかる．日本付近はこの高気圧の縁辺部に位置し，また日本の北のカムチャッカ付近は平年よりも気圧が低くなっており，南よりの風が入りやすい場が持続していた．つぎに上空を見てみる．図 1.2.16 は 7 月の月平均 500 hPa 天気図である．北半球全体の特徴としては，北極を中心に負偏差域が広がって

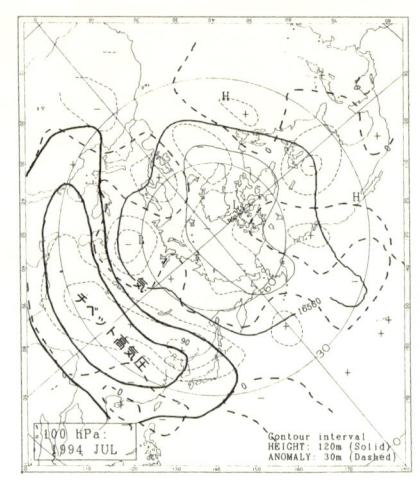

図1.2.17
1994年7月の100 hPa高度・高度偏差図
日本付近が暑い夏になるときのパターン

おり、また比較的高緯度のシベリア東部と大西洋にも強い負偏差域がある。一方、日本付近を中心に東西に正偏差域が広がり、ヨーロッパや北米付近も正偏差域となるなど中緯度方面は全般に正偏差に覆われており、地上気温も平年より高い状態が持続していた。なお、ここには図示していないが、この夏に日本付近を覆っていた高気圧の構造を見ると、地上付近から上空100 hPa付近までずっと正偏差で、非常に安定した背の高い高気圧であった。

夏とチベット高気圧

ここで夏とチベット高気圧の関係について触れておきたい。チベット高気圧は、北半球の夏にチベット高原上空付近を中心に形成される高気圧で、対流圏より上の成層圏の100 hPa (上空およそ16800 m付近) 天気図で見ると、その姿がよくわかる。この成因は、チベット高原上の大気の加熱と解されているが、チベット高原という大規模な山岳によって励起された偏西風中のロスビー波がその地形に捕捉された定常波ともいわれている。平年で見ると盛夏期にはこの高気圧は、ほぼ北緯30度付近に沿って東西に伸張している。これまでの調査で、チベット高気圧が北東の方向に日本に向かって張り出してくると日本は暑い夏になる、またその傾向は西日本ほどはっきりしていることがわかっている。

さて、図1.2.17は1994年7月の100 hPaの天気図である。チベット高気

1章　季節を彩る天候　41

圧が平年以上に発達しており，とくに日本方面への張り出しがよく見える．平年の日本付近では九州から関東の南海上付近へ伸びている程度に比べて，この年は朝鮮半島から北日本まで覆っている．この時期，前述のように中・下層では亜熱帯高気圧が太平洋中央部から日本付近へと張り出していた．つまり，暑夏年は日本付近は西日本を中心に対流圏の下層から上層まで，平年より強い非常に安定な高気圧に覆われていたことがわかる．このような100 hPa天気図パターンの日本への張り出しは暑い夏の特徴である．

冷夏・暑夏と偏西風の流れ方

冷夏と暑夏の場合で，日本上空の偏西風の流れにも大きな差異が見られる．図1.2.18は北半球500 hPaの1993年と1994年の夏(7月)の偏西風と太平洋高気圧の位置を模式的に重ねて描いた図である．

1993年(冷夏年)のパターンは偏西風がユーラシア大陸上で大きく分流し，南側の流れは日本の南岸を通っている．この偏西風の北側には北極側の冷たい空気塊があるわけで，このパターンではほぼ日本全体が冷たい空気の中に入っていたことになる．同じことがアメリカおよびヨーロッパ方面についてもいえ，やはり北極側の冷たい空気が流れ込んでいたことを示している．この時期に同じく起こった日本の冷夏や大雨とアメリカ中西部の洪水などは，地球規模の偏

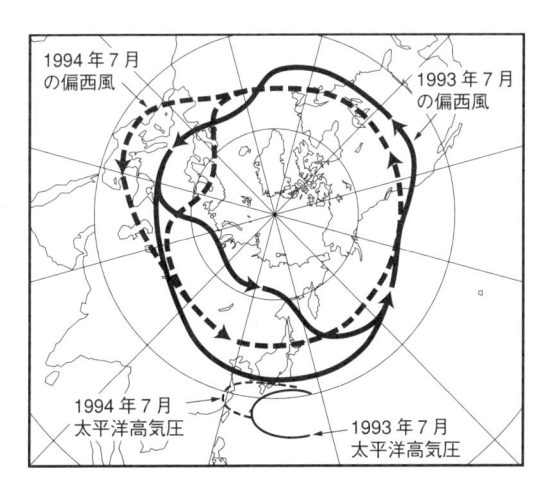

図1.2.18
1993年と1944年の偏西風，と太平洋高気圧の模式図
太い実線は1993年の流れを，破線は1994年の流れを示す

西風の偏りと表裏一体の関係にあることがわかる。

一方，1994年(暑夏年)は偏西風はヨーロッパで大きな分流が見られ，日本付近では大きく北上しており，前年に比べて緯度で10度も北に上っている。つまり，日本全体に南の暖かい空気が入っていることを示す。このような偏西風の流れに対応して，1994年の夏はヨーロッパやアメリカでも1993年とは対照的に暑夏をもたらした。

1.2.5 秋

9月から11月までの3か月が秋に対応する。9月になっても真夏の暑さが続いて残暑の厳しい年もあれば，早々と涼しくなる年もある。秋は昔から二百十日(立春から210日目の9月1日ころ)，二百二十日など，1年の中ではもっとも台風に対する警戒が必要な時期でもある。また，本州付近に停滞する秋雨前線と台風との相互作用でしばしば大雨をもたらす。秋は，春と同様に低気圧や高気圧が代わるがわる通過することが多くなる。大陸上の冷たい空気を伴う移動性高気圧に覆われて晴れ上がった夜には，放射冷却により山間地などでは早霜が発生し農作物に被害をもたらす。ここでは秋の代表として10月を取りあげる。図1.2.19は平年の10月の地上天気図である。夏に日本付近を支配していた太平洋高気圧は姿を消し，大陸には冬の主役となるシベリア高気圧が育ちつつある。日本付近は帯状の高圧帯となっており，周期的な天気変化が卓越する。この時期，太陽はすでに赤道を越えて南半球にあり，北極上空ではどん

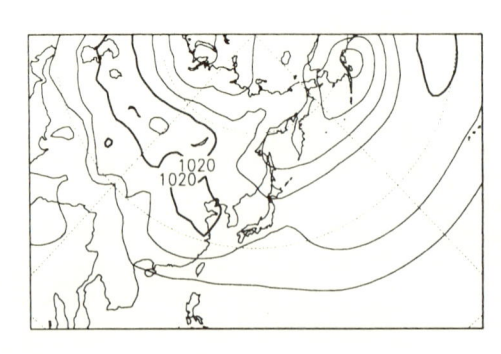

図1.2.19
平年の10月の地上気圧分布図

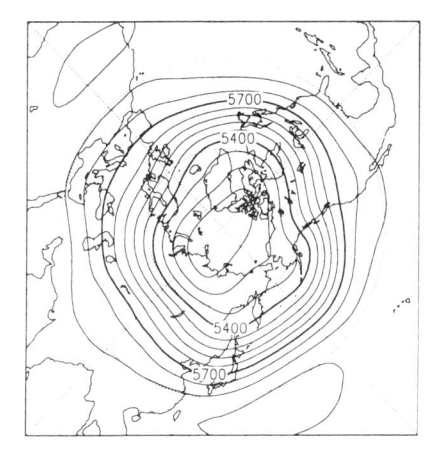

図 1.2.20
平年の 10 月の 500 hPa
高度分布図

どん放射冷却が進み寒気が蓄積されて行く。図 1.2.20 は 10 月の月平均 500 hPa 天気図である。夏の 7 月(図 1.2.12)に比べると等高度線もかなり増えており,偏西風も強まっていることがわかる(南北の温度差に比例して上空の風が強くなるという温度風の関係)。高緯度方面も等高度線が同心円状になっている。7 月にはサハリン北部まで北上していた 5700 m の等高度線がこの時期には北陸から関東付近まで南下してきている。北極地方では冬の極渦といわれる強い偏西風が形成されつつある。

1.3　日本の天候に影響する地球規模の現象

1 週間や 1 か月に及ぶ日本付近の天候は,もともと地球全体の気象の場と連立して変化しているため,日本付近だけを切り出して支配する要因を外部強制力の結果として議論することはできない。しかしながら,現象面から見ると,ある期間における偏西風の流れ方は日本付近の天候と直接的な対応がある。一方,エルニーニョ現象に伴う海面水温分布の大きな偏りは,熱帯太平洋の大気の熱源(対流活動による加熱)の偏りと一体となって,低緯度地方のみならず,日本を含む中・高緯度の天候に直接あるいは間接に影響を及ぼしている。とく

に，大規模なエルニーニョ現象が発生し持続する場合は，世界的な異常気象を引き起こす一因になっている．実際，こうした熱源は，偏西風の流れに影響を与えるだけではなく，一種の波動として中・高緯度地方まで伝播し，間接的に遠隔地の天候と連関しているテレコネクション（遠隔結合）がいくつか知られている．日本でも，エルニーニョ現象発生時には，夏や冬の天候を中心にいくつかの影響を受けることが知られている．ここでは，日本周辺の天候と偏西風の大規模な蛇行であるブロッキングやエルニーニョ現象に伴う大気・海洋の循環が世界および日本の天候に与える影響，テレコネクションについて現象論的にみる．

1.3.1 ブロッキング

日本付近の上空に見られる偏西風がぐるりと中緯度帯を取り巻いていることは，すでに500hPa平均天気図（たとえば，図1.2.4）などで見たとおりである．前節に述べたように，現象論的にみれば日本付近の天候は偏西風の流れ方（幾何学的な形状）にほとんど支配されている．したがって，予測の観点からみれば偏西風の流れがどのようなパターンになるかはきわめて重要であり，あらためて2.4節に記述するが，ここでは偏西風の流れ方の重要な一パターンであるブロッキングを現象面から眺める．

ブロッキングは，通常は波動的な偏西風の流れが大きく南北に蛇行し，東西方向の流れがブロック（阻止）される状態であり，一度ブロッキングが起こると1週間以上にわたって持続する場合がしばしばある．また，偏西風の流れの一部が切離されて渦となり，偏西風が南と北に分流する形になる．北へ蛇行して切離された高気圧（ブロッキング高気圧という）は，背の高い暖気で形成され，南へ蛇行した部分で寒気が南下する．

日本付近でブロッキングが発生しやすい場所は，東のアリューシャン列島からアラスカ方面にかけてが多い．日本付近でブロッキングが発生すると，じめじめした梅雨やあるいは持続的な寒波などをもたらし，大雨や寒冬といった異常気象となる．図1.3.1はブロッキングの推移を北半球5日平均500hPa高

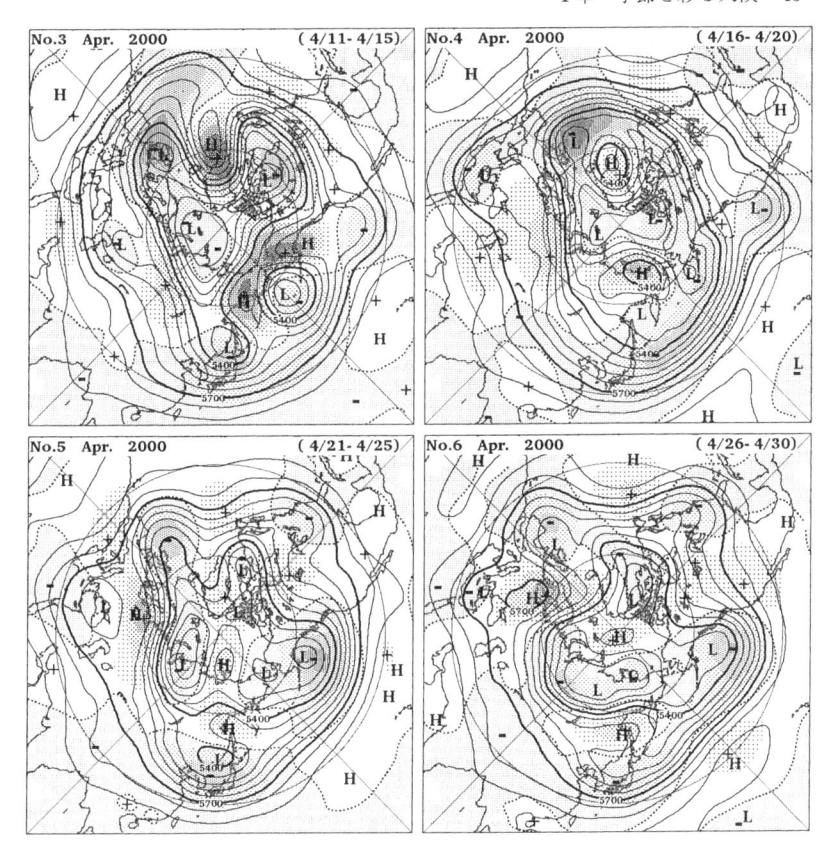

図 1.3.1 ブロッキング経過図北半球 500 hPa 高度
(a) (4/11〜4/15)　(b) (4/16〜4/20)　(c) (4/21〜4/25)　(d) (4/26〜4/30)

度場で見たものである。中緯度を取り巻いて多数の高・低気圧が見られるが，(4/11〜4/15) および (4/16〜4/20) の期間を見るとグリーンランド付近で大規模なブロッキングが発生しているのがわかる。その後，月後半にはブロッキングはヨーロッパ北部からロシア西部にかけて見られ，日本付近では下旬(4/21〜4/25，4/26〜4/30) に見られる。図 1.3.2 は，ブロッキングが発生している 4 月下旬における日本付近の旬平均海面気圧と旬平均上層雲量(左)および 500 hPa 高度と偏差を示している。トラフに伴う日本付近の曇天とブロッキン

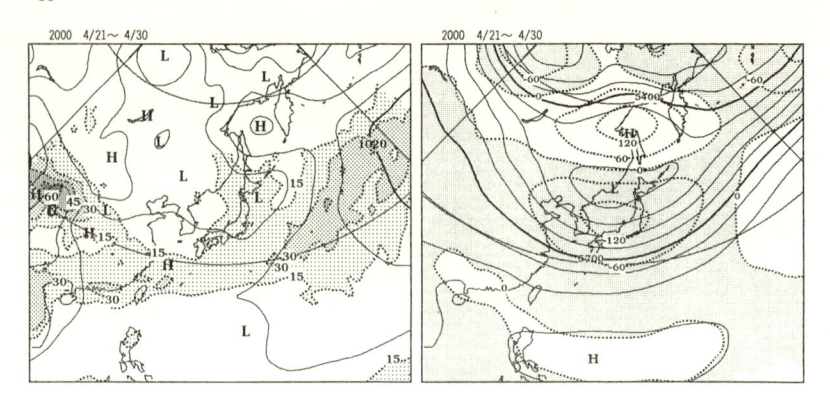

図 1.3.2 旬平均海面気圧および旬平均上層雲量, 500 hPa 高度偏差

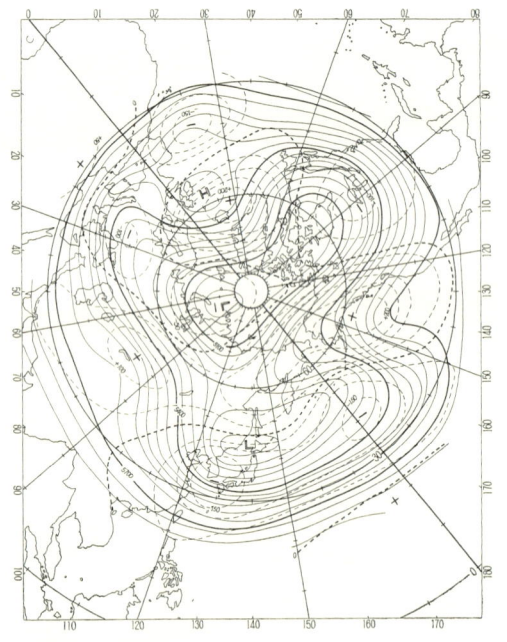

図 1.3.3
北半球月平均 500 hPa 天気図
(気象庁技術報告, 第 39 号, 1965)

グ高気圧に伴うカムチャッカ方面の晴天が見られる。
　もう一つの例を示そう。話は古くなるが昭和 37 年から 38 年にかけての冬は，北陸地方を中心に文字通り豪雪にみまわれ，交通機関は長期にわたりマヒ

した。「38豪雪」として名高い記録的な大雪である。図1.3.3は昭和38年1月の北半球500hPa平均天気図である。1か月平均をとっても顕著な三つの波（波数3型）が識別され，アラスカおよびグリーンランド方面にはブロッキング高気圧が見受けられる。いかにブロッキングが長続きしたかがわかる。極東，北米大陸西部，ヨーロッパ付近が北極方面から伸びる深いトラフの中に位置し，その西側部分で寒気が流れ込んでおり，逆にトラフの東側部分では暖気が北上している。この例のように日本付近の天候もトラフやブロッキングとの相対位置により大きく異なる。

1.3.2 ENSO（エルニーニョ・南方振動）

エルニーニョ現象(El Niño)は，熱帯太平洋を中心とした海面水温分布が，平年の状態から大きく偏る現象である。すなわち，エルニーニョ現象は，南米のペルーやエクアドルの沖合から日付変更線付近にかけての熱帯太平洋のほぼ東半分にわたる広い海域で，2～7年おきに海面水温が平年に比べて（平年偏差が）1～2℃高くなり（ときには2～5℃以上も高くなり），その状態が1年程度継続する現象である。気象庁では，エルニーニョ現象発生の定義を，図1.3.4の上段に示すA, B, C, D海域のうちB海域をエルニーニョ監視海域と定め，そこでの海面水温が0.5℃以上平年より高くなり（正偏差）その状態が6ヶ月以上継続する場合としている。ラニーニャ現象は，逆に負偏差となり0.5℃より大きくなる場合である。図1.3.4の下段にエルニーニョ監視海域(B)を含め，4海域の水温偏差の時系列が約20年にわたって示されている。なお，エルニーニョ現象等の説明を付録3(245ページ)に記した。また，付録に記すようにエルニーニョ現象と本来のエルニーニョは区別されるべきであるが，以下，単にエルニーニョ／ラニーニャという。

エルニーニョ／ラニーニャはこのように海洋の水温変動の現象であるが，他方，大気中にも「南方振動」とよばれる特異な現象のあることがわかっている。20世紀の初頭，インドモンスーンの長期予報の研究をしていた気象学者ウォーカーは，太平洋西部と太平洋東部の気圧変動の間に顕著な負の相関関係がある

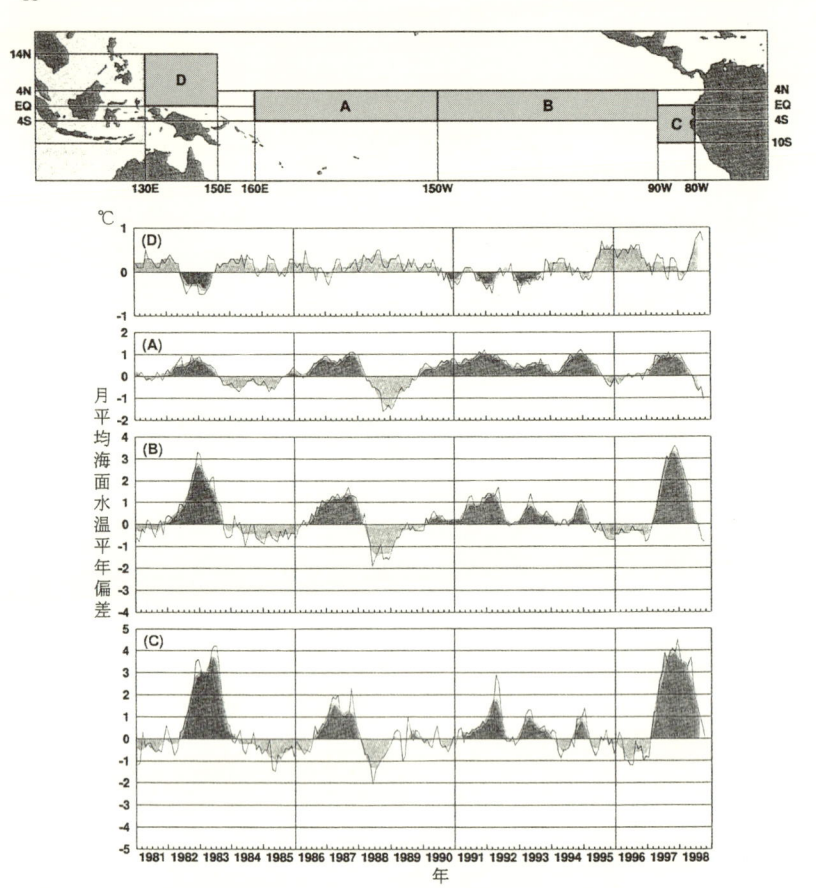

図 1.3.4 エルニーニョ監視海域(B)(上)および月平均海面水温平年偏差時系列(下)

ことを発見した。つまり、インドネシア周辺の気圧の変動が、そこから5000km近くも東方の南太平洋タヒチ島周辺の気圧変動と関連していたのである。これはまるでシーソーのように一方の気圧が高くなる時期は他方が低くなるという関係で、この振動を「南方振動(Southern Oscillation)」と名づけた。この様子はオーストラリア北部のダーウィンの年平均地上気圧を基準に世界各地との相関を求めた図1.3.5にみごとに現われており、後述のテレコネクションの一例である。

1章　季節を彩る天候　49

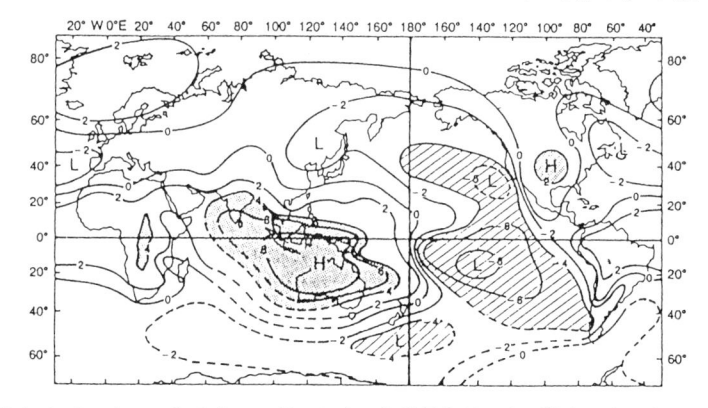

図1.3.5　オーストラリアのダーウインと世界各地の年平均気圧との相関関係
（数値は相関係数を10倍してある）（「異常気象レポート'89」，気象庁）
陰影部分は相関係数が0.4以上，斜線部分は−0.4以下を示す。

しかし当時は，これに対する物理学的な意味付けは十分にはされていなかったが，大気や海洋の観測が進むにつれて，南方振動とエルニーニョとは大気と海洋の相互作用であり，それぞれ現象の表（大気側）と裏（海洋側）の関係にあることがわかった。ENSOという用語はEl NiñoとSouthern Oscillationの合成語であり，エルニーニョ／ラニーニャと南方振動を全体の現象としてとらえた概念を意味する。なお，南方振動に関して振幅がもっとも大きい中心付近に位置する南太平洋のタヒチ島の地上気圧から太平洋西部のダーウィン（オーストラリア）の気圧を引いた気圧差（これは東西方向の大規模な風である貿易風の強さに対応する）を指標として，これを「南方振動指数（SO-INDEX）」とよんでいる。プラスの指数は貿易風（東風）が強く，マイナスの時は弱い貿易風に対応する。

図1.3.6は赤道付近の大気および海洋の鉛直断面で，東西方向の循環の様子を模式的に示している。ここでは太平洋域に着目して，平年／エルニーニョ／ラニーニャの各状態の特徴を箇条書き的に記す。なお，熱帯太平洋域の海洋と大気は1年を超えるような長い時間スケールをもって変動し続けており，けっしてある平衡状態に留らず，この三つの状態の間を遷移している。現在の

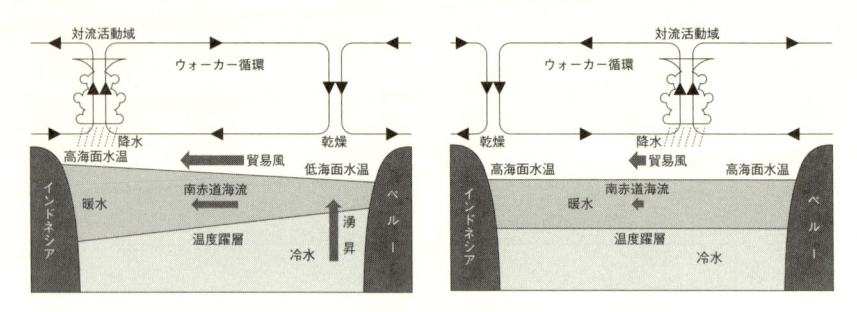

図 1.3.6 エルニーニョ現象発生時の赤道付近の東西循環の変化を示す模式図(気象庁)
　　　　左：通常の状態　　　右：エルニーニョ現象が発生しているとき

ところエルニーニョ発生や維持のメカニズムは，研究の途上にある。

平年の状態の特徴：図 1.3.6 左

① 赤道地方の下層では東風(貿易風)が吹いている。
② 海面水温は太平洋の西部で高く，東部で低い。日付変更線以西では 28℃ 以上。
③ 海洋の表層部にある暖水層は西部で厚く，東部で薄い。
④ 海面水位は西部で高く，東部で低く，西部の方が約数 10 cm 高くなっている。これは水温が高い海水ほど体積が大きいことによる。海面水位の傾斜が東風による応力と平衡している。
⑤ 西部では上昇気流および対流活動が活発となる。
⑥ 上昇した空気の一部は対流圏上部では東に向かって進み，海面水温の低い東部で下降気流となっている。
⑦ 海面付近の気圧分布は，相対的に上昇気流のある西部で低く，東部では高くなっている。これに対応して東よりの貿易風が吹いている。
⑧ 赤道付近の鉛直断面内での流れを見ると系統的な東西循環が形成されている。この循環をウォーカー循環とよぶ。

エルニーニョ時の特徴：図 1.3.6 右

① 赤道付近の東風は弱い。
② 海面水温は西部で低く，東部で高い。

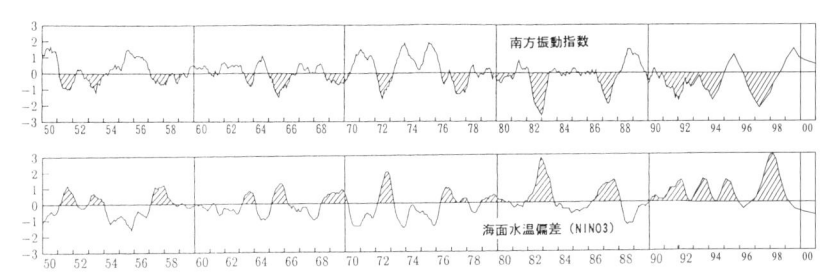

図1.3.7 エルニーニョ監視海域の海面水温と南方振動指数の長期変動
下の図はエルニーニョ監視海域(北緯4度〜南緯4度,西経90度〜150度に囲まれた海域)の海面水温偏差で陰影部は海面水温が高い時期。上の図は南方振動指数の経年変化で,陰影部は貿易風が弱い時期を示す。

③ 暖水層は西部で薄く,逆に東部で厚い。
④ 西部では対流活動が弱くなる。
⑤ 太平洋中部から東部にかけて,上昇気流および対流活動が活発となる。
⑥ 海面気圧分布は,相対的に西部で高く,中部で低くなる。弱い東風と対応している。
⑦東西循環の位相が平年に比べ大きく東に偏る。

ラニーニャ時の特徴

図1.3.6左の平年の諸特徴がさらに強まり,対流活動の活発な領域もより西方に移る場合である。

図1.3.7には,エルニーニョ/ラニーニャ発生の指標である「エルニーニョ監視海域」の海面水温偏差の年々の変動と,南方振動指数とをならべて示してある。海面水温偏差の高い状態が続いているところがエルニーニョの発生している期間(エルニーニョの定義を満たす期間に影が施されている)になっているが,その時期には,南方振動指数は負となって貿易風が弱くなっていることに対応している。また,海面水温偏差が負の時期(ラニーニャ時)では指数は正となっており,貿易風が強まっている。まさに一つの現象を海洋から見たのがエルニーニョ/ラニーニャ,大気から見たのが南方振動であることを示しておりENSOと総称される所以である。

1.3.3 エルニーニョ／ラニーニャと世界の天候

エルニーニョが発生すると対流活動の活発な部分が熱帯の中部太平洋方面へ移るため，積乱雲などが形成される場所も通常とはズレ，降水量および気温の分布も変化しエルニーニョ時の特徴的な変化が見られる。図1.3.8はエルニーニョの発生に伴って，降水量および気温の変化が顕著に現われた地域をまとめたものである。

降水量を見ると，通常は雨の多いインドネシアやニューギニア付近などでは，エルニーニョ現象が発生すると雨が少なくなる。またインド付近では夏季のモ

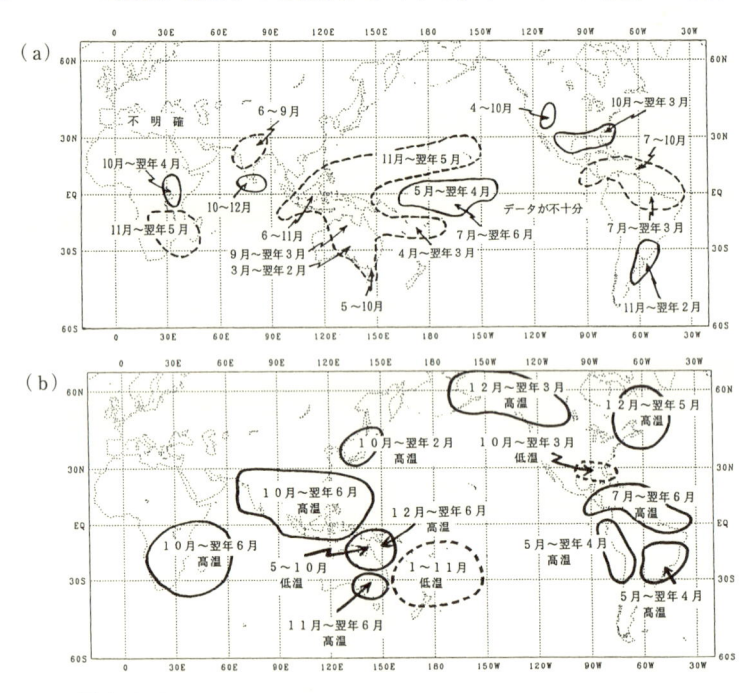

図1.3.8
(a) エルニーニョ発生に伴って降水量の変化が顕著に現われる地域
    (Ropelewski and Halpert, 1989)
(b) エルニーニョ発生に伴って気温の変化が顕著に現われる地域
    (Halpert and Ropelewski, 1992)
(a)の実線で囲まれた領域は平年に比べて雨が多くなるところで，波線で囲まれた領域は雨が少なくなる所。

ンスーンが不活発となり，これらの地域は干ばつが発生しやすくなる。一方，いつもは雨の少ない熱帯中部太平洋域では多雨となり，またペルーやエクアドルなど南米の太平洋側では平年の5～10倍の降水量となって，洪水にみまわれることになる。エルニーニョ時には，一般的な傾向としてはこの図のような特徴が見られる。気温を見ると，インドネシアから東南アジア，中南米にかけて高温となっている。

つぎに，図1.3.9(a) (b)は，それぞれラニーニャ時に降水量および気温の変化が顕著に現われる地域を示している。同図の(a)を見ると，当然のことながらインドネシア付近を中心に多雨が見られ，その東側では少雨となっている。

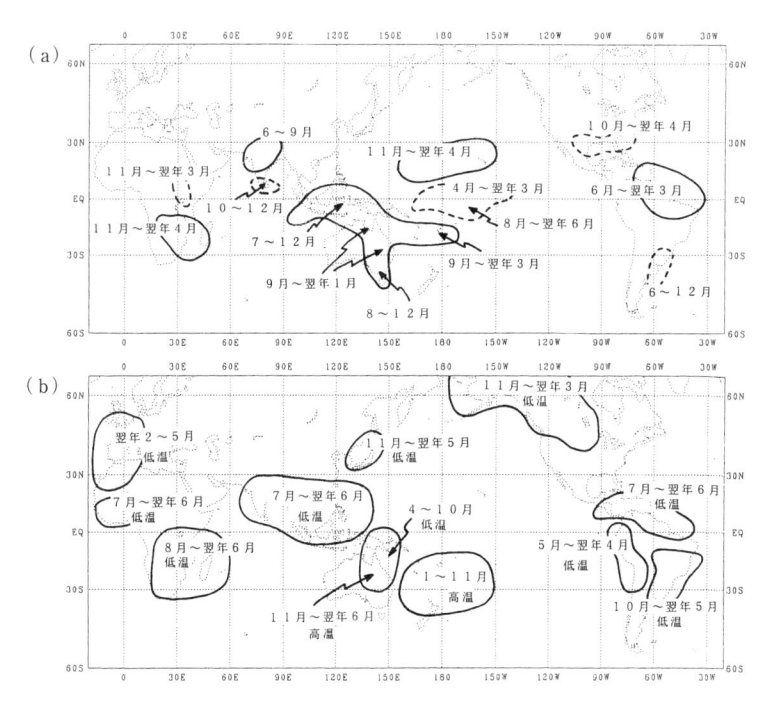

図1.3.9 (a)ラニーニャに伴って降水量の変化が顕著に現れる地域
　　　　　（Ropelewski and Halpert, 1989）
　　　　(b)ラニーニャに伴って気温の変化が顕著に現れる地域
　　　　　（Halpert and Ropelewski, 1992）

日本周辺では特段顕著な変化は見られないが，南アメリカ北部で多雨，北アメリカ南部で少雨が見られ，ラニーニャとの結びつきが大きいことがわかる。このことは米国での統計的な長期予報にも考慮されている。ラニーニャ時の気温分布の特徴は同図(b)に示すように，日本付近では冬から春にかけて気温が低くなる傾向となることである。さらに日本の南のアジア大陸南部ではほぼ期間を通して低温傾向となりやい。このように日本付近だけでなく，ラニーニャ時には世界的に見て低温傾向が見られ，エルニーニョ時には気温が高めとなる傾向である。

1.3.4 エルニーニョ／ラニーニャと日本の天候

エルニーニョ／ラニーニャが発生すると，日本の天候にも影響するがそれが比較的はっきりしているのは夏と冬の気温についてである。

日本の夏の天候は南の太平洋高気圧（亜熱帯高気圧）の発達の仕方に大きく左右されるが，エルニーニョ時は全国的に平年並みまたは冷夏となることが多く，暑夏となる可能性は少ない。エルニーニョ時には対流活動の中心が中部太平洋にシフトするため，春から夏にかけての亜熱帯高気圧の発達が遅れ，日本付近への張り出し方が弱くなる傾向がある。この結果，エルニーニョ時は梅雨明けが遅れたり，夏の気温は低くなる傾向が見られる。また，梅雨明け後も前線の影響を受けやすいため，夏の降水量が多くなる場合が多い。逆にラニーニャ時はインドネシア方面の対流活動が活発になるため，高気圧が強化されて日本付近は暑夏となりやすい。

つぎに，エルニーニョ時の冬は，一般に日本付近では冬型の気圧配置があまり発達せず，日本付近には大陸からの寒気が入りにくくなり，平年並みあるいは暖冬となる傾向がある。つまり，エルニーニョが発生している場合には寒い冬とはなりにくいといえる。図1.3.10(a) (b)は，過去エルニーニョが起こった年の夏と冬の日本の気温が実際にどうであったかを統計的にまとめたものである。注意すべきことは，たとえば，上述のエルニーニョ時の夏は冷夏になりやすいといっても，(a)にみるように暑夏となる確率が10～20％以下で，平年

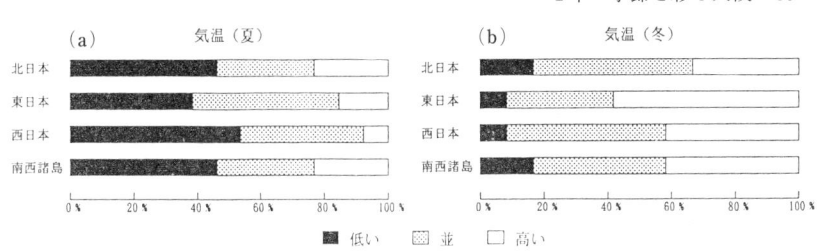

図1.3.10 エルニーニョ発生時の日本の夏と冬の気温の出現確率(気象庁)
(a):夏の気温出現状況　(b):冬の気温出現状況

並〜冷夏の出現が確率80%〜90%ということである。また，エルニーニョと日本の暖冬(b)に関しても同様で，けっして一義的な相関が対応するわけではない。「傾向がある」，「現われにくい」などの表現は，こうした統計分析結果の一表現であることに留意すべきである。

1.3.5 テレコネクション（遠隔結合）

ある地域と数千キロ以上も遠く離れた別の地域との間で，ほぼ同じ期間を通じて，気象要素同士あるいは気象と海面水温などの間に一定の相関関係がある場合に，この二つの地域でテレコネクションがあるという。遠隔地の現象があたかも同期して存在することから遠隔結合と訳されている。現在，種々のテレコネクションパターンが見つかっており，ひとたび出現したパターンは持続性を持っていることから，長期予報にとって有効な情報となっている。テレコネクションの考え方は，観測事実としては古くから気づかれていたが，近年，大量の観測データの解析が進んだ結果，赤道太平洋の海面水温の変動(エルニーニョ／ラニーニャなど)が大気に影響を与え，それが中緯度から遠く高緯度まで及び(伝播し)，そこの天候を左右(高い相関がある)していることが確認されている。

日本周辺における天候もテレコネクションパターンと密接な関係を持っているため，テレコネクションパターンの理解は長期予報上も重要な課題である。たとえば，図1.3.11はラニーニャ時における熱帯域西部の海面水温の高まり

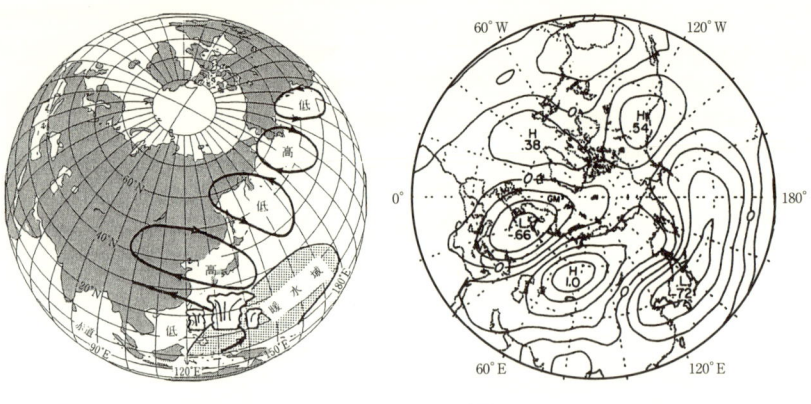

図1.3.11 PJパターンの
模式図(Ts. Nitta, 1987)

図1.3.12 EUパターン
(Wallace and Gutler, 1981)

に対応した活発な活動に対する大気の応答パターンを示しており，PJパターンとよばれている。日本付近では盛夏となるパターンであるが，逆に熱帯西部域が相対的に低温になると小笠原高気圧の発達が抑えられ冷夏になりやすい。わが国でもテレコネクションという言葉こそ使っていないが，すでに1950年代から長期予報関係者の間では日本の天候と遠く離れたところとの間に大きな相関関係があることが把握されており，実際の予報の現場で使われてきた。予報作業上の例として，冬季，日本付近に寒気が南下する時期の予報則があげられる。これは冬季にグリーンランド付近で気圧の尾根が発達（高度の正偏差）した後，2半旬（10日）後あるいは4半旬（20日）後に，日本付近に寒気が流れ込むというものである。この2半旬あるいは4半旬間の気象変化の過程は，今日のEU（ユーラシア）パターンの反映と考えられる。図1.3.12は北半球500 hPa 天気図上の55°N，75°Eの地点の高度を基準にした，各地点の高度との間の相関係数の分布で，EUパターンとよばれている一例である。高緯度から低緯度まで気圧偏差が波列上に分布しており，天候もそれに対応している。

2章　長期予報におけるものの見方

2.1　長期予報への道

　長期予報と聞くと，一般の人々はそれが天気予報に比べてマスメディアで報道されることが非常に少ないこともあって馴染みが薄い。一方，長期予報を知っている人々の間でも評判はこれまでのところあまり芳しくない。むしろあてにならないとの風潮が根強いのも事実である。このような一種の不信感は一体どこからくるのだろうか。人はどこに住もうと，どこへ旅しようと，つねに天気がついて回り，逃れることはできない。農業や水産に携わる人々，企業経営者にとっても同様である。朝な夕な空を仰ぎ，「天気がこの先どうなるか，明日は……」と考えるのはきわめて自然な感覚であろう。天気予報の技術は，観天望気のように，まず時間的にも空間的にも近場から始まり，徐々に明日，明後日，週間へと予報時間を拡大すると同時に，地域的なきめ細かさも追求してきた。とくに，ここ二・三十年の気象学の進歩は著しく，電子計算機の能力の飛躍的な発展とあいまって，現代の天気予報技術は，すべてスーパーコンピュータの打ち出す計算結果に基づいている。最近の天気予報の適中率を見ると，前の晩に発表される「明日予報」では平均80％を超えるようになり，また「週間天気予報」では後半部分でも65％程度に達している。これらは相当に高い精度と考えられるが，適中率の計算は「雨と予報して，晴れ」，「晴れと予報して，雨」の場合はいずれもゼロとカウントされる仕組みであることから，いまだ10回の予報のうち2回程度はみごとに外れるわけである。天気のほかに最高気温や降水確率などもあわせて発表されているが同様である。

　しかしながら，普通の天気予報はテレビなどで毎日頻繁に報道されるため，ユーザーは知らず知らずのうちに影響を受け，一定の評価のもとに判断を下

し，行動する。したがって，つねに予報と実況の両方を体験することができる。また，この体験はほとんど毎日なされる。したがって，7日先程度までの短期予報および週間予報の分野では，予報の使い勝手や精度がユーザーの尺度で評価され，一種の積分値として有形無形に蓄積されている。これらはもっとも身近な予報であるからこそお茶の間レベルにまで溶け込んでいるわけである。

　一方，長期予報についてみると，短期的な予報に慣れ親しんだユーザーの都合から言えば，10日や1か月先のある特定の日や期間の天気が晴れるか，雨は大丈夫か，あるいは3か月先の前半ではどうなるかなどを，短期予報と同じレベルで予報して欲しいという願いは，きわめて自然な要求かもしれない。これに対して気象庁から発表されるメニューは1か月予報が毎週金曜日に発表されるが，テレビや新聞で報道されることは非常に少ない。また，これより長い3か月予報の発表は毎月25日ころだが，その日の夕刊の片隅に「3か月予報」との小さな見出しとともに「4月は天気は周期的に変り，5月には遅霜の恐れがあり，6月は平年並みだが梅雨の走りがある……」などと書かれ，テレビでも流れる。しかしながら，予報の内容が漠としていて定量性に欠けることもあって，ユーザーの欲するものとはかなりすれ違っている。こうしてほとんどの産業は数か月先までの天候の影響を大きく受けるにもかかわらず，有効な対策が立てにくい状況にある。ましてや世間一般では，「長期予報はあたり前のことを言ってるだけじゃないか」の感覚であり，実際に思わぬ天候にみまわれてみて初めて，「こんなに寒くなる予報だった？　あまり記憶がないな」式の会話となる。

　結局，長期予報に対する不人気や一種の不信感は，予報を提供する側（予報技術レベル）とユーザーの一方的ともいえる欲求との間に横たわる大きなギャップ——予報が当たらないことに象徴される——があることが最大の原因と思われる。長期予報技術は近年急速な進歩を遂げつつあるが，残念ながら現在の科学レベルでは，いやほとんど永遠に，どう頑張っても1か月や3か月先の「ある特定の日」を対象に「府県規模」で「天気」を，たとえば「午前中晴れ，午後から曇り，のち雨。最高気温25℃」のように，「ただ一つの値として断定的に予報」することは不可能である。しかしながら悲観する必要はない。もっ

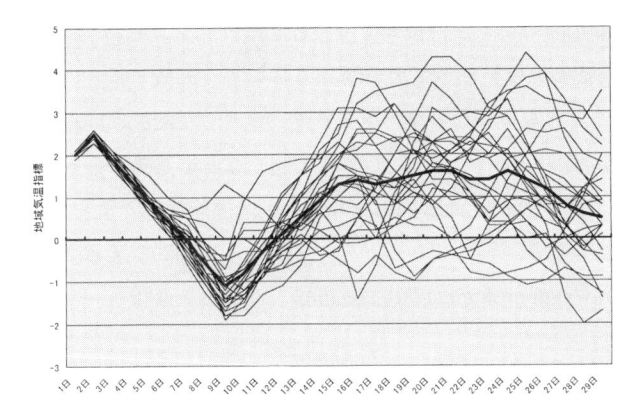

図2.1.1　1か月アンサンブル予報の例(合計26メンバー，太実線はそれらの単純平均)(気象庁)

とも重要なことは，長期予報は短期予報のようにはいかないが，けっして不可能なのではなくて，将来起こりえる天気や天候にある誤差幅(確率といってもよい)を付した予報は十分可能であり，まさにそのような情報にこそ意味があり，利用価値があるという点である。図2.1.1は，これから話を進めるアンサンブル1か月予報技術を用いた気温予測結果の一例であり，数十の起こりえる可能性がスパゲッティーのようになっている。実はスパゲッティーのまとまり具合の中に長期予報の答えが潜んでいる。

ユーザー側では，短期予報から頭をすっかり切り替えて，長期予報という尺度で予報を見る必要があり，このことを十分承知して利用すれば種々有効な対策を立てることが十分可能である。重ねて言えば，長期予報の特質を十分知った使い方をしてこそ初めて利便性が得られ，不利益の回避が可能になると言える。週間予報もまったく同様である。本書執筆の動機もそこにある。

2.2　気象と天気予報

「気象」という言葉は，英語で流星や稲妻・降雪などの大気現象を意味するmeteorを語源とするmeteorologyの翻訳語であり，明治時代以降に使われ出

した学術的な用語であるが,世間では,むしろ「天気」という言葉が広く使われている。「気象予報」や「気象予測」ではなく「天気予報」の方が人口に膾炙されている。ちなみに,各国の気象機関の名称はmeteorologicalを用いているところが圧倒的に多く,「天気」や「天候」などを意味するweatherを用いている国は米国のNational Weather Service(米国気象局とよんでいる)やフィンランドなど少数派に属している。スイスにある国連の気象専門機関も世界気象機関(World Meteorological Organization : WMO)とよばれ,気象庁からもスタッフが派遣されている。

　天気予報などわが国の気象サービス全体の基本を定めているのは,「気象業務法」で1952年に施行された。その中で「気象」とは,大気(電離層を除く)の諸現象,「予報」とは観測の成果に基づく現象の予想の発表と定義されている。また,「警報」は重大な災害が起こるおそれがある旨を警告して行う予報と定義されており,警報も予報の一種である。予報の発表や警報の発表というい方は法律的には正規ではない。予報は予測行為と発表行為の二つの行為を含む概念であり,また発表は不特定のみならず特定の者の両者を意味している。したがって,不特定の者への予測の発表または提供はもちろんのこと,契約に基づいた特定の者への提供も予報行為に該当する。自家用の予測は,当然予報には該当しない。蛇足だが,気象庁長官の許可を得ないで予報,警報を行った場合は50万円以下の罰金となっている。かくして,堅苦しくいえば,天気と気象,予報と予測を区別すべきであり,「天気予報」に対する正しい用語は「気象予報」であるが,本書ではとくに断らないかぎり天気および予報という慣用的な言葉で記述する。

2.3　長期予報は何を見ているか

　平成の時代に入った1990年ころから十年以上も,冬の気候は毎年ほぼ全国的に暖冬が続いた。この時期はちょうど炭酸ガスやメタンガスなどの温室効果ガスの人為的な増加によってもたらされる地球の温暖化が現実のものと実感さ

れつつあった時期でもあり，このまま暖冬の時代が続くのではないかと思われ始めていた。ところが21世紀の幕開けの2001年は北日本を中心に近年にない厳しい寒さの冬にみまわれた。例年以上に寒い冬は，当然のことながら雪国では大雪にみまわれ，予期せぬ除雪のための多大な労力や経費を費やし，種々の経済的損失を与えた。一方，東日本では，気候データから見ると平年並みの冬で推移したが，暖冬に長い間慣れた人々にとってはデータ以上に寒い冬と感じられたようだ。他方，西日本と南西諸島方面は2001年の冬も暖冬で推移し，南北に長い日本列島ではさまざまな冬が見られた。

　このように同じ季節であっても，暖冬や寒冬あるいは冷夏や暑夏，長雨や干ばつなど，年によって天候は大きく異なるのがむしろ普通である。平年の状態から偏った天候は，農業生産をはじめ水資源の管理，エネルギーの需給や各種産業の生産計画策定など，社会や経済の各方面に大きな影響を与えずにはおかない。

　ところで，すでに「天候」という言葉を自明のように使ってきたが，ここで天気と天候について触れておきたい。「気象」については前述のように定義されているが「天気」に関しては気象業務法では特段の定義は見あたらない。『気象科学辞典』（日本気象学会，1998）によると「天気」とはある時刻またはある期間内の大気の状態を雲や降水などの大気現象（筆者注，すなわち「気象」）によって総合的に表わしたもので，数分から数日の幅があると書かれている。また「天候」については数日から数ヶ月程度の天気の総合した状態と記されている。したがって「天気」や「天候」は，「気象」をある時間や空間で平均した状態で表現できる。以下，本書でも天候をこのような意味で用いる。

　さて，世の中では，1か月や3か月予報などは一般に「長期予報」とよばれているが，天気予報と長期予報はどのように異なるのであろうか。気象庁では，民間気象事業者が行う予報業務の許可や変更に関する審査基準の中で，予報期間の区分，最小の時間単位（カッコ内）を次のように定めている。

○短時間予報：予報を行う時点から3時間以内の予報（10分間以上）
　　（例）降水短時間予報

○短期予報：予報を行う時点から3時間先を越え，48時間先以内の予報(1
　　　　　時間以上)
　　(例)明日／明後日予報
○中期予報：予報を行う時点から48時間先を越え，7日間先以内の予報(6
　　　　　時間以上)
　　(例)週間天気予報
○長期予報：予報を行う時点から8日先以降を含む予報(5日以上)
　　(例)1か月予報，3か月予報

　なお，長期予報についての許可は3か月以内であるが今後拡大されるすう勢にある。また，上記の最小時間より細かい時間の刻みで予報はできないことになっており，規則の面からも日単位の長期予報は制約がある。

　長期予報という言葉は気象庁の正式な予報サービス名にはなく，気象庁の規則類ではすべて「季節予報」という言葉で包括されている。ちなみに，世界的にも seasonal forecast という用語が使われている。現在，気象庁の発表する季節予報として，1か月，3か月，暖候期・寒候期予報があり，それぞれ発表日，予報要素，予報区域は表2.1のとおりで，予報区域図を図2.3.1に示す。気象庁では，北海道から沖縄まで南北に長い日本列島を，季節の歩みや季節の特徴を考慮して，合計11個の地域に区分して，それぞれの地域の平均状態を予報している。このことは短期予報分野では，予報対象地域はいわゆるピンポイント予報あるいは府県を数個に区分した地域を予報区としているのと対照的である。長期予報の予報区を見ると，予報の要素や期間，区域が短期予報などと比べて明らかにブロードであることがわかる。これらの疎さは，前述のようにたとえ「もっと細かい予報を……」というニーズはあっても，悲しいかな大気科学の論理から叶えることができない宿命にあり，3章で触れる。長期予報の特質は，1か月や3か月先の気象状態をただ一つの答えとして予想することはできず，ある確からしさでとらえるしかないことにある。5章で紹介するアンサンブル予報はまさにこの考えに立っている。

　なお，11の予報区は地方予報区とよばれ，天気予報の際に用いられる広域的

2章 長期予報におけるものの見方　63

表2.1　長期予報の予報要素，発表日，手法，予報区域など

予報の種類	1か月予報	3か月予報	暖候期予報（4月〜9月）	寒候期予報（11月〜3月）
発表日時	毎週金曜日，14時30分	毎月25日頃，14時	毎年2月25日頃，14時	毎年9月25日頃，14時
内容	確率予報 　1か月平均気温 　1か月降水量 　1か月日照時間 　1か月降雪量（日本海側） カテゴリー予報 　第1週平均気温 　第2週平均気温 　第3‐4週平均気温 天候の特徴	確率予報 　3か月平均気温 　降水量 　降雪量 カテゴリー予報 　月平均気温 　月降水量 　3か月降水量 　3か月降雪量（日本海側） 天候の見通し	確率予報 　夏期（6-8月）平均気温 　降水量 カテゴリー予報 　4・5月平均気温 　4・5月降水量 　6-7月降水量 　（南西諸島は5-6月） 天候の見通し（4‐9月）	確率予報 　冬期（12-2月）平均気温 　降水量 　降雪量 カテゴリー予報 　11月平均気温 　11月降水量 　冬期（12-2月）降雪量 　（日本海側） 天候の見通し（11‐3月）
手法	力学的手法： 　アンサンブル数値予報 　PPMガイダンス	力学的手法と統計的手法との併用： 　アンサンブル数値予報 　最適気候値（OCN），正準相関（CCA） 　PPMガイダンス		
予報領域	全般予報区（担当：気候・海洋気象部）/11地方予報区（担当：地方予報中枢）			

官署名	札幌	仙台	本庁	新潟	名古屋	大阪	広島	高松	福岡	鹿児島	沖縄
地方予報区	北海道地方	東北地方	関東甲信地方	北陸地方	東海地方	近畿地方	中国地方	四国地方	九州北部地方	九州南部地方	沖縄地方
全般予報に用いる大区分	北日本 北日本日本海側 北日本太平洋側		東日本 東日本日本海側 東日本太平洋側			西日本 西日本日本海側 西日本太平洋側				南西諸島 （奄美地方は 南西諸島）	

図2.3.1
長期予報の地方予報区

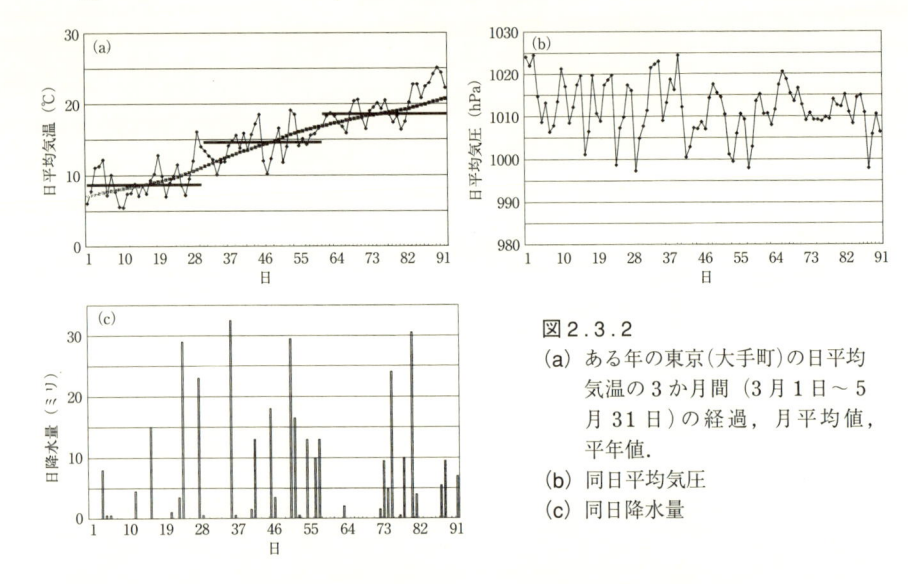

図 2.3.2
(a) ある年の東京(大手町)の日平均気温の3か月間(3月1日〜5月31日)の経過,月平均値,平年値.
(b) 同日平均気圧
(c) 同日降水量

な予報区と同じであり,札幌管区気象台などが分担している。

さて,図2.3.2(a) (b) (c)はそれぞれある年について東京(大手町)の毎日の気温,気圧,降水量の日平均値の3か月分(3月1日〜5月31日)の実際の経過を示している。同(a)図には月平均(3本の太実線で表示)および日の平年値の推移を重ね合わせて示してある。同(b)図の気圧の時系列をみると,この3か月の間に約15個の低気圧や前線などの影響を受けている。1,2日先までの短期予報や週間予報では,これらの図中の気温や降水量などを「日単位」で予報していることになるが,明らかに個々の低気圧などの通過に伴って出現したものである。しかしながら,1か月や3か月を対象とした長期予報では,日単位の天気予報が精度よくできれば理想であるが,後述するように大気の運動が持つカオスなどからまったく不可能である。したがって,長期予報の分野では同(b)図にみられるような個々の高・低気圧などの通過に一対一で対応して変化する天気や気温,降水量を対象とするのではなく,それらの1週間や1か月などの平均状態が平年に比べてどのようになるか,つまり気温や降水量などが平年の状態に比べて高いか低いか,あるいは多いか少ないかなどを予測するの

が精一杯である。このことを図2.3.2(a)の気温の実際の経過でいえば、長期予報の「予報」は、黒丸印で示す日ごとの寒暖の山谷を1週間や2週間平均、あるいは月平均した値と平年値(月平均や週平均)の差を見ていることになる。また、降水量の場合は予報期間の合計降水量がやはり平年に比べて多いかなどの予報である。しかしながら、一般に予報期間中には前線や多数の高・低気圧が通過し、また前線の影響を受けるため、数値予報から得られる月平均値などは、その期間内の現象の生起度数や強弱を反映(積分)したものにほかならない。したがって期間内に非常に寒い日や暑い日があっても平均値への寄与が少ない場合や前半が寒く後半が暖かい場合では相殺されるため、平均値は必ずしも大きくならないことなどに留意すべきである。

実際、気象庁の1か月アンサンブル予報の場合は、冒頭の図2.1.1に示したような、全期間内の個々の高・低気圧などの日々の消長に伴う気温などを一旦計算した後、再びそれを基に第2週目や第3・4週目、あるいは1か月間全体を平均し、さらに平年偏差を求め、たとえば気温が平年に比べて高いか低いか、あるいは平年と同じ程度かということを発表している。重ねていえば、5, 6章でわかるように、先の図2.1.1の気温の変化は1週間程度より手前ではほとんど束にまとまっているが、それより先では日ごとにまたメンバーごとにバラバラとなり、全体の平均やバラツキの大きさで見るしか手はない。

一方、1章で述べたように我々は過去の各月や季節の統計資料や経験から、たとえば、将来の1か月間の平均値や平年偏差に関する情報が得られれば、逆にその期間にどのような気象(天候)パターンが卓越する(多くみまわれる)かを知っている。アンサンブル予報では、力学モデルによる日々の予報結果の平均値が得られるが、こうした力学的手法以外になんらかの統計的な手法によって天候パターン(東西流型、西谷型、東谷型など)が予測できれば、その期間の天候の平均状態—すなわち予報—が得られることになる。実際、1か月予報にアンサンブル予報が導入される以前はこのようなアプローチがなされていたし、本書でも紹介するように現在でも3か月予報や暖・寒候期予報で併用されている統計的手法は、こうした立場をとっている。

2.4 長期予報における着目点

1か月予報から暖・寒候期予報までのすべての長期予報が力学的手法に切り換えられたが，3か月予報や6か月予報などは大気の運動に内在するカオスのほか，境界条件（海面水温の変動など）の影響を強く受けるため，すべてを力学的な数値予報モデルで行うためにはいくつかの壁があり，今後も統計的・経験的手法が併用される。従来の統計的・経験的手法における着目点やいくつかの予報則に対して，近年，地球規模でのデータの蓄積とともに，大気・海洋科学やコンピュータの発達に伴い，より物理的な解釈や裏づけが可能となってきており，予報則を用いた精度も向上してきている。以下に，現在の長期予報技術の全般を通じての予報作業上での着目点および考え方について述べる。これらの着目点は短期予報や週間予報作業における場の把握などにも共通するものである。なお，1か月予報における実際については6章，7章で，また3か月予報および暖・寒候期予報については8章および9章で述べる。

2.4.1 大規模な場（循環場）

1か月や3か月先における一つ一つの高気圧や低気圧の日々の動向（発生・発達・伝播など）を断定的に予測することが不可能だとすると，長期予報はできないことになるが，けっしてそうではない。低気圧などの1か月間の動向は全球的な場あるいは大規模な場の状態に左右され，このような場は慣用的に循環場ともよばれる。大規模な場や循環場とは気象の複雑な場を速度場や気温場で概括的に把握しようとする立場で長期予報作業の分野で多用される。長期予報では，一つ一つの低気圧や高気圧を追跡できなくても，なんらかの方法で低気圧が発達しやすい場かあるいは移動性高気圧が通りやすい場かなどが予想できればよいとの立場をとる。こうした場はしばしば高・低気圧などの擾乱の背景として独立的・固定的に記述されがちであるが，そうではなく場自身もその中に存在する種々の擾乱（低気圧など）と相互作用があり変化することである。大規模な場は，たとえば日本の冬の天候を決定的に支配するシベリア高気圧，さ

らに夏の天候と密接な関係にある太平洋高気圧などの大規模な気圧系として認識され，作用中心などともよばれる．力学的手法であれ，統計的・経験的手法であれ，こうした大規模な高気圧の発達の程度や循環場などの予想が長期予報を行う上でのキーとなっている．

長期予報技術の発展の方向は統計的・経験的手法から力学的モデルへと向かっているが，週間アンサンブル予報モデルはもちろんのこと，1か月・3か月アンサンブル予報モデルの計算結果を解釈して予想を組み立てる場合にも，また，統計的手法においても，このような大規模な場に注目し，現在どうなっているか，今後どうなるかの考察はきわめて重要な視点である．

2.4.2 偏西風の流れ方

中緯度地方上空には地球を取り巻いて偏西風が吹いているが，日本付近の天候は偏西風の流れ方（大規模な場）に大きく左右されることから，予測ではその動向に着目する．これも大規模場の一種である．偏西風の流れは大きく二つの型に分けることができる．東西流型と南北流型である．図2.4.1は大気の循環場における南北方向の熱交換と東西流型と南北流型との移り変わりの様子を示している．

東西流型は，寒気は高緯度地方に，暖気は中緯度地方にあって，この間の温度差が大きい状態である(A)．北半球規模でみれば，寒気が高緯度に蓄積されつつある段階で，南北方向の熱の交換はあまりない．気温の南北傾度が大きいため，それに応じて上空の偏西風も強く，低気圧や高気圧の動きはスムーズで順調（単調）である．予報用語では「周期変化」などといわれる場合である．この東西流型になると，高緯度からの寒気は南下しにくく，日本付近など中緯度地方は温暖な天候が現れやすい．一方，南北流型は寒気が中緯度側に放出されているという段階で，偏西風の流れが平年に比べて南北方向成分（蛇行）が大きくなる型である(B)．その結果，種々の経度帯で寒気と暖気の南北への入れ替えが大きく起きている状態である．このとき，偏西風が北から南への流れの場に位置する地域では，高緯度からの寒気が南下するため強い低温となり，逆に，

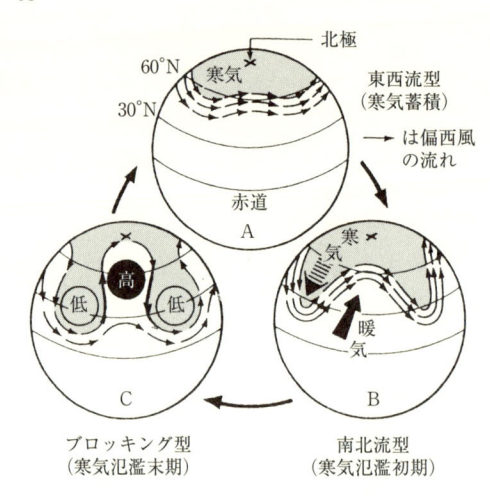

図2.4.1
偏西風の流れの三つのタイプと特徴的な天候
A：東西流型，
B：南北流型，
C：ブロッキング型

　偏西風が南から北への流れの場に位置する地域では暖気が流れ込み高温の地域となる。その境界域は前線帯が形成されやすいため悪天が現われやすい。このように偏西風が南北流型になると比較的広い範囲で異常天候が現われやすいといえる。

　さらに南北流型の極端な場合がブロッキング型である(C)。南北流型がさらに進むと，南下した寒気は南側に寒冷低気圧として，北上した暖気は北側にブロッキング高気圧として，いずれも偏西風の流れから取り残され，上流の偏西風はこれらを迂回するように分れて流れて行く。この型になると偏西風の流れが通常とはまったく異なり，かつ同じような天候が持続するため，異常気象の発生の可能性が高くなる。長期予報にとってブロッキングの予報は現在でももっとも困難な分野の一つであり，もっともチャレンジングな課題である。

　長期予報では，地球規模の場の変化を，東西流型，南北流型と関連して，AからBへ，BからCへと過程が進んで南北の熱交換が終わり，また再びAの段階となるサイクルを一種の作業概念モデルとして考えている。東西流型と南北流型はときには周期的に，ときには不規則に交替しながら現われてくる。

2.4.3 東西指数

予報作業では，対象とする場が東西流型か南北流型かの判断尺度として，「東西指数」という指数が常用される．500 hPa 天気図上で北緯 40 度と北緯 60 度の高度差の平均を求めて，それを中間の北緯 50 度の東西指数としている．この指数は上空の風の強さは等圧面の傾きに比例するという「地衡風」の関係を利用したものである．高度差が大きければ当然指数も大きく偏西風は強い．すなわち東西流型である．逆に，高度差が小さければ指数は小さく偏西風は弱い．南北流型である．実務上では，東西指数は北半球全体あるいは極東域などある領域について求める．東西指数の平年偏差が正のときを高指数（等圧面の傾きが平年よりも急で偏西風も平年より強い），負のときを低指数といっている．日本付近の天候は極東域の東西指数との対応がよい．なお，後述のようにアンサンブル予報の出力結果も，東西指数に変換して表現し，予報支援資料として提供されている．図 2.4.2（a）（b）はそれぞれ東西指数が強い場合と弱い場合を示す．

また，図 2.4.3 は，極東域の東西指数の変動を見たもので，東西流型と南

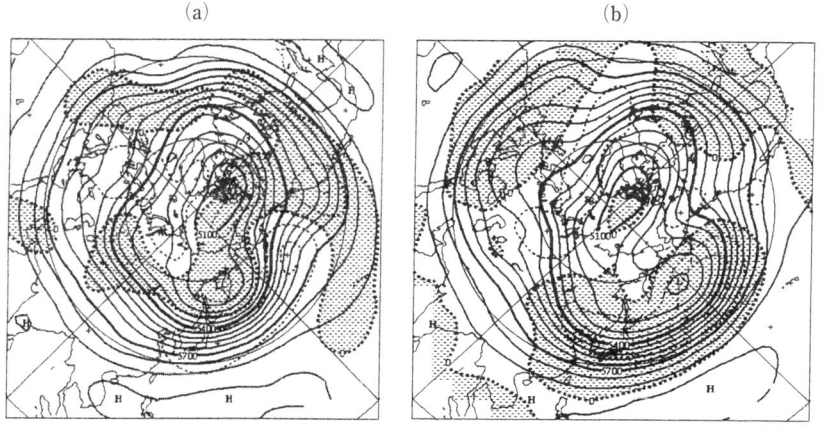

(a) (b)

図 2.4.2 東西指数
(a) 高指数の例：1991 年 3 月，全国的に高温ベースであった
(b) 低指数の例：1984 年 3 月，南西諸島を除き全国的に低温ベースであった（気象庁）

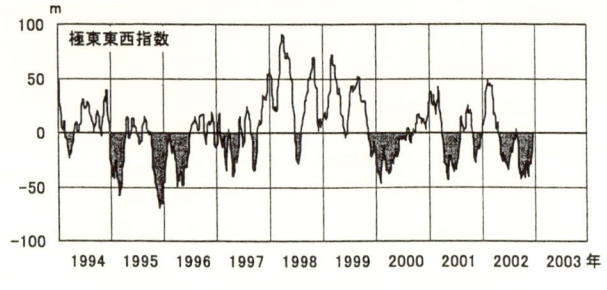

図2.4.3 極東域の東西指数の変動(気象庁)

北流型の変動の様子を過去5年について表わした図である。細かな変動もあるが5年間の傾向としては冬を中心として東西流型が，夏を中心に南北流型が目立っている。これは，ここ数年の暖冬の持続や不順な夏の天候などを反映したものである。

2.4.4 西谷型，東谷型

短期予報であれ，1か月予報であれ，日本付近の風系がどうなるかは，予報を組み立てる上で重要な着目点である。一般に，下層から中層の風が南西方向の場合は暖かく湿潤な気流に覆われるので，曇りや雨の天気になりやすく，逆に北西方向の風の場合は冷たく乾いた気流に覆われるので雲が少なく晴れやすい(冬季の日本海側は除いて)。一般にこうした南西風は気圧の谷(トラフ)の前面に対応しており，北西風はトラフの後面に対応している。予報作業では，中層の風は 500 hPa 天気図で代表させており，また風はほぼ等高度線に沿っているとみなすから，結局，トラフの位置が日本列島と相対的にどの辺りにあるかが着目点となる。500 hPa 天気図上で，トラフが日本列島の西に位置する場合を西谷型とよび，日本付近は南西風の場となる。反対にトラフが日本列島の東に位置する場合を東谷型とよび，この場合は日本付近は北西風の場となる。西谷型・東谷型の区別はあくまで日本付近の風向の関係で見たものだから，日本の西側と東側の高度場の相対関係で決まる。

短期予報ではズバリ 500 hPa 天気図上のトラフの位置を追跡・解析して，西

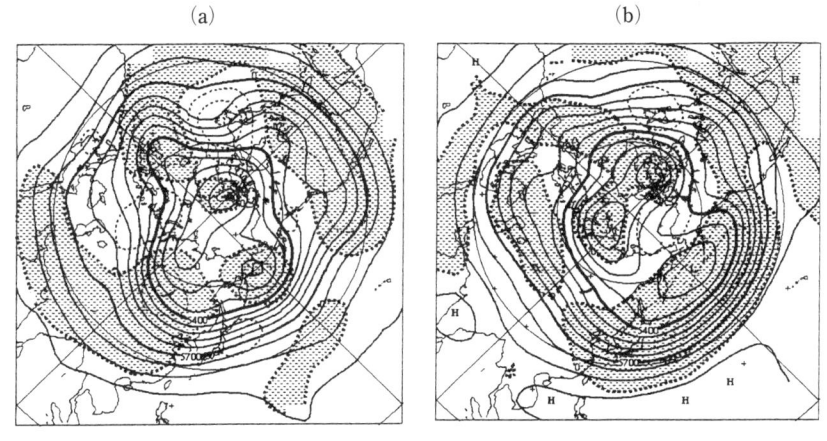

図 2.4.4 (a) 西谷型の例（1983年4月，東・西日本では多雨であった）
(b) 東谷型の例（1993年4月，東・西日本で少雨であった）（気象庁）

谷型・東谷型などを識別するが，長期予報では偏差図（高度場の平年偏差）で議論する．すなわち，日本の西側で負偏差であれば西谷型（南西風の場），東側で負偏差であれば東谷型（北西風の場）である．予報が1週間平均図で西谷型であれば，その間ぐずついた天気が卓越することになるし，東谷型であれば，晴れやすい場となる．なお，注意すべきことは，たとえ西側に負偏差がなくても東側が正偏差であれば，やはり相対的に西谷型で南西風の場となること，また，逆に西側が正偏差であれば東側に負偏差がなくても相対的に東谷型となり北西風の場となることである．ようするに，西谷型・東谷型は高度偏差図の東西方向の傾度に依存している．図2.4.4(a)(b)はそれぞれ西谷型および東谷型の例を示す．

以上のように，日本付近の天候と偏西風の流れ方には密接かつ明確な関係があるので，なんらかの方法で偏西風の流れの様子が予測できれば，大まかな天候の特徴が把握できることになる．

2.4.5 3か月予報等の境界条件への依存性

数か月にわたる天候およびその変動には，熱帯域の対流活動や海面水温ある

いは大陸上の植生や積雪状態などの境界面の状況が大きく影響する。ある地域や地点の気温偏差と海面水温偏差との相関についてはこれまで多くの調査があり，両者の間の有意な時間ラグ相関（時間的ズレで見た両者の相関関係）がいくつかわかっている。ユーラシア大陸の積雪状況とインドモンスーンの強弱との間にも高い相関あることが確認されている。このような地表面境界条件における偏差と現象との間の時間ラグ相関が有意である場合は，それなりの確率で予報が可能である。この手法は日本の天候に影響を及ぼす循環場の変動に関連している境界条件の変動をみつけ，よい相関が求まればそれを事前シグナルとして天候を予想する方法である。つまり大気に比べてゆっくりと変化する（持続性のある）境界条件に着目し，その変化をシグナルとして監視することにより，長期予報を行う手法である。

かつて，こうした場のシグナルに注目した予測手法は，経験的・主観的方法でデータの解析が行なわれていたため自ずと限界があったが，近年は観測データの蓄積が進み，またコンピュータを利用して大量のデータを面的，立体的に迅速に解析することが可能となったため，循環場やシグナルに対する物理的意味づけや解釈が進み，その有効性が見直されつつある。こうした考え方は，現在でも力学的な予測が不得手な数か月先以上の長期予報に対しては，非常に有効な方法の一つであり，統計的手法の中に取り込まれている。

① 熱帯の循環と日本の天候

日本付近の天候は，偏西風の流れとともに赤道付近での対流活動（積乱雲の発達の程度）や海面水温の変動などの影響を受ける。インド洋ベンガル湾付近の対流活動が活発になると，日本付近で梅雨前線の活動が活発になることや，冬季インドネシア付近で対流活動が活発になると季節風が吹き出すという関係などがある。また，前述のようにエルニーニョ／ラニーニャと日本の天候とも関係が深い。このように日本から遠く離れた赤道付近の海水温の変動や対流活動の程度さらに世界の天候などを注意深く監視することが，数か月先の天候の予測に役立っている。医療における病気の診断（ディアグノシス）と見通し（プログノ）になぞらえて，長期予報作業でも「気候系の診断」として重要視され

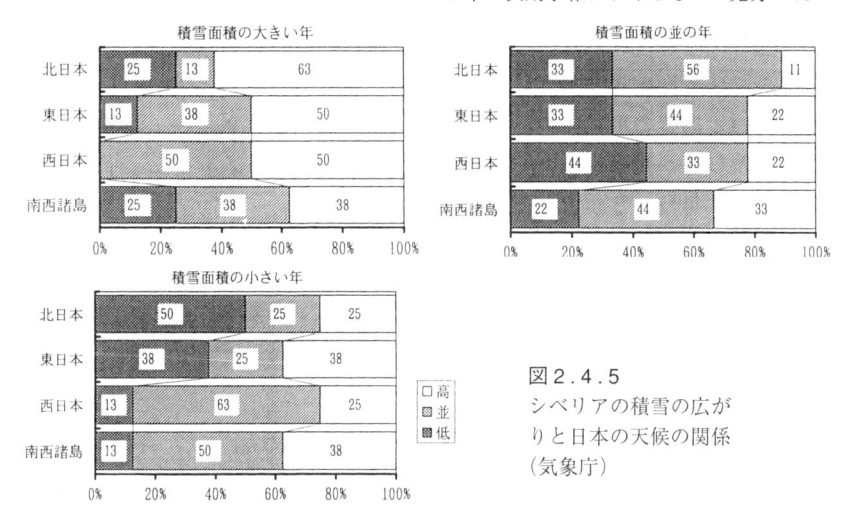

図2.4.5
シベリアの積雪の広がりと日本の天候の関係
（気象庁）

ている。気象庁では，地球上の大気の状態や海面水温，さらに雲の分布や雪氷分布，また日本や世界の天候などを総合的に診断した長期予報資料（気候系監視レポート：月刊）を作成している。

② シベリアの積雪の広がりと日本の天候

オホーツク海高気圧は日本の夏の天候を支配する主役の一つであることから，その強さを予測することは夏の予報にとって非常に重要である。予測手法の一例に西シベリアの春先の積雪状況に着目した方法があり，「4月の西シベリアにおける積雪面積が小さいと6月のオホーツク海高気圧が強まる」という調査結果に基づいている。具体的には，その領域での積雪の状況とのオホーツク海高気圧の相関を利用する（図2.4.5）。このほか，西シベリアを含めたユーラシア大陸における春先の積雪面積の多いか少ないかが，その後に続くアジアモンスーン活動と深く関係しているとする調査もある。これらの調査は，シベリア方面の雪氷面が降り注ぐ太陽エネルギーを反射してしまう効果，春以降に始まる雪氷の融解熱が地表付近の熱を奪う冷却効果およびその融雪水がその後蒸発する際に地表面付近の気温を低いまま維持する効果などに注目したものである。シベリア地方の積雪はアジアモンスーン活動に影響を与え，その活動の強い年

はチベット高気圧の発達を通じて日本の夏の天候と関係していると考えられているが，いまだ物理的な解明はなされていない。

2.5 長期予報における統計的・経験的予測手法

現在の力学的手法に基づく新しい3か月予報および暖・寒候期予報では，統計的手法が併用されている。以下に従前の3か月予報や暖・寒候期予報で用いられてきた統計的手法を記述するが，これらは新しい統計的予測手法としては直接には利用されていないけれども，後述のCCNやOCNの考え方の基礎となる部分である。

2.5.1 相関法

相関法は異なる地域間の過去データにおける時系列の中で両者の相関関係を求めておき，その相関関係を予測に用いる手法である。この手法は，日本のある地域の気温や降水量などとユーラシア大陸などの循環場あるいは積雪状態や海面水温などとの間に，ある時間差をおいた相関関係がある場合に適用される。実際上は両者の相関関係を回帰式で表わして予測するということになる。たとえば，過去データの世界で8月の北日本の気温変動と，その3か月前の5月におけるヨーロッパ付近の500 hPa高度偏差との間に有意な相関関係が認められれば，今度は予報の世界でその関係を適用して，ヨーロッパの5月のデータが観測された時点で，きたるべき北日本の8月の気温を予測することができるわけである。実際の予測因子としては1個ではなく500 hPa高度偏差のほかに海面水温等を取り込んだ重回帰式を使うことが多い。たとえば，両者の相関関係を過去6か月あるいは12か月程度さかのぼって調べ，もしも有意な関係があれば，それらを用いて重回帰式として予測モデルを作成するという方法が取られる。

このような回帰式を使う手法で，ある地点の気温など予測すべき要素を目的変数，予測のために用いる海面水温などの変数を説明変数という。なお，後述

のCCN(正準相関分布)は,両者の相関関係を特定の地点で求めるのではなく,関係する変数全体で求める手法である.

2.5.2 類似法

類似法も過去データを基に行う.この方法は,予報作業時点の近傍の気候状態(月平均図など)を過去のそれと照合してよく似た年を拾い出して,今後はその年と同じような天候経過をたどるであろうとする予測手法で,類似法とよばれている.大気の循環場や海面水温などの類似性も比較されるが,500 hPa 天気図のパターンの類似性が中心である.かつては目視で判断していたこともあるが,今では類似性をみるために各種の客観的な尺度を用いて,比較したい二つの時点の偏差図(格子点値で表現)の相関(アノマリー相関という)などをコンピュータで求めることにより行なうことが可能である.この他,偏差図に寄与している割合(振幅)の大きいパターンを順に求める主成分分析といわれる手法も使われた.これらの手法は,類似性の基準に恣意性があることや,なによりも両者が類似しているからといって,その後の天候の推移が過去と同じ経過をたどる根拠を物理的に説明できにくい点に隘路がある.

類似法には反類似法を取り入れた方法もある.これは類似の度合いをみるだけでなく,正反対の類似していない場合の情報も反類似年や反類似月として考慮する方法である.「反類似」というのは両者の偏差の符号を逆にした場合,すなわち裏返しにすると両者はよく似ているという立場である.たとえば過去のある年が反類似年として判定された場合には,その年の気温や降水量などの偏差の正負を裏返したものが実現すると考える.もしも,今年の高度場の反類似年が過去の大冷夏年に対応していれば,きたるべき夏は暑夏が想定される.このような方法が取り入れられたのは,もともと類似を抽出するデータ数自身を増やすのが大きな目的である.類似している場合だけで統計処理するには大量の過去データが必要であるが,実際は使えるデータ数が少ないからである.

これら相関法や類似法,反類似法による予想手法の考え方は一定の妥当性を持っているが,問題はその予測の精度が高くないことと物理的根拠に乏しいこ

とである。相関法や類似法にとっては過去の資料がよりどころである。つまり，大量の過去資料がある場合にはその統計的性質を知ることができるから一定の予測精度が期待できる。ところが現在資料として利用できるのは過去五十年程度の資料である。また，予測対象の大気の変動が単純で，その統計的性質も明らかならば，その程度の短い期間の資料でも統計的に信頼度の高い予測ができるかも知れない。統計的手法は過去のデータの中にこれから予測しようとする状況に近いものが多数あるということが前提である。しかし近年よくいわれるように「観測開始以来の……」という状況が出てくる状態では予測は困難である。そもそも類似年がない場合はどだい無理である。たとえば，前述の1993年の記録的な大冷夏や翌1994年の猛暑等の過去資料にない状態は統計的手法では予測することはできない。もしも長期予報に使えるデータが数百年あるいは数千年分あれば，統計的手法による予測精度を上げることができる。しかし現実にはそのようなことは無理で，統計的手法にはおのずと限界がある。

2.5.3 周期法

周期法はある地域の気温，気圧，高度偏差や循環指数などの直近までの一連の時系列データ中に含まれる周期を分析し，その周期性が将来も保持されるであろうという前提で予測する方法である。とくに，長期的変動の周期成分に注目される。この手法はこれまでの時系列中に特徴的な周期があったとしても，その周期の変動が今後も続くという根拠に乏しいが，その物理的な解釈が可能な場合や多数の経験がある場合は有効な予測資料となる。たとえば，熱帯域では季節内変動という周期的な変動があり，対流活動の活発な地域が東西方向に伝播していることから，それを亜熱帯高気圧の動向と関連させることができる。また，北極を中心とした寒気の中緯度への流れ出しには，一定のリズム（周期性や空間的拡がりなど）がみられる。最近，北極振動などとよばれるが長期予報の現場では従前から注目されていた視点である。過去の時系列中に存在する周期的成分を検出する手法として波数分析法があり，全体を三角級数の集まりとみなすフーリエ解析が用いられる。なお，周期法は，予報手法として利用さ

れるほか，過去の気候系の状態を時空間で理解する手法としても有用である。

2.6 力学的予測

　長期予報を，短期予報のように力学的手法を用いて行なうことは，長期予報関係者の長年の悲願であった．しかしながら，力学的手法の導入には，莫大な計算時間をこなすための超高速・大容量のコンピュータの整備と，5章で述べるような大気のカオスをどのように克服するかが課題であった．このうち最大の懸案であったカオス問題についてアンサンブル予報という予測手法が開発されたことにより，力学的手法への展望が一挙に開かれ，後述するように気象庁は1か月予報および3か月予報へ，さらに暖・寒候期予報へと，順次，力学的予測手法の導入を進めてきた．力学的手法の導入による最大の意義と利益は，長期予報の関係者が予報期間における大気の振る舞いの経過やその平均状態を物理的，客観的な物差しを用いてとらえるできる点であり，また，予報誤差の要因などを客観的に評価することができ，予測モデルの改善を段階的に積み重ねることが可能となったことである．一方，種々のユーザー側にとっても，モデルの予測結果を客観的な数値として利用し，検証することが可能な環境が出現したことである．

　長期予報に対する一連のアンサンブル予報の導入は，過去数十年にわたる短期予報における数値予報技術を踏まえた，技術進歩の本道であるといえる．これまで統計的・経験的手法のみに頼っていた長期予報技術からみれば画期的な変革である．しかしながら，予測モデルはまだまだ不完全であり，また，モデルの重要な境界条件である海面水温などの精度も十分ではない．このため，気象庁は3か月予報および暖・寒候期予報では，力学的手法と統計的手法を併用することとしている．今後，新しいモデルが運用される中で，力学的予測モデルを基礎とした予報作業に切り替えが進み，従来の統計的手法や経験も検証される．いずれにしても，長期予報技術の新しい世紀が始まったことだけは間違いない．

3章 気象の外的条件，現象の特徴とそれを支配する法則

3.1 太陽と地球

　この章では，気象現象の舞台である地球，運動の源である太陽エネルギー，大気圏の広がり，気象現象が持つ秩序とそれを支配している諸法則，気象予測の手法などについて述べる。

3.1.1 太陽系における地球

　地球には季節があり，日々の天気をはじめ，高・低気圧，台風，偏西風の蛇行など種々の現象が生起しており，海洋まで含めると波浪や海流がある。さらにエルニーニョ現象などのように，中部太平洋赤道付近における大規模な対流活動がありそれに呼応して同海域の海面水温が平年に比べて高くなるような，大気と海洋の両方にまたがった現象も存在する。こうした種々の現象を理解し予測に結びつけるために，まず太陽系に属する惑星（プラネット）の一つである地球と太陽について基本的事項を見ておこう。図3.1.1は地球と太陽の関係や自転軸（地軸）の傾きなどを示している。地球は1億5000万 km のかなたに位置する太陽の周りを1年かけて周回（公転）しており，周回面を公転面とよぶ。公転面と地球の赤道面は平行ではなく23.5度の傾斜（地軸と公転面との傾斜は66.5度）があるため，太陽光は赤道面に対して斜めに射し，各緯度に注がれる太陽エネルギーは1年周期で変化する。図3.1.2は地球から見た太陽の運行が1年間ではどのように変化するかを示す。

　北半球で見れば太陽の高度は各地で夏至にもっとも高くなり，ちょうど半年離れた冬至ではもっとも低くなる。正午の太陽高度と緯度との関係は季節によ

3章　気象の外的条件，現象の特徴とそれを支配する法則　79

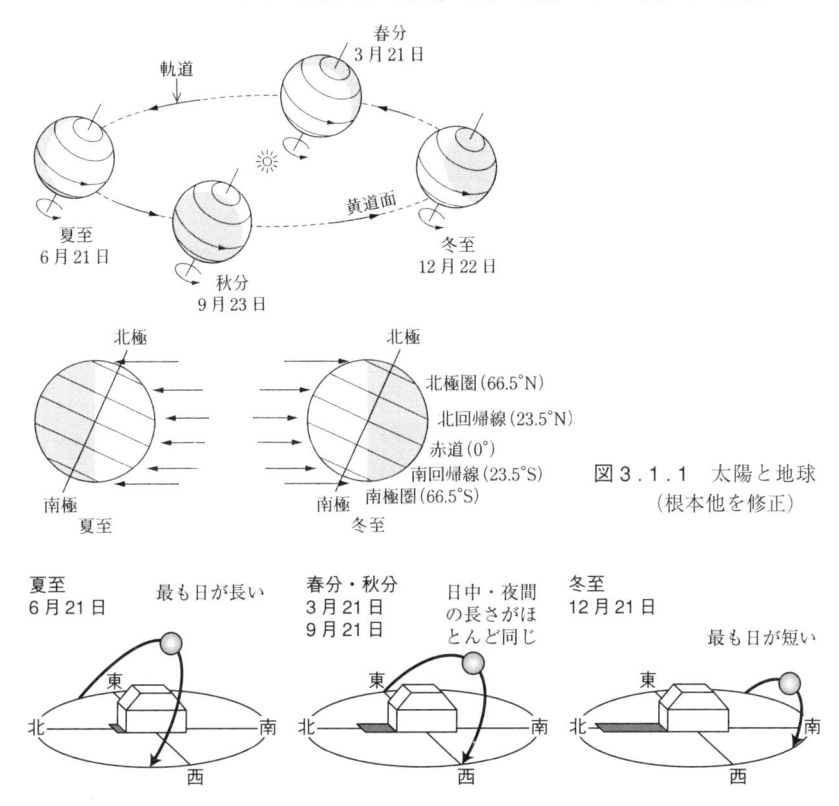

図3.1.1　太陽と地球
（根本他を修正）

図3.1.2　太陽高度の季節変化

って変化し，図3.1.3からわかるように，任意の緯度(ϕ)P点における正午（南中）の太陽高度角(α)は，太陽の赤緯（太陽光線と赤道面とのなす角）をδとすると，$\alpha=90+\delta-\phi$と表現される。夏至と冬至ではδはそれぞれ23.5度，−23.5度だから，夏至の太陽は北回帰線(ϕ＝北緯23.5度)上では正午に真上にくるし，東京では約80度，北極では高度角が23.5度のまま地平線をぐるっと回る。一方，冬至では太陽は南回帰線上にあり，北半球での太陽高度はもっとも低くなり，日本でも南の空を低くめぐる。たとえば，東京では南中高度は約32度，札幌では約24度と低くなる。春分と秋分($\delta=0$)では，太陽は赤道の真上にあり，北極および南極では太陽高度はゼロとなるため地平線を一周するこ

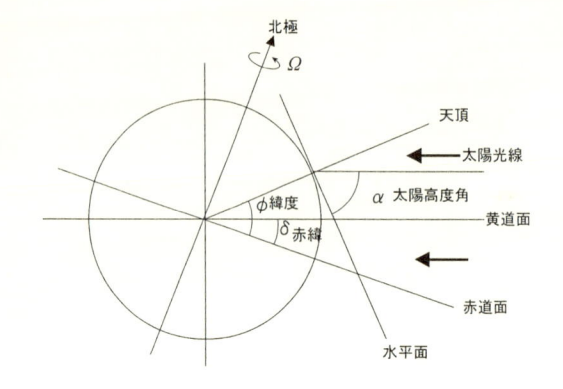

図 3.1.3 太陽高度角と緯度などとの関係

とになる。したがって，北極では春分から夏至を経て秋分までの半年は沈まぬ太陽となり，残りの半年は太陽がまったく顔を出さなくなり極夜となる。南極ではこの逆となる。

筆者はある 11 月，オーストラリアのシドニーに旅をした。たしかに太陽は東から昇るが天頂より北に傾いて進み西に沈む。家のベランダも北向きである。海水浴場に人が溢れ，まばゆい太陽の下で半袖姿やタンクトップの人々がクリスマス商品をごく自然に手にとっている。地球が丸い球であり，地軸が傾いていることを実感させられた。

北極の上空約 30 km（10 hPa 程度）の高度では夏季には気温がマイナス 30℃ 程度まで上り大規模な高気圧が形成されるが，逆に冬には日射が全然ないためマイナス 70℃ 程度に冷えて低気圧となり北極気団が形成される。このように地球の自転軸が公転面に対して傾斜していることから，太陽高度は公転に対応して周期的に変化し，季節が生まれる。

もしも赤道面と公転面が一致していれば，太陽は常に赤道の真上を毎日東から西にめぐり，世界中のどこでも，日の出は真東から日の入りは真西で，また日の出，日の入り時刻もどこでも同じであることが容易にわかる。したがって，大気上端に差し込む太陽エネルギー（日射という）の緯度分布は両半球で対称となり，赤道で最大，両極ではゼロとなる。各緯度に注がれる日射量は月や年が変わっても変化せず，永遠に一定である。現在のような季節は存在しないわけ

である。太陽光が地表を斜めから射すほど単位面積あたりで受け取るエネルギーが小さくなるが，ちょうど懐中電灯を壁に照らす角度を変えたときの明るさの変化と同じ理屈である。地球の公転面と地軸の傾斜が1年を周期とする季節を出現させ，大局的にみれば赤道地方と両極地方で受け取る日射の差が，熱帯地方の貿易風や中緯度の偏西風など地球規模の流れを支配する外的条件の一つとなっている。

3.1.2 地球の自転

地球の自転スピードを制御することはもとより不可能であるが，人工衛星の打ち上げでは実際に自転の効果を積極的に利用している。各国の人工衛星打ち上げ基地は，種子島，フロリダのケープカナベラル，南アフリカのギニアなどできるだけ赤道に近いところに位置している。赤道の地表の自転スピードは約450 m/sec で，北緯40度の約350 m/sec と比べると30％も大きく，人工衛星の打ち上げに必要な速度を打上げ場所の地球自転スピードで稼いでいる。我々はこの自転している地球に乗っかってしかも地球上の種々の現象を観測せざるを得ない。「ひまわり」から見る地表の現象の見え方もやはり地球に乗っかっているのとまったく同じ立場である。ひまわりはもちろん地表とは結ばれてはいないが，実際は時速約1万 km で赤道上空を西から東に動いているため自転している地球からは「静止」と見える。我々は，地上に東西南北の目印を記して，その方向を基準にたとえば西風と認識する。この東西南北の方向は地球上や静止衛星で見れば不変であるが，慣性系から見れば方向は時々刻々変化していることになる。我々は地球上で種々の運動を地球に固定された座標系で観測し，その結果を理論にあてはめ天気予測を行うわけだから，この自転の効果を考慮しないとまったく話にならない。自転の効果は具体的に「コリオリ力」あるいは「転向力」とよばれるみかけの力として現われる。

地動説を証明しようとするのでなければ，自転と緯度の変化（球であること）を体験することは簡単である。夜空に北極星と北斗七星，あるいはカシオペアなどの星座を見いだし30分も時間をおいて見れば，北極星を中心に星座が反

時計回りに回転していること，すなわち地球が西から東に自転していることを容易に確認できる。その割合は360度÷24時間だから，北極星と星座を結ぶ線は1時間に15度の大きさで反時計周りに回転する。1時間に15度の回転の割合は，とりもなおさず地球上の時差は15度で1時間に対応している。神宮球場では空がすっかり暗いのに，西の福岡ではまだ明るいのは両地点で約40分（経度9度）の時差があるためである。日本と世界各地の時差も，頭の中の地球儀でおよその経度を知れば世界時計がなくとも見当がつく。地球は北極星の方向を軸として自転しているから，北極星の高度は当然その場所の緯度に一致する。

地球自転の速度は方向と大きさを持っているからベクトル量であり，角速度ベクトルで表わし通常 Ω （オメガ）と記す（図3.1.3参照）。Ω の向きは反時計回りを正と定義し，その大きさは1恒星日（恒星の南中から南中までの時間で86164秒）を用いて $\Omega = 7.29 \times 10^{-5} \text{sec}^{-1}$ である。なお，1恒星日は1平均太陽日より約4分短いため，星座は時計で見ると毎日4分ずつ早く上り，夏と冬ではちょうど反対の星座が現われ，1年でまた元の星座に戻る。ここでやや面倒なことは，図3.1.3に見るように天頂方向の周りの角速度は緯度により異なることで，緯度を ϕ とすると $\Omega \sin \phi$ となる。すなわち，北極では Ω だが南に行くにしたがい小さくなり，赤道ではゼロとなる。地球は自転しているが奇妙なことに赤道では天頂の周りには回転していないことになる。ある場所の天頂の周りの自転周期は天井から錘をつるしたフーコーの振り子で知ることができ，上野の国立科学博物館でも見られる（写真1）。ちなみに，東京の場合だと自転周期は約41時間である。もしも地面が回転していなければ振り子の振動面は最初に与えた鉛直面のまま不変のはずだが，実際は時間とともに振動面が時計回りに変化する。このように地球が自転している球であることの効果は，大気中に地衡風や海洋中に地衡流が見いだされること，北半球では低気圧，台風やハリケーンが左巻き（反時計回り）の渦で，南半球ではその反対であること，さらに東西方向に進む大規模な波動の性質などの特徴に如実に現われている。

たとえば，赤道地方に見いだされる「ケルビン波」とよばれる大規模な波動

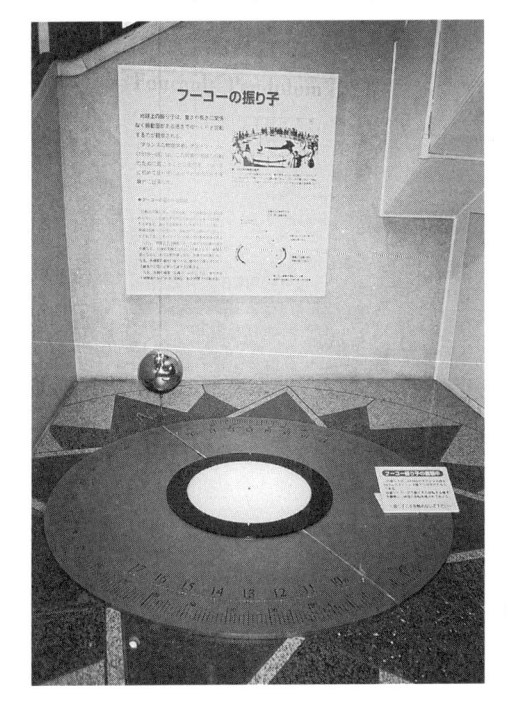

3章 気象の外的条件，現象の特徴とそれを支配する法則 83

写真1
フーコーの振り子
(国立科学博物館)

は，東の方向にしか伝播しない性質を持っており，エルニーニョなどの発生過程に大きな役割を果たしている。

3.1.3 太陽エネルギー

　気象の平均状態である気候を駆動している源は太陽エネルギーであり，地球規模の風系や海流などの形成に寄与している。しかしながら，高・低気圧や前線などに伴って時々刻々あるいは日々変動する天気は，太陽エネルギーによって直接励起されるよりは，むしろ大気中に存在するある種の不安定さから生じる。他方，夏の日の積乱雲の発達などは太陽エネルギーが運動の引き金あるいは直接的な役割を果たしている。こうした気象および海洋現象は，自分自身および他の現象と相互に影響を及ぼしあうほか，大陸や山脈，海洋，さらに雪氷原などの境界で，エネルギー，水蒸気，運動量，さらにCO_2などの交換をしな

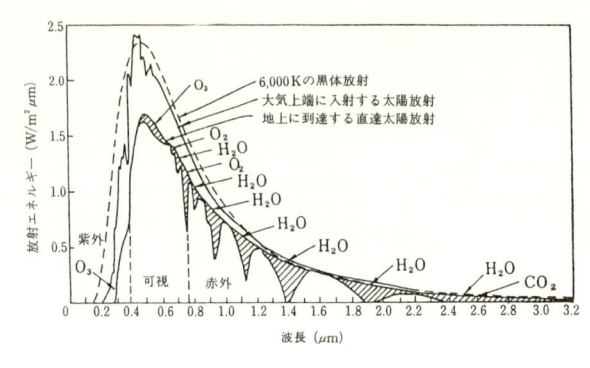

図3.1.4 太陽放射のエネルギースペクトル

がら運動をつづけており，気象・海洋エンジンを構成している。このエンジンを直接・間接に駆動している根源が太陽エネルギーにほかならない。

太陽は1億5000万kmのかなたから，地球の大気圏上端には昼も夜もエネルギーを注いでいる。今のこの瞬間に手のひらで感じる太陽光は，すでにその約8分前に太陽の表面から毎秒30万kmの光速で宇宙空間に放射され，地球の手に届いているものである。図3.1.4は，大気の上端および地表に到達している太陽エネルギーの強さを波長別に示したものでエネルギースペクトルとよばれる。影を施した部分は太陽放射が大気中の酸素ガスや水蒸気などにより吸収を受けていることを示している。太陽エネルギーは波長の非常に短いX線から電波まで広い波長帯に広がっており，太陽放射あるいは日射という。太陽放射のエネルギーのほとんどすべては$0.2\mu m$から$4\mu m$の間に集中しており，その約半分は可視光線($0.4\sim0.7\mu m$)で占められている。残りの半分は赤外線で，生物に有害な紫外線部分のエネルギーはわずかしか含まれていない。太陽放射の波長帯が地球表面や大気自身から放射される赤外放射のそれに比べて短いことから短波放射とよばれる。また赤外放射を日射に対比して波長が長いことから長波放射，さらに地球放射ともよばれる。図3.1.4を見ると可視光線の部分は途中の大気にほんとど吸収されないで地表まで達しており，大気に対してほとんど透明である。一方，赤外線の方は可視光線と違ってところどころで吸収されているのがわかる。

ちなみに，虹は，可視光線が雲粒や小さな水滴に進入する際に屈折し，さら

に内部で反射して再び外に出る際に屈折するため，太陽光を背にすると水のこのプリズム作用で日射の波長帯が分光され七色として目に入る。

　大気上端での太陽エネルギーの強さは$1m^2$当たり$1.375kw$で太陽常数とよばれる。太陽エネルギーは$1km$四方あたり$1kw$の電熱器100万個がはるか上空から地表を照らしていることに相当し，莫大なエネルギーをもっていることがわかる。その威力は晴れた夏の砂浜を裸足では歩けないほどの熱さで感じることができるし，屋上に設置された温水器では，熱湯に近いほどのお湯が得られる。

　気象庁では，全国約15か所で，太陽からの直達日射および全天からの散乱光（合計を全天日射とよぶ）を観測している。また，太陽が照っている時間（日照時間といい，$1m^2$あたり$0.12kw$以上の日射と定義されている）を太陽電池の原理を利用して約800か所のアメダスで観測している。ちなみに，沖縄や東京など日本の各地で，夏至のころの晴れた日には約$0.35kw$の日射が観測される。

3.1.4　地球大気の熱経済と温室効果

　太陽放射は，約$50km$上空の上部成層圏あたりまでほとんど途中で吸収を受けずに達し，それ以下の高度の大気や地表・海洋に降り注いでいる。太陽放射がなければ大気は暗黒の静止の世界である。ここで太陽放射が地球大気の運動に果たしている根源的な役割を眺めてみよう。

　大気の上端にはつねに一定の強さで太陽放射が入り込み，その一部は反射して宇宙へ逃げている。また大気や地表からの地球放射が同じく宇宙へと逃げている。地球規模でみると昼半球と夜半球があり1日周期で変化している。図3.1.5の右側はその様子を示している。昼半球の部分では地表面付近は日射を受けて暖まるが，雲が存在する領域では日射は反射されて地表への侵入が遮断される。一方，地表や雲，大気は，昼夜に関係なくつねにその温度に応じた赤外線を射出している。夜半球では日射はないから，赤外線による地球放射のみである。昼も夜も雲が存在する場所では地表からの上向き放射を抑える。した

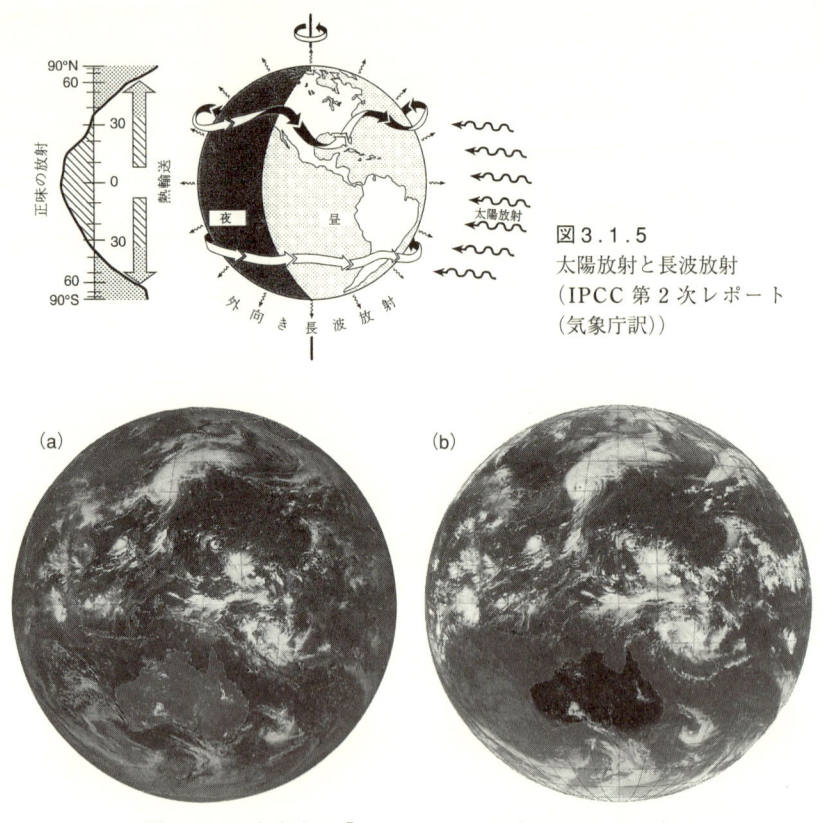

図3.1.5
太陽放射と長波放射
（IPCC 第2次レポート
（気象庁訳））

図3.1.6　気象衛星「ひまわり」の画像(8月29日10時)
(a)可視画像，(b)赤外画像

がって，たとえば，低気圧などの雲に伴う太陽放射の反射や地球放射の分布を考えれば，数千kmの空間スケールで，また数日の時間スケールで変化することがわかる。一方，緯度という場所に注目すると，先述のように太陽放射の強さ自身が季節変化する。このように大気の上端を通じて出入りする太陽放射と地球放射は常に変化しており，両者はけっして平衡関係にはなく過不足がある。ちなみに，普通みなれている衛星の見方をかえてみると，気象衛星「ひまわり」の可視画像の濃淡は太陽放射に対する地球の反射エネルギー（白黒写真）に対応

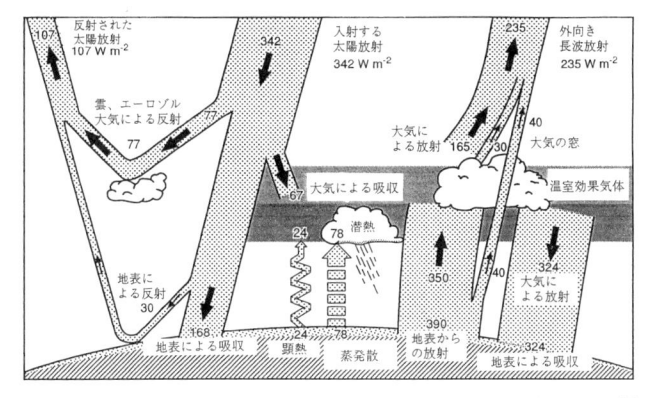

3章 気象の外的条件，現象の特徴とそれを支配する法則　87

図3.1.7　地球の放射とエネルギー収支（IPCCレポート（気象庁訳））

しており，また赤外画像は地球放射のエネルギーの強さ（温度）を写真に変換したものであり，地球放射の近似とみなすことができる（図3.1.6(a)(b)参照）。

　次に，年間を通じた地球全体の熱エネルギーの収支決算はどのようになっているか，すなわち地球大気の熱経済をみてみよう。地球全体を考える際は大気を図3.1.7に示すように上端の天井に三つの窓を持つ箱とみなすことができる。真中の窓は地球に入射する太陽放射，左の窓は地球大気と地表で反射され宇宙空間に向かう太陽放射，右の窓は宇宙空間に向かう長波放射専用である。もちろん実際の窓は一つで，下向きの太陽放射と上向きの反射，それに上向きの長波放射が混在している。箱の底はすべての地表面（海洋を含む）の平均，箱の内部は大気の基本組成である窒素，酸素ガス，酸素，炭酸ガスなどのほか，水蒸気，雲粒，雨粒などの水成分，エアロゾルなどの微粒子など，すべての物質の平均と考える。ここで地表面を通してエネルギーの正味の流れはないと考えると，この箱のエネルギーの出入口は三つの窓だから，結局，地球大気の平均温度は天井の窓を通じる熱エネルギーの正味の出入りでのみ決まることになる。

　図3.1.7に示されている矢印と数値はそれぞれのエネルギーの流れと大きさを示している。毎年毎年，ほとんど同様の季節がめぐってくるという経験的事実は大気全体の熱収支は年平均でほとんどバランスしているとみなせる。す

なわち，大気の天井を出入りする正味のエネルギーはゼロであるとみなせる。地球断面積に入射する太陽放射を全体の大気上端の単位面積あたりで平均してみると342ワット（太陽定数の1/4）となる。太陽放射に対して地球から反射されて宇宙空間に戻されるエネルギーの割合をアルベド(albedo)という。人工衛星の観測等によれば地球全体の平均アルベドは約30％だから，太陽放射の約70％が地球表面と大気に吸収されている勘定になる。このうち地表による吸収分は約50％と見積もられている。図3.1.7に見るように地球表面で吸収されたエネルギーの一部は，顕熱加熱あるいは蒸発の潜熱放出として大気に与えられる。残りの地表のエネルギーは長波放射として上空に向かう。この長波放射は大部分は大気中で吸収されるが，同時に再び地表へ，またより上空の大気中へ，さらに宇宙へと射出される。最終的に宇宙空間へ射出される長波放射源の有効高度は，この図に見るように地表面ではなく上空の雲の上面や上空の大気からである。このことは赤外線を吸収する雲や大気があるためであり，温室効果とよばれる。

いま，大気のない固体地球の表面温度を考えてみる。熱平衡の状態にあるときの地表面の温度(T_e)は，地球半径をr，太陽定数をI_e，アルベドをA，ステファンボルツマンの定数をσすると，

$$I_e(1-A)\pi r^2 = 4\pi r^2 \sigma T_e^4$$

が成り立つことから，必要な定数を代入すると，$T_e = 255°K$（マイナス18℃）が得られる。これは約5km上空の平均温度に対応する。ところが実際の地表の平均温度は約15℃(288°K)だから約33℃も低い。今度は地表とその上の大気層（太陽放射はそのまま通すが，赤外放射はある程度吸収する）に分けて同様の計算を行うと，地表気温として実際に近い約15℃を得ることができる。すなわち，この約30℃分が大気の持つ赤外放射吸収機能（温室効果気体とよばれるCO_2など）による温室効果にほかならない。もちろん水蒸気も立派な温室効果気体である。もしも我々の大気が温室効果をまったく持たない空気で構成されていれば，マイナス約20℃のとても生活ができない世界である。結局，温室効

果ガスが地表付近からの上向き赤外放射を吸収し，再び地表に向かって再放射して下層の空気を暖め，宇宙空間へは上空のより冷たい温度に相当する地球放射を射出して，全体の熱バランスが成り立っていることになる．ちなみに，今日問題となっている地球の温暖化は産業革命以来の二百年程度の CO_2 を代表とする温室効果ガスの増加による地球放射の宇宙への射出量減少の積分の結果であり，世界的な削減策が急務となっている．

　これまでは地球大気全体を見たが，つぎに緯度ごとに上端の天井の窓を見てみよう．図3.1.5の右側は太陽放射と昼夜の区別なく宇宙空間へ射出される長波放射の様子を示し，左側は年平均としての正味の放射量(日射(流入量―反射量)―長波放射)の緯度分布を示している．これを見ると大気全体の平均的な放射収支は，赤道を中心に南北の緯度約40度の内側では吸収する太陽放射の方が長波放射より多くて過剰となっており，それより高緯度側では逆に不足となっている．この太陽放射と長波放射の収支による放射過程(放射エネルギーのやりとり)は，つねに赤道地方と極地方の温度差を増大するように働いている．このような赤道地方と高緯度地方という南北の熱の過不足を補うためには，大気や海洋の運動を通じた赤道地方から極向きのエネルギーの輸送が存在しなくてはならない．同時に，熱帯地方ではつねに暖かく，高緯度ではつねに寒くなっている環境(南北方向の気温傾度という)は，図3.1.5でリボンで示すような偏西風を存在させている．また，偏西風の鉛直方向の増加割合(鉛直シア)がある一定以上強くなると偏西風自身の流れが不安定となり，高・低気圧（傾圧不安定波とよばれる）などの波動擾乱を発生させる．大局的に見れば，太陽放射と長波放射で決まる平均的な南北の温度差が偏西風という東西流を維持しており，そのような場の中で起こる種々の大気中の諸現象および海流に伴って，熱エネルギーが赤道地方から高緯度地方へ流れていることになる．そして地球全体で1年という期間で見れば，大気上端を通って出入りするエネルギーの総量はほとんど平衡していることになる．

　結局，太陽放射自身は高・低気圧，台風などの大気現象および海洋現象を直接的に励起する効果は小さいが，地球放射を含めた大気-地球系の全体の放射

過程は，大気の運動を熱的および力学的に不安定化させる過程であり，逆にそうした不安定の中で起こる高・低気圧などの擾乱は，場を安定化させる過程であるといえる。こうして太陽エネルギーは大気および海洋中で起こる諸現象の場を規制し，また維持する根本の役割を果たしているといえる。

3.2 大気圏の構造

3.2.1 鉛直方向の構造

　地球の重力に捕えられた空気で構成されている大気圏は，はるか上空まで拡がり宇宙につながっている。地上気圧は約 1000 hPa であるが，気象衛星「ひまわり」がめぐる高度約 3 万 6000 km の宇宙では真空状態で，もはや空気抵抗はなく軌道は低下しないが，高度 200 km 程度を周回する人工衛星の高度では空気がわずかに存在し，その抵抗により軌道が少しずつ低下し，やがては大気圏に突入し落下する。100〜200 km 上空に現われるオーロラは電離層内の現象であり，通常，気象現象には含めない。気象現象の中で目に見える一番高度の高いものとして，スコットランドやアラスカなどの高緯度地方の約 30 km 付近に現われる真珠雲とよばれる氷晶の雲があげられる。日没時などにたまに紅い彩雲として観測される。その高度の気圧は約 10 hPa である。高層気象観測の代表選手である風や気温を観測するレーウインゾンデの気球は封入されている水素やヘリウムガスの浮力により，この高度まで達する。世界の約 1000 か所で 1 日 2 回観測されている。最後は気球が破裂して落下傘で落ちる。残念ながら投げ捨てである。つぎに高いのは，中緯度や低緯度で見られる 10 km 規模の高さの積乱雲がある。この雲頂高度の気温はマイナス 50℃にも達するから氷晶となっており，「ひまわり」の赤外画像では一番白く見える(もっとも低温の)雲である。低気圧などに伴う厚い雲は数千メートル規模である。偏西風の一番強い高度は約 10 km 付近である。このほか，目に見えにくい現象として重力波とよばれる波動が数 km から数 10 km 上空まで存在している。

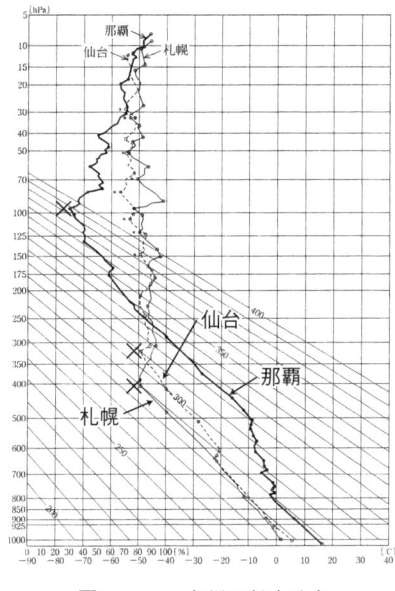

3章 気象の外的条件，現象の特徴とそれを支配する法則　91

図3.2.1　気温の鉛直分布
（札幌，仙台，那覇）

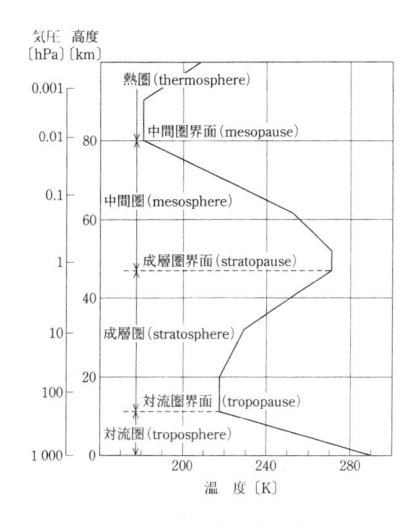

図3.2.2　気温の鉛直構造

気象予報の世界で実際に対象としている大気はたかだか約 50 km 上空までである。まず上空の気温分布を見てみよう。図3.2.1は札幌，仙台，那覇のそれぞれ約 30 km までのある日の実際の気温分布である。いずれの地点でも地表から上空に向かうにつれてほぼ一様に気温が減少し，その後，たとえば札幌，仙台ではそれぞれ 400 hPa および 300 hPa 付近でマイナス 50℃ となり，その上では等温ないし上昇に転じているのが見られる。図3.2.2は，こうした気温分布の鉛直方向の広がりを地球規模の平均で見たもので，約 100 km 上空までの気温分布を示している。これは国際民間航空機関（ICAO）が航空機の管制などのために採択している標準大気とよばれるもので，気温の鉛直構造の特徴からつぎの四つの層に区分されている。なお，経度および緯度方向の変化は平均操作により現われていない。

最下層は対流圏とよばれ，文字どおり対流に伴う雲や低気圧などによる降水など鉛直方向の対流活動が盛んな層で，したがって空気が上下によく混じりあ

わされている。気温は地表から一定の割合で減少しており 11 km まで続いている。標準大気ではこの層の気温減率は 6.5℃/km と定義されている。

圏界面は，対流圏とその上の成層圏を境する面で，気温の鉛直分布から見ると不連続面的である。tropopause (トロポポーズ) とよばれ，対流活動の届く平均的なてっぺんに相当する。平均の高度はこのように 11 km だが，南北方向の実際を見ると，赤道地方では約 15 km，高緯度付近では約 8 km と北に向かうに従って低くなっている。これは低緯度地方では，下層の空気が暖かく湿っているため積乱雲などの対流が活発で，高緯度に比べてより高いところまで対流が及んでいることの反映にほかならない。事実，先の図 3.2.1 に示された圏界面高度 (×印) を見ても，低緯度の那覇の方が北の仙台や札幌に比べて明らかに高くなっているのがわかる。

成層圏では，圏界面から上空に向かうと今度は気温が高くなっており，したがって鉛直安定度が大きく，空気の鉛直方向の変位が押さえられることから，水平的な運動が卓越しやすい層となっている。太平洋などを横断するジェット機がほとんど揺れを感じないのはこの成層圏を飛ぶからである。もっとも成層圏といっても通常の巡航飛行高度は 36,000 フィート (約 12,000 m) くらいだから，ときどき積乱雲や風の急変などに遭遇して揺れることがあり，航空気象用語でタービュレンス (乱気流) という。重力波の一種である。なお，成層圏上部の気温が高いのは，20〜25 km 付近に極大を持つオゾン層が太陽の紫外線を吸収して加熱されているためである。成層圏の上端は成層圏界面で，その上部は再び気温が減少に転じ，中間圏とよばれている。

3.2.2 南北断面

北半球の冬および夏における気温と風の鉛直分布を子午線断面で見たのが図 3.2.3(a) (b) でそれぞれの 1 月，7 月を示している。図(a)中の三つの圏界面 (太実線) は，高緯度の下層が極圏界面，高緯度から中緯度に延びているのが中緯度圏界面，低緯度上空が熱帯圏界面に対応している。以下に，南北断面の特徴をまとめる。

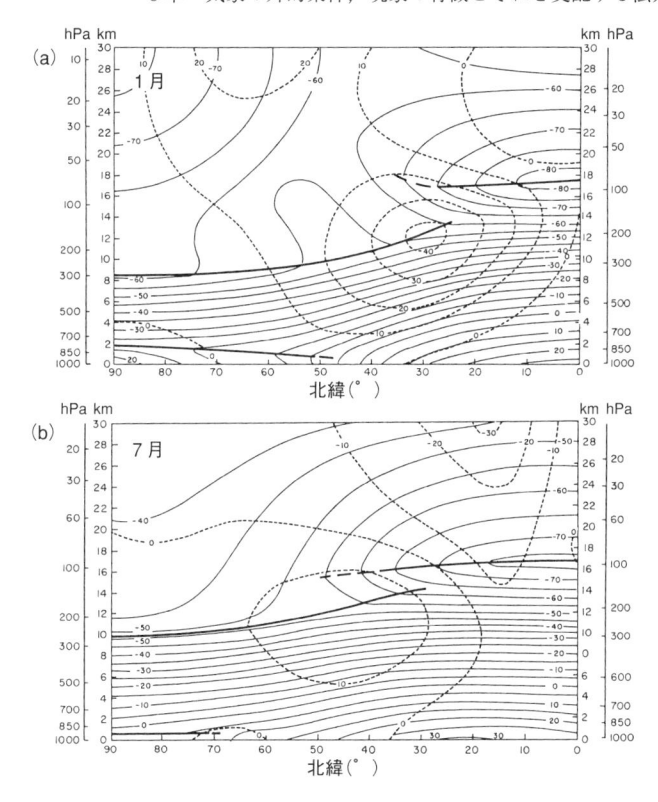

3章 気象の外的条件，現象の特徴とそれを支配する法則　93

図3.2.3　気温および月の東西成分の南北断面図
(a)＝1月，(b)＝7月
細実線が気温，点線が風速
(Wallace, J. M. and Hobbs, P. V.：Atmospheric Science, Academic Press, 1977)

① 対流圏と成層圏が圏界面(太実線)で分かれており，対流圏では気温は上空に向かうにつれて低下し，成層圏では等温あるいは上昇に転じている。
② 気温は赤道付近の下層で一番高く，北極に向かって低くなっている。すなわち等温面が北に傾いている。成層圏では，逆に，極に向かって気温が高くなっている。
③ 中緯度付近では上空に行くほど偏西風は強くなっている。偏西風の中の

強風帯であるジェット気流の核は圏界面付近にある。その下層では気温の南北傾度がもっとも大きい(北側が低温で等温線が混んでおり,かつ傾きが大きい)。圏界面付近より上空に向かうと,偏西風は逆に,弱くなる。

④ 冬季は低緯度の中・下層で東風であるが,夏季は中緯度および成層圏までほとんど東風が拡がる。なお,成層圏の風については準2年周期といって,太陽の動きに連動した1年周期とは異なった循環系がある。

⑤ 気温の水平分布(等温面の傾き：気温の水平傾度)と風の鉛直シアの間には,「温度風」という関係があり,等温面の傾きが大きいほど風の鉛直方向の変化率も大きい。この南北断面図でいえば,③での等温面の傾きに対応して,上空ほど偏西風が強くなり,中緯度圏界面で極大(強風核：ジェット気流)となっている。また,中緯度上空の成層圏では,この逆の関係がよく見られる。

なお,注意すべきことは,最初にこのような固定的な対流圏や成層圏ありきではなく,これらは水蒸気を含む大気の日々の運動を平均した構造であるという点である。

最後に海は地球表面の約70%を占め,平均水深は約4000 m である。海洋は質量比で大気の300倍もあり,海水の比熱は空気の約4倍だから,海洋の熱容量は大気の約1200倍と桁違いに大きく,大気の運動の熱源として大きな影響を持っている。とくに長期予報の場合は海洋の影響を無視しては成立せず,後述のようにアンサンブル予報では種々の工夫がなされている。

3.3 気象現象の特徴

3.3.1 現象の時間・空間スケール

この瞬間にも,日本や世界の各地には,種々の現象や天気が存在しているが,発生した瞬間に次々と過去の現象へと過ぎて行く。考えてみると,明日や1か

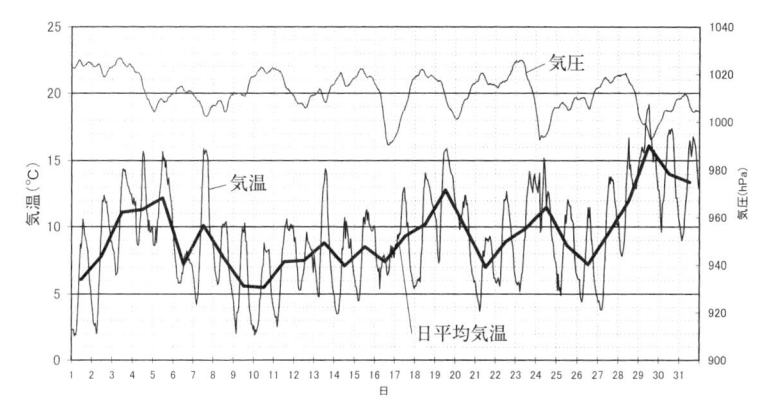

3章 気象の外的条件，現象の特徴とそれを支配する法則　95

図3.3.1　東京(大手町)のある3月の毎時の気圧と気温，
および日平均気温の変化

月先に起こるであろう現象は一つとして過去に起こったものと同じものはないが，その種類や規模，強度，さらにふるまいなどは，いずれも過去にいく度となく起こった現象の繰り返しに過ぎない。現象とは雲や竜巻，前線，さらに台風，高・低気圧や超長波，エルニーニョ現象などである。こうした現象のメカニズムについては未解明の部分が存在するけれども，我々はすでに長い経験から現象のほんとどすべての種類や素性，いってみれば大気現象のメニューの一覧表を知っているといえる。生物界における新種にたとえれば大気中では新種現象は非常に少ないといえる。異常気象といわれる現象もけっして新種ではなく，過去に現われた頻度が少ないだけである。こうした現象は一見非常に複雑で，また無秩序に存在・変化しているように見えるが，起こっている現象をある尺度で整理してみると一定の秩序を持っているのがわかる。

　図3.3.1は，ある3月における東京の毎時の気圧(上段)および気温(下段)の変化を示しており，毎時気温に太実線で日平均気温を重ねてある。気圧を見ると，この間に7個ほどの高・低気圧の通過に伴う波動的な変化が卓越しており，この波動的な変化の上により小規模の変化が重なっている。一方，気温では明瞭な日変化が卓越しているが，太実線で示す日平均気温を見てもやはり波動的な変化が見られ，これらの低温や高温は高・低気圧に伴う風系(主に南北

96

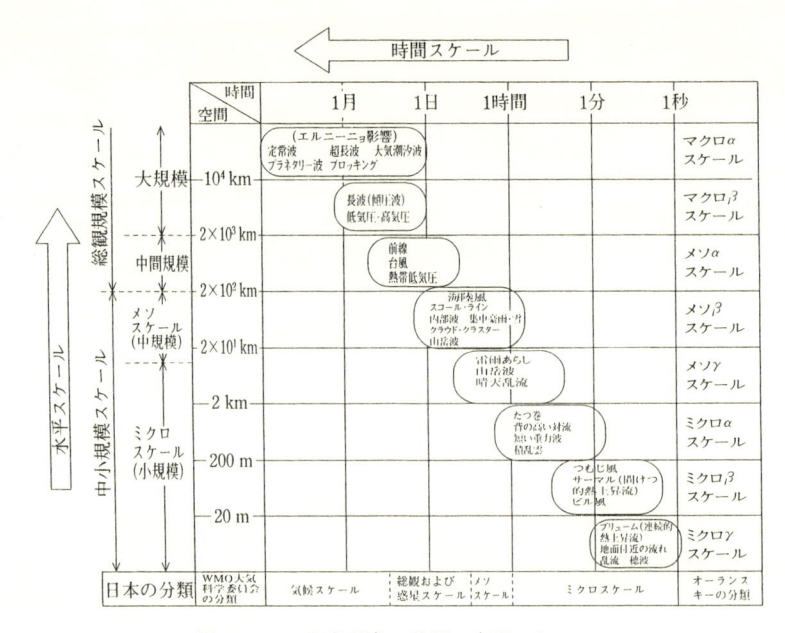

図3.3.2 気象現象の時間・空間スケール

成分)に対応している。今度は時間を固定して,たとえば気圧場の空間的な分布を見ると,やはり先の図1.1.1(a)(18ページ参照)のような波動が存在しているのがわかる。

このように一見不規則な変化をしているように見える気象要素の特徴を,波動的な立場から分析する手法としてスペクトル解析がある。スペクトル解析では,時系列中に卓越している現象に対応した時間スケール(周期)が識別され,また時間を固定して,たとえばぐるっと地球を取り巻いた緯度線に沿っての気圧(上空では等高線)分布などから,卓越している現象の空間スケール(波長)が識別される。図3.3.2はこのような手法などにより得られた気象現象の特徴を,二つのパラメータ(時間スケールと水平スケール)により整理したものである。

この図で注目すべきことは,種々の現象が離散的な周期や波長の一つのグループとして識別されることと,さらにそれぞれの現象がほぼ斜めの線上に並ぶ

3章 気象の外的条件，現象の特徴とそれを支配する法則　97

ことである．このことは各現象がそれぞれ固有の時間・空間スケールをもって階層的なグループとして存在しており，空間スケールが短い現象ほど時間スケールも短く，逆に，空間スケールが長い現象ほど時間スケールも長いという一種の選択律（秩序）を持っていることを示している．このうち通常の天気予報で重要な成分は長波や超長波といわれる成分である．超長波は上空の偏西風が波長1万km規模で南北に波打つ現象でプラネタリー（惑星）波ともよばれ，時間スケールでは1週間から数週間のところに位置している．超長波というのはアジア大陸に寒波が現われているとき，隣の寒波の地域は北米大陸に現われるというような文字通り地球惑星規模のスケールの現象であり，時間的にも持続しやすい（寿命が長い）ことを示している．つぎに，長波といわれる高・低気圧のグループは，波長が数千kmのところに，周期が日程度のところにあり，先の図1.1.1(a)に示す500hPaの気圧分布はその一例である．なお，このような波の形態を，緯度圏全周（あるいはある空間距離）の中に何個の波があるかで表現する方法を波数とよび，図1.1.1(a)の場合，波数6ぐらいが卓越している．これはテレビの天気予報画面で見ると，今日は高気圧がほぼ日本列島全体を覆うように広がっているのが，明日には画面の東へ移動してしまい，西の方からつぎの低気圧が顔を出すような空間スケールに対応している．積乱雲などは，波長が数km規模で，周期は時間の規模のところに位置している．空間スケールが数百km，時間スケールが数時間程度の前線や集中豪雨，雷雨群などは，気象用語では「メソスケール現象」とよばれており，実際の日々の天気に大きな影響を与えている．

　ここまでの議論では，各現象をあたかも3角関数のような波と考え，波長や周期で空間および時間スケールを記述した．このようなスケールは，種々の現象，たとえば低気圧や台風，積乱雲などを多数集めて，現象ごとにグループ分けし，各グループで水平および時間スケールを見積もっても同じ関係が得られる．水平スケールの実際の見積もりは，高・低気圧などの繰り返し現象の場合は，高気圧の中心から次の高気圧の中心までの距離や一組の低気圧と高気圧を含む距離となる．また，台風や積乱雲などの単一の孤立した現象の場合は，ほ

ぼその直径にあたる。また時間的スケールの見積もりは，ある地点で見て，高・低気圧の場合は，低気圧(高気圧)とつぎの低気圧(高気圧)がやってくる時間間隔，台風などの場合は発生から消滅までの時間(寿命)に相当する。

3.3.2 現象の階層性と相互作用

　大気のふるまいのもう一つの特徴は，種々の現象が特徴的なスケールを持ちながら，同一時刻に空間の中に階層的に共存していること，そして各瞬間，時々刻々に他のスケールの現象との間で相互に影響を及ぼしあっていることである。地球規模の超長波の中に，もう一段スケールの短い高・低気圧群があり，その高・低気圧を細かく見ると，前線やさらに小さいスケールの積乱雲や普通の雲がある。ひとつの積乱雲に注目して詳細に見ると，雲の内部に複数の対流セル(細胞)がある。上昇流のところで空気が断熱的に膨張して冷え，水蒸気が飽和して雲粒が生まれる，あるいは雲粒がさらに成長して雨粒となり落下，または他の乾いた領域に運ばれて蒸発するなど，雲の内部や周辺にはこうした微小な運動が生まれ，さらにそれ以下も微小な空気の乱れで満ちている。大気空間には，このように現象がまるで大きな巣の中にまた小さな巣が次々とあるように，階層的に共存している。

　重要なことは，種々の階層の現象が互いに影響を及ぼしあっている相互作用である。相互作用の例を台風(ハリケーンと同じ現象)で見てみよう。台風を地上天気図で見ると，ほぼ円形の等圧線の直径が 500 km～1000 km 程度の巨視的な渦として識別され，1週間程度の寿命をもっている。図3.3.3に示される台風という一つの階層である。つぎに図3.3.4のアポロ衛星からの写真に見られるように，台風およびその周辺は，たくさんの小さな積雲や積乱雲群，巻雲から構成されている。また，図3.3.5はかって台風の眼の中に突入した台風偵察飛行機が撮影したもので，眼の内側から見た眼の壁雲である。プロペラの一部が見え上空には太陽が輝いている。眼の周りは積乱雲が壁のように15 km以上の高さまで林立している。図3.3.6は台風の構造を示す概念図であるが，眼といくつかの渦巻き状のレインバンド(降水帯)があり，その中に多数の積乱

3章 気象の外的条件，現象の特徴とそれを支配する法則　99

図3.3.3　ハリケーンの画像（NOAA衛星）

図3.3.4　アポロから見たハリケーン（PANA）

図3.3.5　台風の眼の壁雲(気象偵察機による)(PANA)

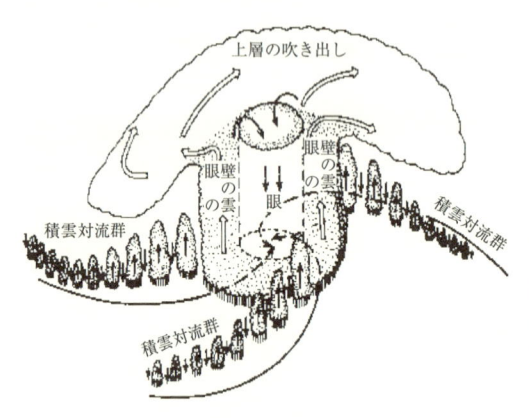

図3.3.6
台風の構造概念図
(気象ハンドブック,朝倉書店)

雲が見られる。台風の発達は，手短かにいえばこの二つの階層の現象，すなわち，個々の積乱雲と大きな場である台風スケールとの相互作用である。

　個々の積乱雲が水蒸気の凝結により放出する潜熱とそれらの集積効果は，台風の中心付近の空気全体を暖め，軽くし，大きな対流となって上空から周辺に

吹き出す。それを補うように遠方からやってくる下層の湿った空気は中心に近づくにつれて，角運動量保存則により反時計回りの回転運動を強める。湯飲み茶碗を箸でぐるぐるかき回して放すと，底の方では茶カスが中心に向かうように，大気中でも下層の空気は地面摩擦の影響でほぼ円形の等圧線を斜めに横切って，螺旋状に中心に向かう。気流は上昇せざるを得ない。上昇気流の塊は気圧の低い上空に行くにつれて膨張して冷え，水蒸気が凝結し，雲を作り，潜熱を放出し，自分の周りを暖める。このようにして台風の中心付近では上層まで暖かくなり（ウォームコア（暖核）とよばれる），上空では周辺に向かって時計回りに気流が流出する。この様子はひまわりの画像でもしばしば綺麗に見える。流入する気流に比べて流出量が多い分，中心付近の気圧はさらに低くなる。中心付近と周辺との気圧差が大きくなり台風の周りの循環がさらに強まる。以下堂々めぐりが続き，巨視的な台風という対流の発達が続く。補給される湿った空気がなくなればこのぐるぐる回りの回路は切れ，発達は止り，衰弱することになる。

　台風スケールの現象はこのような相互作用を通じて発達する。1個1個の雲がどのくらいの高さまで発達し，どのくらいの寿命で起こるかは，台風という巨視的な循環場に支配され，同時に台風という巨視的な場は，個々の雲の集積効果で決まるといえる。かくいう台風自身もまた，より大きな場である太平洋高気圧などと相互作用がある。

　気象は，一般にこのように各スケールの現象の間で，あるいは同じ現象間でも，発生から発達，衰弱の全過程を通じて相互作用があり，運動エネルギーや水蒸気の輸送のほか，水蒸気から水滴，氷晶などへの相変化が行われており，加熱や冷却を伴っている。したがって，後述するようにたとえ高・低気圧が予報の主対象であっても，ほかの現象は無視できず，雲の効果の予報モデルへの組込みなどは本質的に重要となる。また，これらの相互作用の性質は大気運動の非線形性と密接不可分である。非線形性は，数値予報モデルでの物理過程の近似度や初期条件の誤差などにも依存し，予測の精度や限界と密接につながっている。後述するアンサンブル予報は，非線形性に起因する初期条件の敏感性

を克服するべく開発された数値予報技術にほかならない。

実際の大気は種々の現象が互いに影響を及ぼしあう複合現象として現われる複雑系である。

3.4 気象現象を支配している法則

3.4.1 支配方程式系

固体である小石を空気中に放り上げた場合，その運動は簡単に予測できるが，大気中のある空気の塊を考えると圧縮性を持ち，水蒸気を含み，さらにチリなどの微粒子を含む連続流体だから，空気の運動は小石に比べて非常に複雑になる。大気の運動を支配している根本法則はつぎの五つにまとめられる。大気はどの瞬間をとってもこれらの法則をつねに満たすように支配(束縛)されながら運動している。

① 質量と力と加速度の三者の関係を記述している「ニュートンの運動の第2法則」
② 熱量の付加と仕事，温度上昇などの関係を支配する「熱力学の第1法則」
③ 運動の途中で質量が新たに発生したり消滅しないという「質量の保存則」
④ 気圧，気温，密度の三者はどの瞬間も「状態方程式」という関係を満たすように変化するという法則
⑤ 水は水蒸気，雲粒，雨粒，氷晶などと変化するが総量は変わらないという「保存則」

これらの法則は，④の状態方程式以外はいずれも微分方程式で表現されており，風や温度場の時間的な変化，すなわち将来の空間的分布を支配することから，一般に支配方程式系とよばれる。それぞれの数式は付録1に示したが，ここではこれらの法則および保存則から得られるいくつかの重要な点について述べる。なお，力学的予報あるいは数値予報とよばれる技術は，この法則に基づ

く予測技術を指している。

3.4.2 地衡風の関係

もっとも重要といっても過言ではないのが，地衡風（海洋の地衡流）とよばれる仮想的な風であり，実際に上空で吹いている大規模な風のよい近似となっている。地衡風は，図3.4.1に示すように等圧線（上層の等圧面では等高度線）に平行に，北半球（南半球）では気圧の低いほうを左側（右側）に見るように吹き，その強さは等圧線の傾度，あるいは等高度線の傾度に比例する。直線状の等圧線の場合がその典型であり，等圧線が曲率を持っている場合は遠心力を考慮した傾度風とよばれる。地衡風の基本は，前述の運動の法則①において，摩擦がなく，気圧傾度力$\left(-\dfrac{1}{\rho}\cdot\dfrac{\partial p}{\partial n}\right)$とコリオリ力（あるいは転向力という）$(2\Omega\sin\phi)$の二者が互いにつり合って加速度が生じないと仮定して得られる，力の平衡（バランス）した場で吹く仮想的な風である。

図3.4.2は実際の上空の天気図（500 hPa）の一例だが，風はほとんど等高線に沿って吹いているのが見られる。したがって等高線があたかも流線であるように考えても実用上，支障はない。偏西風の南北への蛇行や偏西風の強風核であるジェット気流の様子がひと目で見られる。気圧場が時間的にほとんど変化しない場合は，等圧線は実際の空気の流れである流跡線でもある。地衡風の関係は予報作業のあらゆる場面で使われている。海洋でも，海流の速さと海面の

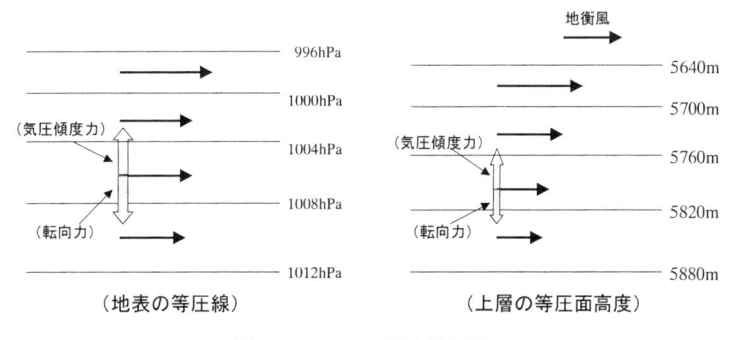

図3.4.1 気圧場と地衡風

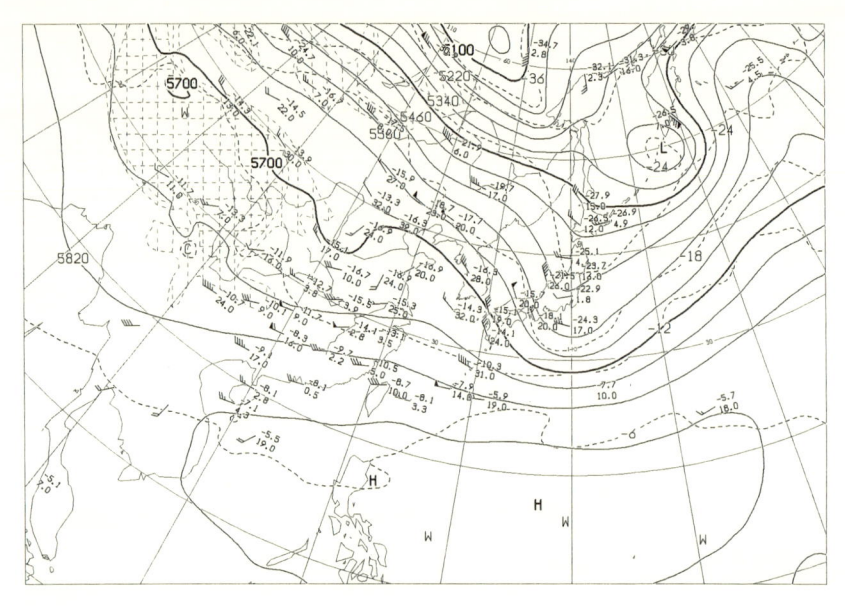

図 3.4.2　500 hPa 天気図 (気象庁)

傾きとの間には，地衡流という関係が成り立っている．黒潮の場合約4ノット (2 m/sec) の流れがあるが，これに対応して黒潮の南側は本州の南沿岸に比べて，約1m海面が高くなっている．

3.4.3　熱エネルギーのやりとり

大気中に伸縮自在の薄膜で包まれた小さな空気塊を仮想し，水蒸気を含まない乾燥空気とする．その塊に膜外から熱量(熱エネルギー)を加えると，一部は空気塊を暖めるのに使われて温度が上昇し(内部エネルギーの増加)，残りは塊が外圧に逆らって膨張する仕事のために使われる．逆の場合は，温度も下がり塊も収縮する．この関係を支配するのが「熱力学の第1法則」でつぎのように表現される．

加える熱エネルギー＝温度上昇のエネルギー＋膨張に要するエネルギー

ここで断熱変化とよばれる重要な事項について触れておこう。外部から加える熱エネルギーがゼロの場合(薄膜を通じて熱の出入りがない場合)を断熱変化といい,出入りがある場合を非断熱変化という。なお,空気塊が水蒸気を含む場合は,膜の内部で凝結・蒸発に伴う熱の増減があるが,生じた水滴などがこの膜内に留まるかぎりは,やはり断熱変化である。実際には膜から系外への散逸があり,偽断熱変化などとよばれる。

乾燥空気が断熱変化をする場合は,加える熱エネルギーはゼロだから,温度変化と圧力変化(膨張に伴う)が一対一の関係で結ばれている。すなわち,膨張すれば圧力が低下し温度も低下する。逆の関係は,自転車の空気ポンプが暖かくなる断熱圧縮の例である。このような断熱変化は強い上昇気流に伴う雲の生成や小笠原高気圧の上空における大規模な沈降による昇温など,種々の運動に伴って起きる。また,一般に,空気塊の上昇や下降に伴い,水蒸気の凝結,昇華,蒸発など水の相変化があり,それに伴って潜熱の放出などがある。これらは非線形効果を通じて大気の運動を非常に複雑にしている。

空気塊の温度変化と圧力変化を大気中の高さの変化と結びあわせると,温度が高さとともに減少する割合が導かれる。この割合を乾燥断熱減率(Γ_d)とよび,$\Gamma_d = 10$℃/km となる。水蒸気が飽和している大気の場合は湿潤断熱減率(Γ_m)が定義される。この場合は飽和に伴う潜熱放出による加熱により,膨張分の温度低下が抑えられるため,Γ_m は Γ_d より小さくなる。実際の大気の気温減率が前述のように約 6℃/km で,乾燥空気の場合の 10℃/km より小さくなっているのは,水蒸気を含む運動の平均が現われている結果である。

ちなみに,フェーン現象は,水蒸気を含んだ気流が山脈を横断するとき,上昇して飽和に達し凝結中は Γ_m で温度が低下し,水蒸気がすべて凝結した後での下降中は Γ_d で昇温すると仮定すると,1 km あたりの上昇および下降に対して正味約 4℃の上昇があることになる。

4章 数値予報技術

　現在，日本を始め世界の各国で行われている天気予報は，ほとんどすべてコンピュータを利用した数値予報という技術に基づいているが，この予報の道具が数値予報モデルである．同じ数値予報モデルでも1，2日先までの短期予報や台風進路予報と長期予報に属する1か月予報などとでは，数値予報の考え方に大きな差がある．現在，日本では中・長期予報にはアンサンブル予報という手法が適用されているが，予報誤差に対する考え方，初期条件の設定方法，予報結果の表示方法や利用法などが，通常の数値予報とは根本的に異なるといってもよい．しかしながらアンサンブル予報の根幹となる基本技術は紛れもなく数値予報技術そのものである．したがってアンサンブル予報に入る前に，それと密接不可分な関係にある数値予報について記述する．

4.1 数値予報モデル

　数値予報とは，大気の運動を支配する物理法則に基づいて定式化された支配方程式系を，自然界における実際の運動(現象)の時間発展経過より速く数値的に解き，その結果を予報とみなす立場であり，通常はスーパーコンピュータを用いて行なわれる．この手法は，支配方程式系に従って振る舞う(運動する)モデル大気をコンピュータ上に数値的に再現するもので，数値シミュレーションとよばれる手法に属している．もちろん最終的な「予報」は，数値予報モデルの結果を基礎に，気象庁の場合は予報官の総合的な判断に委ねられており，民間の場合は気象予報士による．気象予報を数値予報に基づいて現業的に行うための道具が数値予報モデルであり，予報期間や対象ごとに週間アンサンブル予報モデル，1か月アンサンブル予報モデル，台風予報モデルなどがあり，それ

4章 数値予報技術

表4.1 数値予報モデルの基本仕様（気象庁）

数値予報モデル名			モデルの利用目的
全球モデル (GSM)	水平解像度	0.5625°（T213）	週間・短期予報の支援、台風・領域モデルの側面境界条件 波浪モデル・海氷モデル・有害物質拡散予測モデル 火山灰拡散予測モデル・漂流予測モデルの入力データ
	水平格子点数	640 x 320	
	鉛直層数	40層（地上〜0.4hPa）	
	初期時刻	00、12UTC	
	予報期間	90/216時間（00/12UTC）	
週間アンサンブル予報モデル	水平解像度	1.125°（T106）、約110km	週間予報の支援 1か月アンサンブル予報モデルの初めの9日間を兼ねる
	水平格子点数	320 x 160	
	鉛直層数	40層（地上〜0.4hPa）	
	初期時刻	12UTC	
	予報期間	216時間	
	摂動作成手法	BGM法	
	メンバー数	25メンバー	
1か月アンサンブル予報モデル	水平解像度	1.125°（T106）、約110km	1か月予報の支援
	水平格子点数	320 x 160	
	鉛直層数	40層（地上〜0.4hPa）	
	初期時刻	12UTC（水、木）	
	予報期間	34日間	
	摂動作成手法	BGM法とLAF法の組合わせ	
	メンバー数	26メンバー	
3か月アンサンブルモデルおよび暖・寒候期アンサンブル予報モデル	水平解像度	1.875°（T63）、約180km	3か月予報の支援 暖・寒候期予報を行う場合は、合計210日予報
	水平格子点数	640 x 320	
	鉛直層数	40層（地上〜0.4hPa）	
	初期時刻	12UTC	
	予報期間	120日（210日）	
	摂動作成手法	SV法	
	メンバー数	31メンバー	
台風モデル (TYM)	水平解像度	24km	台風進路・強度予報の支援
	水平格子点数	271 x 271	
	鉛直層数	25層（地上〜17.5hPa）	
	初期時刻	00、06、12、18UTC	
	予報期間	84時間	
	実行回数	最大4回/日 x 2個	
領域モデル (RSM)	水平解像度	20km	短期予報・量的予報・航空予報の支援 メソ数値予報モデルの側面境界条件 波浪モデルの入力データ
	水平格子点数	325 x 257	
	鉛直層数	40層（地上〜10hPa）	
	初期時刻	00、12UTC	
	予報期間	51時間	
メソ数値予報モデル (MSM)	水平解像度	10km	防災気象情報の支援 降水短時間予報の入力データ 航空予報の支援
	水平格子点数	361 x 289	
	鉛直層数	40層（地上〜10hPa）	
	初期時刻	00、06、12、18UTC	
	予報期間	18時間	

ぞれモデルの名称や計算領域など仕様が異なっている。表4.1に気象庁の数値予報モデル全体の仕様概要を示す。また，1か月・3か月・暖・寒候期アンサンブル予報および週間アンサンブル予報の基礎となっている全球モデル（GSM）の仕様を表4.2に示す。

なお，摂動作成手法，メンバー数等については5章で記述する。

表 4.2　高解像度全球モデル（GSM103-T213）の仕様

予報領域	全球
予報時間	90時間(00UTC)、216時間(12UTC)　← 速報解析 6時間(00, 06, 12, 18UTC)　← サイクル解析
支配方程式系	プリミティブ方程式系（静力学近似）
予報変数	渦度、発散、気温、比湿、雲水量　← 3次元 地上気圧　　　　　　　　　　　← 2次元
時間積分法	オイラー法・セミインプリシット法・ リープフロッグ法（3タイムレベル）
水平離散化法	スペクトル法
水平座標系	ガウス格子
水平格子間隔	0.5625度
水平格子数	640×320
基底関数	球面調和関数
切断波数	213（三角切断）
鉛直離散化法	差分法
鉛直座標系	η座標系（σ-Pハイブリッド座標系）
鉛直層数	40層
最上層気圧	0.4hPa
地形データ	GTOPO30
海陸データ	米国地質調査所(USGS)
初期値化法	非線形ノーマルモード初期値化法
降水過程	荒川ーシューバート方式の積雲対流 雲水を予報変数に含む
接地境界層	モニンーオブコフ相似則
大気境界層	レベル2のクロージャーモデル
陸面水文過程	植物圏モデル(SiB)
長波放射	広域バンドモデル(3時間毎)
短波放射	18波長帯、2方向近似（1時間毎）
重力波ドラッグ	長波山岳波及び短波山岳波

4.2　数値予報の原理

　数値予報では，運動は付録1(242ページ)で示した支配方程式により完全に律せられる（支配される）と考え，ある瞬間（初期時刻）に大気の初期条件（初期値）および地表，上空の境界条件を数値的に与えれば，それに対応して予報という解が数値で求まるという意味で数値予報とよばれる。また唯一の答え（予測）が一義的に求まるという意味で決定論的な予測手法である。初期値は全空間についてあくまで一組（一セット）であり，したがって予測結果も一組である。初期値一発・答え一発という具合である。もしも数値予報モデルが完全であり，また全空間で真の初期値が得られれば，完璧な予報が得られるはずである。こ

のような仮想的なモデルを完全モデルとよび，6章のアンサンブルモデルで顔を出す。しかしながら，我々は真の観測値を得ることはできないし，またモデルはあくまでも大気のふるまいの近似であり，さらに実際にモデルで計算を行う際には，種々の誤差が必然的に生じ，かつ増大するため，結局，予報の有効期間にはおのずと限界がある。このため実際の数値予報モデルの運用では，各種予報モデルでの誤差の増大を考慮して，12時間おき，あるいは1週間や1か月ごとに，それぞれ新しい観測データに基づいて初期値を更新して再び同じ計算を繰り返して行い，新しい予報として更新・発表されている。気象庁をはじめ世界各国の気象機関のコンピュータでは，つねに算盤でいう「ご破算で願いましては……」が恒常的に繰り返されている。

さて，予報という以上，実際の現象が進行する時間よりも早く計算を終えて，利用者に対応可能な時間的猶予を与えることが不可欠な要件である。最近のスーパーコンピュータの威力は，気象庁のもっとも基本的な短期予報用の予報モデルである日本周辺域を対象とした領域モデル(RSM)の場合，約50時間先までの予報計算をわずか1時間程度で，また，後述する1か月アンサンブル予報でも，数時間程度で処理できる水準に達している。しかしながら，コンピュータが計算に要する時間以外に，世界一斉の定時の地上および高層観測結果を気象庁で入手し終わるまでにすでに数時間を要することから，たとえば，午後9時を初期時刻とする数値予報の計算開始は午前0時を回り，結果は2時ころに得られる。

ここで数値予報モデルによる自然の再現性について，大気中で実際に起こっている諸現象の物理過程とそれらを表現するためのモデルの解像度から眺めてみよう。支配方程式を予測モデルに適用する際に重要なことは，予報モデルの目的(メソ予報，短期予報，台風予報，週間天気予報，長期予報など)に照らして，図4.2.1に示すような諸現象の物理過程のエッセンスをモデルの中でいかに適切に記述するかであり，この部分の良否が予報精度の根幹を左右する。とくに長期予報では，大気と地表との境界を通じた熱や水蒸気の輸送，摩擦が重要であるため，海面温度や土壌水分，山岳など境界条件の影響を強く受ける。

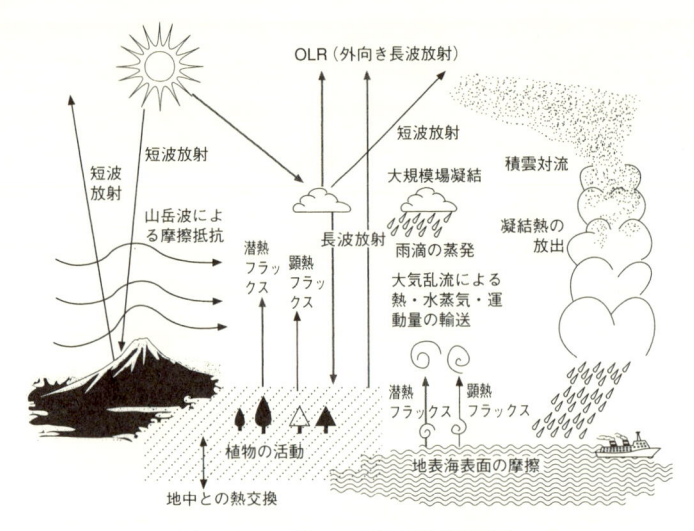

図4.2.1　種々の物理過程（気象庁）

　水蒸気の凝結や雨滴の蒸発などに伴う潜熱の解放（加熱）や冷却などの物理過程は，一般に数km以下の雲や空気の塊のスケールで起こるが，これらは通常の数値予報モデルの格子点（グリッド）間隔である数10kmより小さい（サブグリッドスケール）現象である。したがって，数値予報モデルの格子点値（GPV：グリッドポイントバリューという）でこうした個々の雲の成長などを陽に認識し，計算することは原理的に不可能である。サブグリッドスケールの現象の効果をモデルに取り込むためには，GPVを使って間接的に表現するしか方法がない。このようにサブグリッドスケールの現象の熱的な効果などをGPVで代表させて表現し，モデルに組み込むことをパラメタリゼーションという。自然界の持つ種々の物理過程をモデルに適切に反映させない（組み込まない）と，たとえば，実際は雨が降っているのにモデルの中では乾燥し過ぎて雨が降らない，低気圧の移動が実際より北上してしまう，偏西風が弱すぎる，高気圧の発達が偏るなどなどが起ってしまうことになる。

4.3 数値予報のしくみと手順

数値予報モデルを現業的に運用するためには以下のような道具や手順によっている。

4.3.1 数値予報用コンピュータ

気象庁が運用している種々の数値予報モデルのプログラムは，長年にわたって積み重ねられてきたものであり，それぞれ多数のサブプログラムから成り立っている。プログラム言語はFORTLANで書かれており，後述するように莫大な計算を行う必要から，その実行にはスーパーコンピュータが不可欠である。ちなみに，日本で初めてのコンピュータ（当時は，電子計算機とよんでいた）は，1959年3月に気象庁が導入したIBM704型であるが，メモリーがわずか8Kワード（36ビット単位）であり，また数値予報モデル自身も現在とは比較にならないほど，非常に簡単化されたものであった。気象庁の予報サービス用の計算機システムは，NAPS（Numerical Analysis and Prediction System）とよばれ，気象衛星「ひまわり」の管理やデータ処理を行っている気象衛星センター（東京都清瀬市）の一角に設置され，365日24時間体制の運用が行なわれている。現在のコンピュータは第7代目のマシンで，80個のノードを持つ分散メモリ型並列計算機とよばれ，その能力は最大浮動小数点演算速度768 Gflops，主記憶容量640 Gbyte，磁気ディスク装置2.7 Tbyteで，世界的にも第1級のマシンである。

4.3.2 数値予報の基本手順

数値予報モデルを実行する際に必要な初期条件は，世界一斉の定時観測データに基づいて，図4.3.1や図4.3.2に示すような予報領域内を覆う仮想的なすべての格子点の上に風速や気温などの必要十分な気象要素の値を設定し，その初期値から数分ステップごとに一歩一歩先の状態を求めて行く。こうした解法は，航空機の翼面や車の形などの設計に用いられる流体力学の数値シミュレーションと全く同様である。

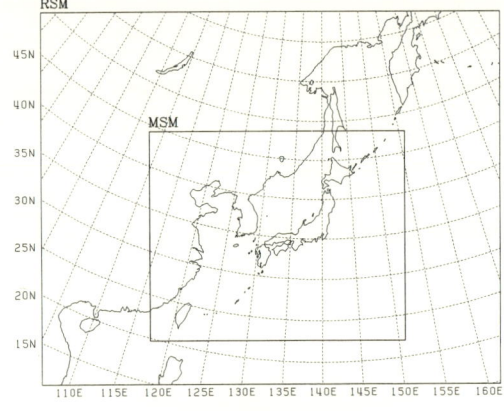

図 4.3.1
数値予報モデル（MSM, RSM）
の計算領域（気象庁）

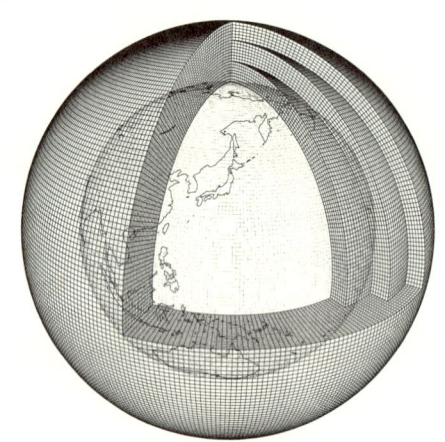

図 4.3.2
数値予報モデル（GSM）
の格子網（気象庁）

　数値予報では，大気の運動は地表から上空までのあらゆる空間で，また各瞬間瞬間で支配方程式系に従っているとみなす．ここで数値予報モデルで用いられる支配方程式（付録1）のうちの東西方向（X方向）の式のみを書き出すと，

$$\frac{\partial u}{\partial t} = -u\frac{\partial u}{\partial x} - v\frac{\partial u}{\partial y} - w\frac{\partial u}{\partial x} + fv - \frac{1}{\rho}\cdot\frac{\partial p}{\partial x} + F_x \quad (4.3.1)$$

となる．この式を見ると，左辺の項は大気の運動そのものを表わす風の東西成分（u）についての時間変化の割合（局所時間変化傾向）を示す偏微分であり，一方，右辺の各項は風（u, v, w），気圧（p），密度（ρ）などの空間分布や空間微分

で表わされている。したがって，u の局所時間微分を含む支配方程式は，

$$\frac{\partial F}{\partial t} = G \qquad (4.3.2)$$

の形で表現できる。風や気圧などは従属変数，座標および時間は独立変数とよばれる。ここで $F(x, y, z, t)$ は風などの予報対象要素を示し，$G(x, y, z, t)$ は場の物理量(関数)を示す。ある初期時刻に，任意の格子点で式(4.3.2)の右辺の G の値がわかれば，その値は，とりもなおさずその瞬間における F の時間変化傾向に等しいことから，その傾向を微少時間の将来に外挿することが可能である。すなわち，外挿された新しい場は微少時間後の u の場にほかならないから，予測である。このような傾向式は他の従属変数に対しても同様に得られる。したがって，予測された量を再び初期値とみなして，さらに微少時間後への外挿が可能である。もちろんこれらの計算は，支配方程式全体が連立するように進められる必要がある。数値予報モデルによる予報(時間積分による解法)はすべてこの手法によっている。

4.3.3 連続量の離散化

さて，上記の方程式系を数学的な「微分」の概念のまま地球大気および境界にあてはめようとすると，実際上，コンピュータの性能，初期値の観測手段と観測データの入手などの制約から，従属変数および独立変数をすべて連続量として扱い，微分することは不可能である。結局，有限個の地点(格子点)で大気の全体を近似させ，かつ，空間微分と時間微分をある幅を持つ「差分」に置き換えて近似せざるを得ない。このことを連続量の離散化とよび，時間，水平方向および鉛直方向に行なわれる。全球の予報モデルの離散化は，先の図 4.3.2 に示すように地球大気を仮想的に規則的な網で幾重にも覆い，網目の各節ごとに格子点を設けた 3 次元的な配置となる。

　もう少し詳細に予測の手順を見てみよう。簡単のために，先の運動方程式の式 (4.3.1) のみについて微分を差分の形で表現すると，

$$\left[\frac{\partial u}{\partial t}\right]^n = \frac{u^{n+1}-u^n}{\Delta t}$$

から

$$u^{n+1} = u^n + \Delta t \left[-u\frac{\partial u}{\partial x} - v\frac{\partial u}{\partial y} - w\frac{\partial u}{\partial z} + fv - \frac{1}{\rho}\cdot\frac{\partial p}{\partial x} + F_x\right]^n$$

(4.3.3)

のようになる。ここで，Δt は数値積分の時間ステップの巾，n は n 番目の時間ステップである。また，[ ]の中のたとえば $u\partial u/\partial x$ は，

$$\left[u_{i,j,k} \times \frac{(u_{i+1,j,k} - u_{i-1,j,k})}{2\Delta x}\right]$$

のように空間差分で表現される。i, j, k はそれぞれ x（東向きを正），y（北向きを正），z（上向きを正）方向の格子点の番号であり，たとえば $i+1$ は i の一つ東の格子点を意味する。Δx は x 方向の格子間隔を示す（図4.3.3）。

今，この式を用いてある初期時刻（たとえば，t_0＝2003年4月1日21時）に格子点ごとに右辺の値を計算する。すると同21時における時間変化の割合が求まる。1か月アンサンブル予報モデルの場合タイムステップ（Δt）は約10分だから（実際は，領域内の風速に依存して少し変わる），仮に10分とすると1ステップ後の4月1日21時10分の新しい場が得られる。この結果を再び元の支

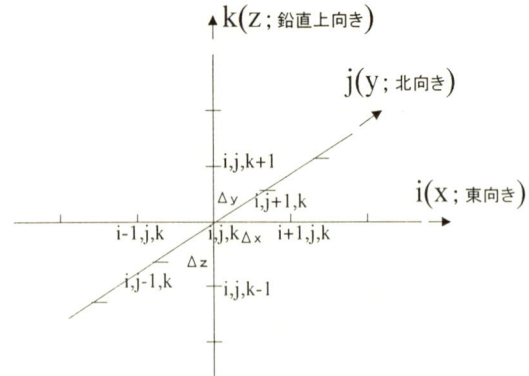

図4.3.3
格子点の配置と空間差分

配方程式(4.3.3)の右辺に代入すると，新たに21時10分における時間変化の割合が求まるから，さらにその傾向を10分間将来に外挿すると，2ステップ目の同20分の場が得られる。このような作業を全格子点について，またすべての方程式について並行して行い，反復を繰り返し，予測計算を行う。

つぎに，網の目の大きさに相当する格子点の間隔は，数値予報モデルの目的によって異なるが，RSMの場合は水平方向には格子換算で約20 km間隔，鉛直方向には40層である。また予報の領域の広さは約6500 km×約5000 kmで，格子点数では325×257となっている。週間アンサンブル予報および1か月アンサンブル予報の場合は計算領域は全球にわたり，水平の格子点は320×160であり，解像度は1.125度(約110 km)，鉛直方向には40層である。したがって，RSMで51時間先の予報まで進むためには，約350万の格子点で約300回のタイムステップが必要となる勘定である。このほかに各格子点で付加的な計算が大量に必要である。また，週間予報(216時間予報)では約1300ステップ，1か月予報(34日予報)では約4600ステップにのぼる。気象予測にスーパーコンピュータが必要な理由はここにある。

4.3.4 スペクトルモデル

ここまでの説明では，空間微分を各格子点での差分で近似したが，実際の気象庁の数値予報モデルの空間微分は，かつてのこうした差分法に代わって現在ではすべてスペクトル法という手法を採用している。スペクトルは光学におけるプリズムの分光など全体像を個々の波や成分に分解してとらえる立場であるが，気象の分野では気圧や風などの場の状態量(従属変数)を多数の波の合成と考える。スペクトル法では支配方程式を実際に時間積分する際に生じる空間微分の計算誤差を抑え，また現象の構造の解析などに有用な手法である。すなわち，スペクトル法では，たとえば観測データに基づいて地理的空間上の格子点に与えられた気圧や風の値を，一旦，水平方向に三角級数や球関数を基底とする有限個の波の形に展開(変換)し，その個々の波を支配方程式にあてはめて振幅の時間変化を求め，その後で再び級数や関数の波を元の格子点値に逆変換し

て予報を得る。水平分布が連続関数で与えられているから，水平微分も正確に行なえる。実際の地理的な空間を物理空間，波の世界での扱いを波数空間とよび，スペクトル法では両空間を往復しながら予報の計算が行なわれる。スペクトルモデルの空間解像度はどのくらい小さい波動成分まで取り込み，それ以下を切断するかに依存する。

切断波数，T＝213

　表4.2の数値予報モデルの仕様を見ると，切断波数や213（三角切断）などの記載がある。物理空間で水平格子間隔を決めるのと同じように，波数空間でもどのくらい小さい波まで記述するかを決める必要があり，最小波長（最大波数）としてどこかで波を区切る。これを切断波数といい，切断された波より小さい現象は陽には考慮しないことになる。RSMや台風モデルのような領域スペクトルモデルの場合は，従属変数を東西方向(x)，南北方向(y)に2重フーリエ級数($\sin(mx)\cdot\sin(ny)$など)で展開するため，東西方向に最大M個の波数，南北方向に最大N個の波数のように切断され，たとえばRSMでは(214×169)と書かれる。つぎに，週間および1か月・3か月アンサンブル予報モデルでは，対象とする場が地球という球面上であることを考慮して球面調和関数を基底関数として従属変数を表現する。気温や風などの従属変数は緯度 ϕ（$\sin\phi$ が用いられる），経度 λ，半径 r の関数であり，経度方向には $\sin(m\lambda)$ 型の変化をし，緯度方向には m に依存した n 個の節(零点)をもつ関数（ルジャンドル陪関数）が採用されている。図1は $m=2$, $n=5$ の場合の振幅分布を示している。この関数を用いる場合でもやはり m, n の最大を決める必要があり，切断の仕方に種々の方法がある。スペクトルモデルの仕様に現われるTはTriangle（三角）切断を意味し，各 m, n は図2のような三角形の白抜き点の波数の組み合わせで計算が行なわれる。たとえば，T＝103はM＝N＝103を表わしている。全球スペクトルモデルの水平解像度は経度方向にMの波数，緯度方向にN－1の節(零点)を持つことになる。なお，モデルの最小水平解像度は格子点法では格子間隔が，スペクトル法では切断波数に対応する波長が対応する。解像度で注意すべきことは，擾乱の拡がりなどを適切に記述するためには5個程度の格子点が必要だから，水平格子間隔が20 kmであるRSMでは約100 km規模以上の現象を，また1.125度である週間予報および1か月予報では500 km規模以上

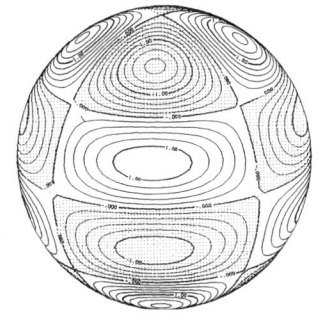

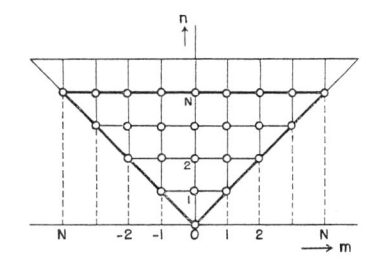

図1　三角切断の概念図　　図2　$m=2$, $n=5$ の場合の振幅分布

の現象(地形の解像度も同じで図4.4.1(a)(b)を参照)を対象にしていることになる。

4.3.5　解析・予報サイクル

　数値予報の初期値は，計算開始の初期時刻に対応する観測値を用いて仮想的な各格子点上に割りふられるが，単に真の値に近い割りふりではなく，予報モデルの解像度や物理過程に整合した値として設定する必要がある。このことは予報モデルという道具をメガネに見立てたとき，そのメガネの視力(度数)に相応しい文字の大きさやパターンで情報を与えなければ，いくらデータが細かく精緻で正確でもメガネを通したとき，情報がうまく認識できないことと同じである。原観測データをモデルに整合するように調整する必要がある。たとえば気温や風，水蒸気などの観測値がどこかで大きすぎると，モデルの中で不自然な水平や鉛直傾度などが生まれ，一種のショックを起こす。このようなことが起こるのを防ぐ調整作業を「観測データの初期化あるいは客観解析」という。一方，洋上などでは観測値自身の絶対数が乏しいことから，00Zや12Zのモデルの初期時刻にはこれらの時刻のみの観測値データだけでは格子点上の値が充分埋まらない。そのため，たとえば00Zの観測時刻の実際の観測データと，それよりある一定時間前の初期値に基づいて予報された00Zに対応する値を

00 Z の観測値とみなして，両者をブレンドしたものを，改めて初期値（観測データ）とみなす工夫も行われる。たとえば，12 Z 初期値で 72 時間予報を行う場合，その6時間前の 06 Z 初期値で別途6時間分だけ予報を行い，それとこの 12 Z の実際の観測値を調整して，領域全体の初期値を確定する。あらためてこの初期値から実際の予測計算を行う。このように生の観測値を予報モデルの初期条件に適合するようにつねに調整しながら予報モデルを運用して行く作業を解析・予報サイクルとよび，たとえば，週間予報では6時間間隔で行なわれている。

なお，このように種々の時間や場所で得られた観測データを数値予報モデルに適合させることを「同化」という。

4.4 数値予報モデルの精度と限界

数値予報モデルによる予報期間の限界は，一般に，グローバルモデルでは約2週間程度，台風では3日程度，積乱雲などの集合体であるメソ現象では一日程度，孤立した積乱雲の場合では数時間程度といわれている。ここでモデルの精度に影響を及ぼす要因を見てみよう。モデルが誤差を生む基本的な要因はモデル自身の不完全さ，観測の誤差，大気の持つカオスに大別されるが，実際の予測計算ではそれらが複合して誤差を増大させ，精度を下げる。なお，カオスについては5章で述べる。

モデルの不完全さ

これには支配方程式の数学的解法に関わる部分と物理過程の近似に関わる部分がある。前者では連続量を離散化している点がある。モデルでは，本来連続量である大気現象を水平および鉛直方向に有限個の格子で離散化が行なわれるため，表現できる現象の細かさにおのずと下限がある。前述のように水平格子間隔の5倍程度のスケールの現象が表現の限界である。また，鉛直方向を見ると，アンサンブル予報では大気を 40 層に分け，計算の天井を 0.4 hPa（約 50 km 上空）に設定しているが，偏西風のジェット気流付近にある圏界面のような薄

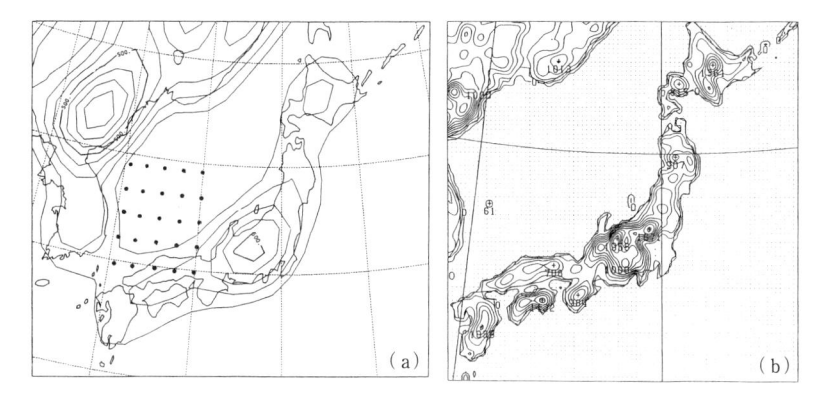

図4.4.1 (a) 1か月アンサンブル予報モデルにおける日本周辺の地形(気象庁)
(b) RSMにおける日本周辺の地形(気象庁)

い構造の表現は十分ではない。また、離散化に伴って、実際の地形が変形されること——山があっても山がない——ことになる。山岳などの地形がどう表現されるかにより、いわゆる地形の効果もしばられる。モデルで表現される地形の細かさは水平方向の離散化に一義的に依存する。たとえば1か月アンサンブル予報モデルでは、500km程度より以下の細かい地形の表現はできず非常に滑らかなものとなる。図4.4.1(a)に見るように日本列島は中央アルプスの約600mを頂点にした細長いものとなり、図4.4.1(b)の同アルプス付近が2000mと表現されるRSMの地形と大きく異なる(網目のように見えるのが各格子点)。格子点の粗さは先に述べた長期予報のきめ細かさとも密接不可分の関係にある。なお、図4.4.1(a)の一部の領域(日本海)に格子点の配置を示した。

つぎに、モデルの物理過程ではパラメタリゼーションの手法によっているため、たとえば、水蒸気の凝結による加熱の割合は格子点での上昇流の強さに比例する等の仮定をせざるを得ず、あくまでも現象の近似に過ぎない。このような物理過程の組み込みの仕方も、予報誤差の原因となる。

観測誤差

初期時刻の観測値に含まれている種々の誤差が、予報結果に影響を与える。

世界中の何千という観測現場では観測の際に誤差が生じる可能性があり，またラジオゾンデなどによる高層観測のネットワークの密度は，陸上で数百 km おきに 1 か所程度であり，洋上では島と一部の船舶しかない。これらの観測密度はモデルの格子間隔より粗く，格子点への内挿等の過程で誤差が生じる。たとえば，初期時刻にある観測点の近傍で積乱雲等に伴う顕著な降水が起こっている場合，その観測値は局地的な突風や低温など擾乱の影響を強く受ける。これらによるモデルへの影響を排除するために解析・予報サイクルで観測データの同化・初期化が行われるが，誤差を生む要因である。

この他に，大気の運動が本質的に持っている非線形性（カオス）の効果による誤差の増大がある。

気象予報には，このように原理的に予報期間に限界があり，予報精度が時間の経過とともに低下するのは避けられず，週間天気予報の後半に精度が落ちるのもこのためである。天気予報は本来，ある誤差幅をもってのみ可能である。

4.5 GPV とガイダンス

数値予報モデルの予測結果は，すべて前述のような仮想的な立体格子網の各格子点（GPV）の上で，たとえば NW の風，風速 15 m/sec，気温 20 度，気圧 1010 hPa，湿度 60％のように，数値で得られる。しかしながら，GPV がそのまま天気予報とはならない。天気予報での晴れや曇り，風などは人が住む地上を対象とした現象であり，そこには多数の地域，種々の地勢があるため，GPV を基礎に個別的な天気などに予報として翻訳する必要がある。予報技術者が GPV から客観的に天気に翻訳するための支援資料を，一般にガイダンスとよぶ。ガイダンスは GPV を引数として求める。数値予報モデルの予測計算が終了するとガイダンスの計算に移る。ガイダンスは短期予報のみならず後述の 1 か月予報や 3 か月予報などでも必要であり，各種のガイダンスが生産されている。作成方法を 6 章で述べる。

5章　アンサンブル予報
―中・長期予報の新しい考え方―

5.1　日替わり予報

　週間天気予報の数値モデルでは，毎日21時に新しい初期値に基づいて合計9日分の予報が計算され，更新される。予報期間の後半のある日の予報に注目すると，予報の発表ごとにその日に近づくから正味の予報期間も短くなるため，誤差の増大も少なくなり，したがって予報の確度が高くなるのが普通である。しかしながら，週間予報が現在のようなアンサンブル予報ではなかった時代にも「日替わり予報」とよばれる事象がたびたび起こっていた。今でも珍しくはない。日替わりとは，たとえば同じ来週の土曜に対する予報が，日曜発表と翌月曜発表あるいは火曜発表とで，発表日によってまるきり異なってしまうことをいう。土曜21時初期値の168時間予報，日曜の同144時間予報，月曜の同120時間予報はそれぞれ同じ土曜日の予報に対応するが，それらの予報が系統性を持たずに異なった予報として計算されてしまう。予報官もどう判断するか迷うことになるが，日替わり予報は旅行客などユーザーも対応に困る。

　図5.1.1は，同じ予報対象日に対して初期値日が違う予報を並べて示している。この例では，初期値日が変わると予報結果が大きく変わっている。上述のように，時間経過とともに予報結果が徐々に変わるのは当然であるが，その点を考慮しても変化が大きくなっている。一方，図5.1.2は別の日の例でやはり初期値日が異なる場合の同様の図である。こちらは初期値日が変わっても予報結果にはほとんど変化が見られない。予報官も安心してこの結果を採用できる例である。一般に「日替わり」のときは予報精度が悪く，予報結果が安定しているときは予報精度がよいといわれてきた。

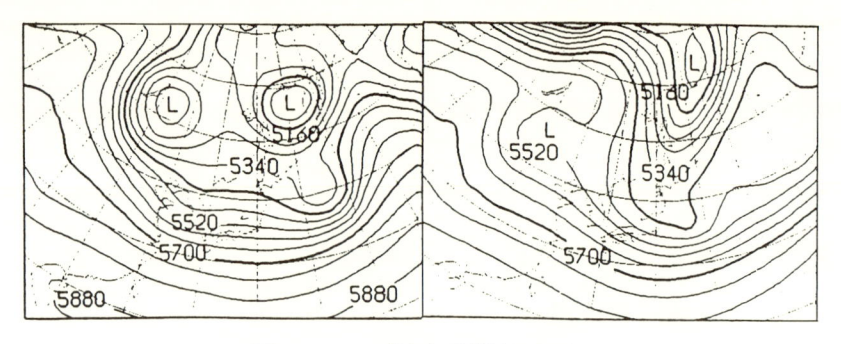

図 5.1.1 日替わり予報例(気象庁)
1993 年 3 月 4 日 12UTC 初期値の 192 時間予報(予報対象日 3 月 12 日)
(左) と 1993 年 3 月 5 日 12UTC 初期値の 168 時間予報(予報対象日 3 月
12 日)(右)。どちらも 500 hPa 高度場。

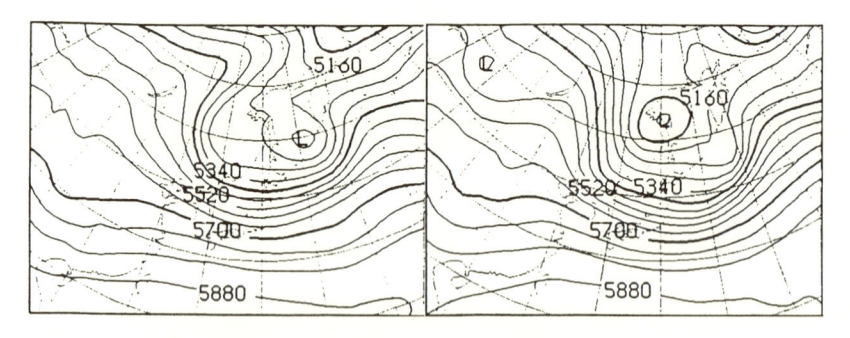

図 5.1.2 日替わりしない予報例(気象庁)
1993 年 3 月 16 日 12UTC 初期値の 192 時間予報(予報対象日 3 月 24 日)
(左) と 1993 年 3 月 17 日 12UTC 初期値の 168 時間予報(予報対象日 3 月
24 日)(右)。どちらも 500 hPa 高度場。

このように元の数値予報が安定しているときと不安定なときとで,該当日の予報が異なることは,次節以下で述べる大気に内在する初期値敏感性の問題がすでに週間予報の後半の期間でも出現していることを意味しており,新しい予測手法であるアンサンブル予報の導入の伏線となっていた。なお,予報サービス(GPV の部外提供など)の時間的な経緯からは,アンサンブル予報は週間天気予報に先んじて 1 か月予報に導入された。

5.2 初期条件の違いと結果の違い

　射撃競技で選手が的を外したとき，つぎは角度をわずかに修正して狙う。このことは同じ初期条件で的を射るとつねに同じ結果が得られること，また初期条件をごくわずかに変えて射ると結果もまたごくわずかに変わるという経験的事実が成り立つからである。このような事例は野球やゴルフなど種々のスポーツのほか，砲撃，車庫入れのハンドル操作にも，あてはまる関係である。方程式 $Y=aX+b$ では X の変化分に比例して Y が変わる。このような事象を線形系という。線形系を記述している変数の間には，互いに線形(比例)の関係が成り立つ。肝心の天気予報の場合，もしも速度や気温などの変化を決める支配方程式系が線形系である場合には，初期条件という変数を与えれば簡単に解が求まり，その時間的道筋も解析的(端的には，鉛筆で系統的に調べられる)に得られる。しかしながら，3章で記述したように大気の運動を支配している原理を定式化した物理・数学的な系は，非線形といわれる形になっており，それを利用する数値予報モデルも非線形モデルである。非線形とは従属変数の間の関係(入力と出力との関係)が線形の関係に非ずという意味である。非線形系では次節で述べるローレンツが見いだしたような独特の奇妙な性質を持っている。結論から先にいえば，初期条件がごくわずかに異なる二者の場合，それらの時間的ふるまい(したがって空間的ふるまいも)はごくわずかに異なるという保証はまったくなく，しばしば両者はまったく異なる道筋に発展し，実際やってみなければわからない。数値予報(モデル)では，大気はつねに非線形の支配方程式を満たしながら運動しているとの前提に立っているため，ローレンツの研究結果は大気の運動は決定論的にひとつの解が得られるが初期値に敏感であることを示唆している。このことはたとえ数値予報モデルが完全だとしても，我々は真の初期値を観測することは不可能だから，数値予報の結果を利用する場合，ローレンツが指摘したような非線形方程式系における初期値敏感性を考慮しないわけにはいかない。

5.3 ローレンツの実験

ローレンツは大気の運動が持つであろう非線形の本質的部分を，最大限に簡略化した2次元熱対流を対象に示した．この数値実験で使われたモデルは「ローレンツモデル」とよばれ，気象予報における初期値敏感性をはじめ，今日のアンサンブル予報の必要性など重要な基盤となっている．

5.3.1 最初の実験（偏西風のふるまい）

ローレンツ自身の回想(1993)によると，1959年のある日，マサチューセッツ工科大学の研究室でコンピュータを用いて12個の従属変数を持つモデル大気の非線形方程式系を時間積分して，15か月にわたる偏西風のふるまいなどを調べていた．偏西風の一番強い緯度帯の変動を見るためにその時間変化をプリントアウトしていたところ，突然に変化してある緯度帯に移り1か月ほど留まり，つぎに突然に変化してまた別の緯度帯に移るのを見て，その過程をより詳細に調べるためにいったんコンピュータを止めて，前のステップの値から再計算を行った．彼が，廊下でコーヒーを飲み1時間ほどして部屋に戻りプリントアウトを見ると，驚いたことに前回得ていた結果としだいにズレが生じ，やがて似ても似つかない結果が得られていた．その犯人が途中でインプットした再計算データの値が前とまったく同じではなく「四捨五入」したもので，その誤差が拡大を続け，解を支配していたことに気づいた．これは再計算の際の初期値を5000分の1ほど切り捨てていたためであった．彼はその結果におおいに興奮して時を移さず仲間に話したこと，さらに1960年に東京で開かれた国際学会（日本で初めて開かれた国際数値予報会議）での発表で，四捨五入による誤差で方程式が思いがけない反応をすることをつけ加えたと述懐している．

5.3.2 ローレンツモデル（2次元熱対流のふるまい）

ローレンツは，さらに非線形方程式系における解の性質を調べるため，今度は対流現象を対象に運動がわずか三つの従属変数で記述（支配）される非線形の

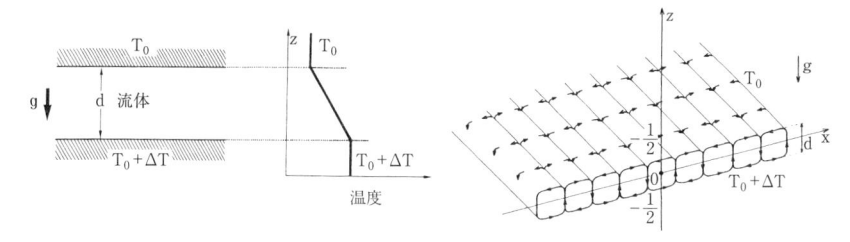

図 5.3.1 レイリー–ベナール対流実験の説明概念図（「カオスの中の秩序」,1992）

図 5.3.2 レイリー–ベナール対流におけるロール状のパターン（「カオスの中の秩序」,前出）

モデルを導き，数値実験を行って対流の性質を調べた。これが世に名高い「ローレンツモデル」(1963)である。ローレンツが対象としたモデルは，図5.3.1に示すような鉛直2次元面内の対流に関するもので「レイリー–ベナール対流」とよばれる。数値実験では上端および下端に挟まれたある熱拡散および動粘性を持つ流体を考え，下端の温度を上端より ΔT 高く固定した外的強制の条件下で起こる対流の性質を調べた。なお，このような摩擦や熱によるエネルギーが散逸する系を散逸系とよび地球大気も同様である。レイリー–ベナール対流では，ΔT が小さいときは下端に接する流体が熱伝導によって暖まり密度が減少するため浮力が生じるが，粘性力のほうが勝って対流（運動）は起こらず，単に熱が上端の壁に向かって流れるだけである。しかしながら，ΔT をある値以上に大きくすると図5.3.2に示すようなロール状の規則的な対流（相隣るロールの回転方向は逆）が発生し，ずっと継続する定常状態が得られる。つぎに，もう少し ΔT を大きくして上下の温度差を強めると，今度はロール状の対流の軸が揺らぎ出し，対流のスピードも刻々変化して非定常となり，ある時間帯では対流の方向が互いに反転したりする。なお，ローレンツが数値実験に用いた数式等は付録2(243ページ)に記載した。

　ローレンツモデルの特徴は，従属変数がわずか3個と非常に簡単化されているため，実際の対流とは異なっているが，対流が持つ非線形の本質は変わらず，その像が見えやすくなっている。図5.3.3は，ローレンツが ΔT を定常な対流

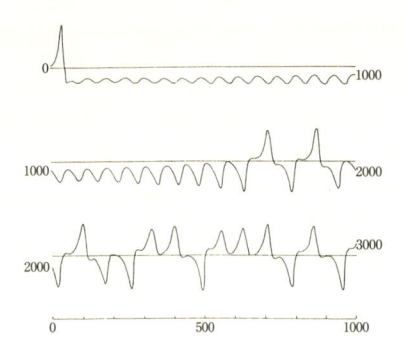

図5.3.3 ローレンツモデルにおける温度場の時間変化(Lorenz, 1963)

図5.3.4 ローレンツモデルにおける速度場，温度場の軌跡(Lorenz, 前出)
(数字を100倍したものがステップ数)

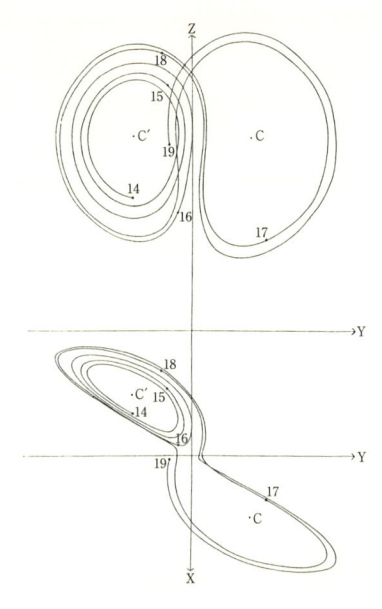

　が起こる値よりやや大きく固定して，通常の数値予報モデルで行なわれる時間積分と同様の手法により，ある初期値から出発したその後の温度場(Y)の時間変化を合計3000単位ステップまで示している。ここでYは下降域と上昇域部分の温度差に比例する量である。対流が定常状態であればYの時間変化はないが，この図からわかるようにある時間までは準周期的変動を繰り返しつつ振幅がしだいに増して行き，ついには(1650ステップ辺りから)不規則な非周期的なふるまいとなり，3000ステップまでに数回の対流の反転が見られる。これを1400ステップから1900ステップの間で，X, Y, Z空間で見たのが図5.3.4であり，対流の速度場と温度場の時間変化を示している。ここでX, Y, Zは空間座標ではなく，それぞれ速度，温度の水平方向，温度の鉛直方向の振幅を表わす。軌跡上の点の動きが速度場と温度場の時間変化に対応しており，点(X, Y, Zの値)がわかればその時刻での対流の場全体が一義的に決まる。図5.3.4は，全体が何か蝶(バタフライ)が羽を広げた形に似ており，たとえば左側の羽で見ると軌跡は何度か時計回りにぐるぐると環状に発展しているのがわかる。

また，左側の羽で何周かした後，右側の羽に移り反時計回りに何周か留まり，また左の羽に戻ったりする。両者の羽で対流は反対向きの回転を示す。この図で，もしも，軌跡が一点に留まっていれば定常状態，あるいは一本の線として閉じていれば周期変動を表わすが，この場合はグルグル回り決して閉じてはいない。すなわち非周期的なふるまいをする。この渦巻状の軌跡に対応する温度変化を時間断面で見たのが，図5.3.3における1400から1900ステップの三つの周期的な振動およびそれに引き続く二つの山谷に相当する。なお，C, C'はそれぞれ不安定な定常点(前述のロール状対流に対応)である。また，X＝Y＝Z＝0のポイントは静止状態を意味するが，とくに不安定な状態に対応している。

このようにエネルギーの散逸系で見られる，ある初期条件(どのような初期条件でも)から出発した軌跡がある点の周りに拘束され，非周期的にふるまう様子をローレンツの研究にちなんで「ローレンツのストレンジアトラクター(奇妙な吸引)」とよび，非線形系で見られる運動の重要な特徴である。

5.3.3 ローレンツモデルと大気のアナロジー

パルマー(1993)は，従来の数値予報が持つ予報期間の限界を延長する立場から，ローレンツモデルを用いて同じく数値積分の手法により，初期条件の相違

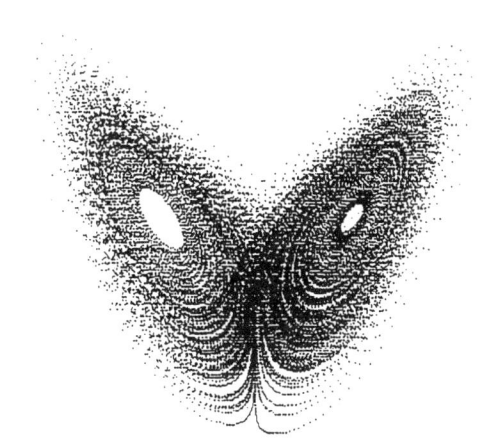

図5.3.5
ローレンツアトラクター
(Palmer, 1993)

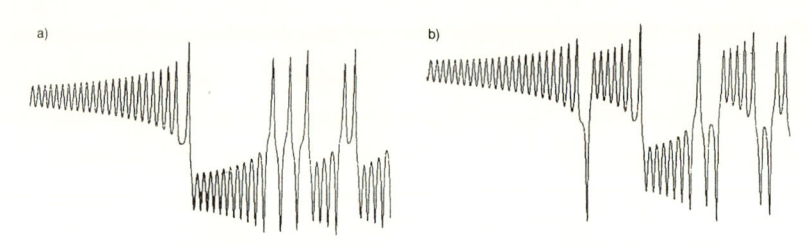

図5.3.6 ローレンツモデルにおける初期値敏感性
(a)ある初期値, (b)(a)とごくわずかに異なる初期値(Palmer, 前出)

による運動への依存性を調べた。まず，図5.3.5はある適当な外的条件(上下の温度差，熱伝導率および粘性係数)に対して得られたローレンツアトラクターの典型的な例であり，非斉一なバタフライの羽の形をしている(これは図5.3.4に示す計算をどんどん先に進めた場合に対応する)。この軌跡が，もしも無限の時間積分を続けた結果だとすれば，この条件のもとにふるまう2次元対流のすべての像を表現していることになる。このアトラクターで示される運動には二つの時間スケールがある。一つは各羽の中心の周りの運動に伴う短い時間スケールであり，二つは運動が一つの羽に留まっている代表的な長い時間スケールである。二つの時間スケールの運動は，ローレンツアトラクターの時間的軌跡である図5.3.6(a) (b)で明瞭に見られる。すなわち，鋭い櫛状の一つ一つが前者の短いスケールで，一連の櫛全体が後者の長いスケールに対応する。

つぎに，このようなアトラクター上で，初期条件がごくわずかに異なる二者に対する速度場の時間変化を示したものが図5.3.6(a) (b)である。両者を比較すると初期時刻からずっと区別できないほど同じ変化をしており，この間は初期条件の相違による速度の相違はほとんど見られない。しかしながら，ある時刻から先は両者は全然異なった変化をたどっており，ごくわずかの初期条件の差がまったく異なった結果をもたらしている。今，仮に(a)を真の初期値，(b)を観測に基づく初期条件(ある誤差を含む)とみなすと，ある時刻から先は(b)に基づく予報は，正しい予報とはまったくかけ離れた別のものとなる。図5.3.7はこの様子を概念的に示したものである。ローレンツモデルの意味する

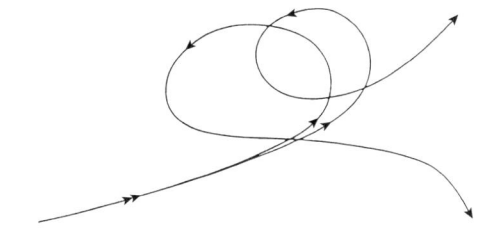

図5.3.7
初期値敏感性の概念図
(カオスの中の秩序,前出)

　予報不可能性の最たるものは,このようにごくわずかに異なる初期値の軌跡がある時間より先で,まったく異なってしまうこと,すなわち初期値敏感性にほかならない。

　図5.3.8(a)(b)(c)は,同じくパルマーがローレンツモデルを用いて,初期値の誤差が場の不安定さによりどのように増大するかを示したものである。図中に太実線で示した飛び飛びの閉曲線領域は,その中に含まれた多数の初期値群(ごくわずかに異なるX, Y, Zの群で,後述するアンサンブル予報の初期値メンバーに対応する)のその後の時間的なバラツキ具合を示している。なお,アトラクター自身は場の安定・不安定性を表わす参考として重ねて描かれている。(a)この初期値群は,左側の羽根から右側の羽根までほとんど同じ軌跡をたどっている。この場合は安定な場からの推移であり,アトラクターのもつカオス性は敏感ではなく,一つの羽から他の羽への遷移の予報に関する初期値依存性は小さい。(b)この初期値グループは,当初隣り合う軌跡がやがて左右の羽に別れてしまう方向へ向かってしまう。もしもアンサンブル予報を行えば,軌跡(初期値)がこの領域に近づくほど,結果は発散してしまうことを意味している。すなわち,同じ初期値グループ内でもごくわずかに異なると,将来の道筋がまったく異なることを意味し,初期値敏感性が如実に現われる例である。(c)は軌跡が分かれる領域のすぐ近くに初期値グループを選んだ場合で,時間とともにドラマチックに発散する。

　このようにローレンツモデルによると,初期値(X, Y, Z)の場により誤差が成長しやすい場所と,それほど大きく成長しない場所がある。また,初期値から時間経過に伴って状態を表わす軌跡がどのような場所を通るかにより,予報

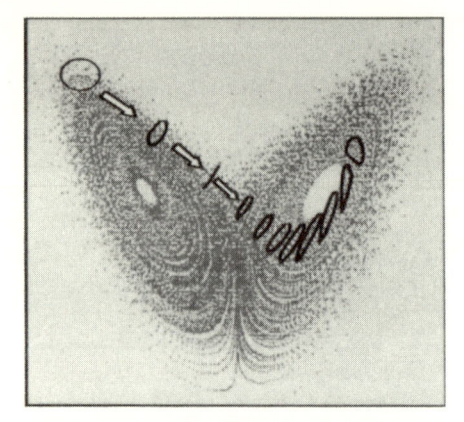

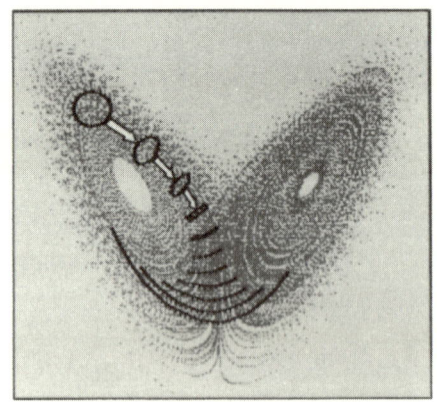

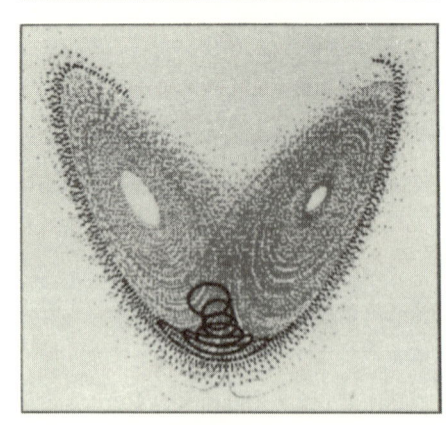

図 5.3.8
ローレンツモデルによる初期値敏感性(Palmer, 前出)
(a) 初期場が安定な場合
(b) 初期場が不安定な場合
(c) 初期場が非常に不安定な場合

可能な時間も大きく変わることを示している。すなわち，初期の場および途中の場がどのように不安定か安定かによって誤差の増大が支配されることになる。

ローレンツモデルと大気はいずれも非線形系であり，エネルギー散逸系である点は共通性がある。また，大気の方がはるかに複雑な非線形系である。パルマー（1993）はこの実験を通じて予報期間の延長におけるアンサンブル予報の必要性と性質を明らかにした。

高野（1994）は，ローレンツアトラクターと1か月予報との関連についてつぎのように指摘している。

"大気の運動は，完全に周期的でもなく，ある値に漸近することもなく，ある有限な範囲の値しかとらないなどの特徴をもつ。また，力学的に見ると，偏西風が卓越する中・高緯度帯の高・低気圧のふるまいには非線形効果が重要である。こうした大気の性質は，ローレンツモデルとよく似た力学的特徴を示唆していることから，ローレンツモデルは1か月などの延長予報を考える際のモデルとして教育的である。また，前述の「日替わり予報」の性質などは，初期値に含まれる解析誤差の増幅が一因だと考えれば，一つの合理的な説明である。しかし，ローレンツモデルはあくまで，自由度がわずか三つの力学系のモデルに過ぎず，自由度がはるかに多く複雑な力学系である現実の大気との必要以上の混同は避けねばならない。延長予報の日替わりの原因も，それ以外の客観解析も含めた数値予報システム自体の不十分さが一因となっている可能性も，当然ありえる。また，境界条件が時間的に変化する効果がローレンツモデルには入っていないことも，現実的な大気との重要な相違点である。エルニーニョ現象発生時には，中・高緯度のテレコネクションパターンの一つであるPNAパターンの出現頻度が増えるなど，海面水温の変化は，中・高緯度大気に明らかな影響を及ぼす。また，雪氷や土壌水分等と大気の相互作用も，中緯度，高緯度大気に影響を及ぼす可能性がある。これらの大気と境界条件との相互作用は，長期予報にとっては重要な役割を果たすと考えられ，とくに1か月より長い時間スケールの予報では，重要性が大きいと考えられる。"

さて，この節のおわりに，ローレンツモデルと大気とのアナロジーとして，先の図5.3.5左の羽のレジームを日本付近の流れが東西流型（偏西風が東西方向に流れる），右の羽のそれを南北流型（あるいはブロッキング型：偏西風が南北に大きく蛇行する）とみなし，各羽に属する早い時間スケールの運動を個々の高・低気圧と考えてみると，初期の場によってどちらかの型が実現することになり，日本の天候が大きく左右される．週間予報の後半を含め1か月予報あるいはそれ以上の長い期間の予報では，初期値敏感性の影響が極めて大きいことが推測される．

5.4 アンサンブル予報の原理

これまで述べたように数値予報モデルは本質的に初期値敏感性を持っており，また我々は完全な初期値を観測から得ることは不可能である．したがって予報期間が長くなるとこの敏感性が顕著になる可能性を常に含んでいることになる．せいぜい1週間程度といわれている高・低気圧などの消長に対する予報期間の限界を，通常の数値予報モデルを用いながら大幅に延ばそうとする手法がアンサンブル予報である．

アンサンブルという言葉は，全体や全体的効果を意味し，音楽では合奏曲を，服飾では一揃いの婦人服を，また理数関係では集団や集合を表わす言葉である．アンサンブル予報は，集団的な初期値を用いることからこの言葉が使われている．アンサンブル予報の原理は，これまで述べたローレンツアトラクターの結果を背景に，数値予報モデルを用いる際に起こりえる「初期値の誤差の拡大性（初期値敏感性）」をあらかじめ評価することにより，翻ってもっとも実現性の高い予測およびその精度情報を得ようとするものである．具体的には，実際の観測値から調整されるただ一組の初期値（単なる初期条件と区別して，客観解析値あるいは，単に解析値とよばれる）に，観測誤差と同じ程度の小さな誤差をわざと人為的に与えた多数の初期値の組からなる集団（アンサンブル）を考え，それぞれの初期値ごとに独立して，たとえば34日間の数値予測を行い，集団

の全予測値の単純平均をもって発表予報とするものである.個々の初期値とそれに対応する予測結果をメンバー,また全メンバー(集団)の単純平均をアンサンブル平均とよぶ.なお,初期値(解析値)から得られるただ一組の初期条件に対応する予測メンバーを慣用的にコントロールとよぶ.

5.4.1 予報の精度—スプレッドの導入—

アンサンブル予報は,通常の数値予報とどのように異なるのか,どのような精度の予報が得られるのかについて考えてみる.ローレンツモデルの結果を踏まえれば,予報が有効である期間や精度を推定するための情報が得られるはずである.以下,高野(前出)に沿って説明する.

図5.4.1に示すように初期時刻 t_0 における任意の気象要素の真の観測値を A^0,観測値(誤差を含む)を A とし,t 時間後の実況値を $A^0{}_t$,A に対応する数値予報値を A_t とすると,t 時間後における予報誤差(2乗平均誤差)R は,

$$R = (A_t - A^0{}_t)^2 \tag{5.1}$$

と表わせる.なお,ローレンツモデルの場合で考えると気象要素 (A) は X,Y,Z の3要素となる.実際の数値予報の計算を行う時点では,われわれは A^0 はもちろん $A^0{}_t$ を知ることは不可能だから,予報誤差の大きさ R をあらかじめ知ることはできない.そこでつぎのような工夫を行う.観測値 A にわざと人為的

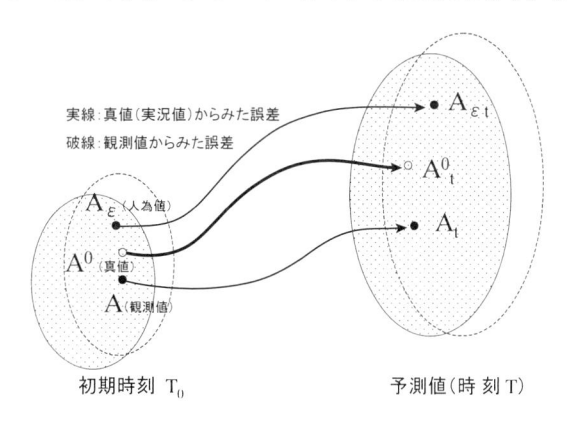

図5.4.1 初期条件の誤差と予報の誤差の関係

誤差 ε を与えて別の初期値 A_ε を作り，A_ε に対応する数値予報値 $A_{\varepsilon t}$ を計算する．ここで予報誤差 R に代わる指標として，スプレッド(広がり)S を次のように定義する．

$$S = (A_{\varepsilon t} - A_t)^2 \qquad (5.2)$$

S は予報を発表する時点であらかじめ知ることができる量であり，予報値 A_t を基準とした場合の時刻 t での予報誤差の大きさの程度を表わしている．これは観測誤差が一つの場合であるが，$A_{\varepsilon 1t}$, $A_{\varepsilon 2t}$, ……, $A_{\varepsilon mt}$ のように ε を多数とればそれに応じて S の大きさが求まり，ばらつきの程度がわかる．

実際の数値予報モデルでアンサンブル予報を行い，ある領域や格子点における S の大きさの時間変化，あるいはある時間帯における S の空間分布を見れば，真の予報誤差 R の大きさの推定が可能になる．先のローレンツアトラクターによれば，場を記述する要素(X, Y, Z)が誤差が成長しやすい領域にさしかかり，R が大きくなったときには，スプレッド S も大きくなると期待できる．また，人工的誤差を効率的に集団的に与えれば，予報誤差 R の推定を精度よく行えるはずである．これが「スプレッド(各メンバー間の予報のばらつき具合)－スキル(予報成績)」の関係を利用した予報精度の予報手法である．この方法は，予報の時点で本来知ることのできない予報誤差 R を，それとよく似た道筋をたどると考えられるアンサンブル(集団)予報を用いて，予報の時点で知ることのできるスプレッド S を用いて予報する方法である．現業用のアンサンブル予報は，まさにこの考えに立脚している．

アンサンブル数値予報のメンバー数を十分に増やすことができれば，確率的な予報が可能となる．すなわち，観測値に観測誤差程度の大きさの誤差を人工的に付け加えたものを初期値とする数値予報をそれぞれ行えば，ローレンツアトラクターの類推から，時間の経過とともに予報結果がばらついて行く．そのバラツキ具合が実際に起こりえる可能性の確率分布を表わすことになる．このバラツキ具合は，前述のように初期値と実況が通る経路(実際の場の変化)によって異なる．バラツキ具合が小さければ，より確かな予報となり，逆にバラ

ツキ具合が大きければ, どの状態が実現するか確かなことはいえないが, 実況値は少なくともその広がりの中の値をとるであろうと推定できる。また, 予報要素がある範囲の値をとる確率は, 全体の予報数に対してその範囲に入る予報数の割合を計算することにより推定でき, 種々の出現率が表現できる。なお, 各アンサンブル予報は, 時間が十分経てば, 全体に広がることになり, 予報は気候値予報と同じになる。

5.4.2 予報で得られる情報

アンサンブル予報では, 各メンバーの予報結果を統計的に処理することにより, 上記のスプレッドのほか種々有用な情報を得ることができる。以下では, その代表的なものについて述べる。

アンサンブル平均

アンサンブル予報ではメンバーの数だけ異なる予報が得られるが, 予報モデルが「完全モデル」であると仮定すれば, 各アンサンブルメンバーの予報結果の単純平均が一番精度がよいことがわかっている(ライス, 1974)。すなわち, 図5.4.2に示すように, アンサンブル平均の予報誤差の2乗をEM^2, 各メンバーの予報誤差の2乗平均をE^2, 各メンバー間のバラツキの2乗の平均をΔ^2, メンバー数をmとすると,

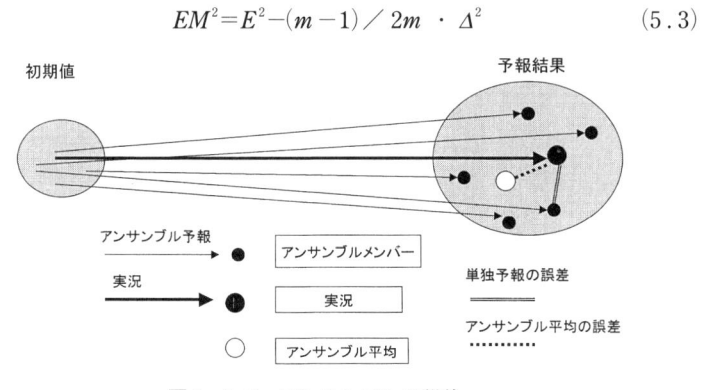

$$EM^2 = E^2 - (m-1)/2m \cdot \Delta^2 \qquad (5.3)$$

図5.4.2 アンサンブルの誤差

の関係が得られる．これはアンサンブル平均の誤差が，必ず個々のメンバーの誤差の平均より小さくなることを意味している．これは個々のメンバーの予報誤差が打ち消し合うためである．したがって，アンサンブル平均はアンサンブル予報の結果として統計的にもっとも実現する可能性の高い推定とみなせる．

また，完全モデルでは初期値のサンプリングが適当に行われる場合には，

$$<E^2> = <\varDelta^2> \tag{5.4}$$

と考えることができるため，式(5.3)より

$$<EM^2> = (1+1/m)/2 \cdot <E^2> \tag{5.5}$$

となる．この式よりメンバー数 m が多いほどアンサンブル平均の予報誤差が減少する．$m \to \infty$ では，

$$<EM^2> = 1/2 \cdot <E^2> \tag{5.6}$$

となり，誤差の減少は個々のメンバーの予報誤差の2乗平均の半分までが限界である．

図5.4.3は，アンサンブル予報の一例であり，個々のアンサンブルメンバーの予報も示してある．（現在の1か月アンサンブル予報は，26メンバーである．）実況では，アラスカ付近とヨーロッパ付近に大きな正偏差域がある．これらを個々のアンサンブルメンバーの予報で見るとよく予報されているものから，符号が反対のものまでさまざまである．アンサンブル平均をとると二つの正偏差域ともかなりよく表現されており，予報の成績はよい．もちろん，メンバーの中には，アンサンブル平均よりよい予報が存在する場合もあるが，我々は事前にはどれほどよい予報があるかを知ることができない．したがって，統計的にはアンサンブル平均が実況に対するもっともよい推定値となる．

アンサンブル平均がもっとも予報精度が高いことはあくまでも「完全モデル」から得られる結論だから，実際のアンサンブルモデルの運用でもまず個々のア

5章 アンサンブル予報　137

実　況　　　　　　　　　アンサンブル平均予報

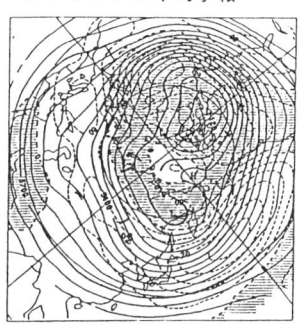

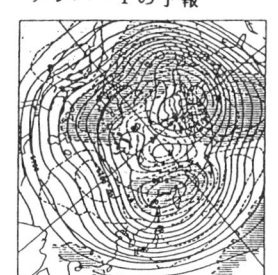

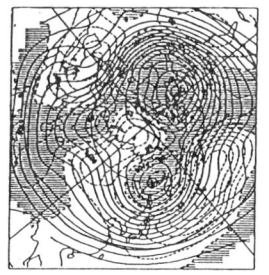

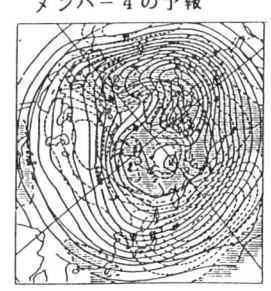

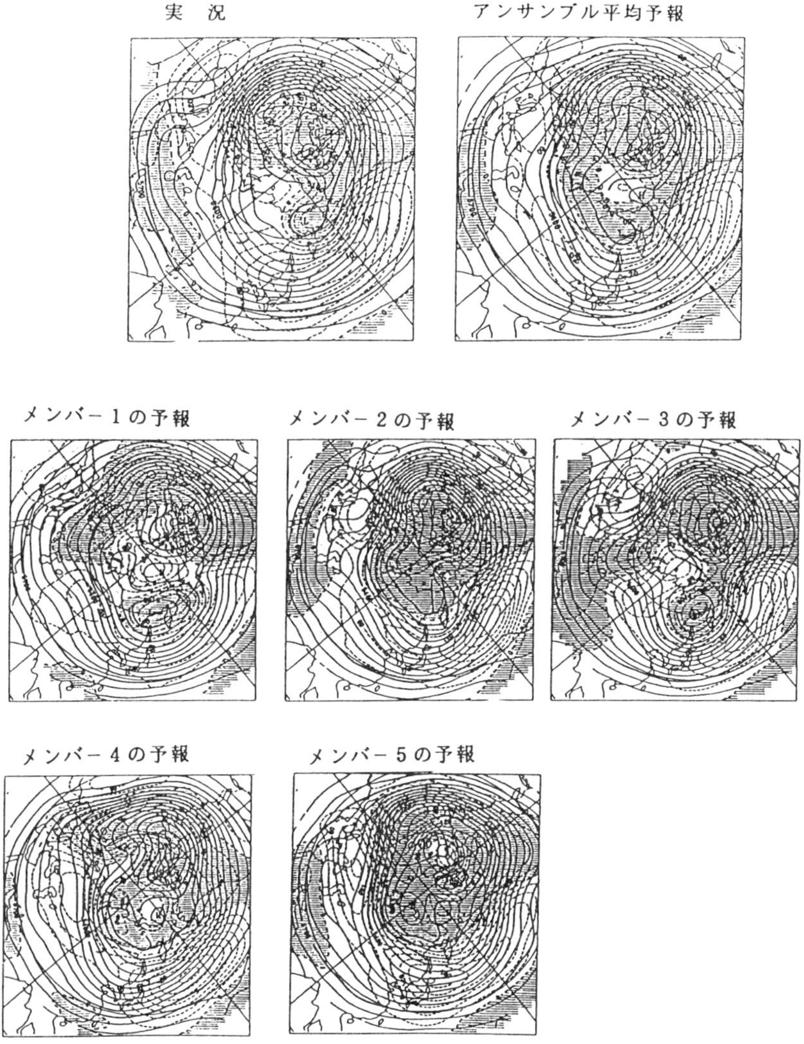

メンバー1の予報　　　メンバー2の予報　　　メンバー3の予報

メンバー4の予報　　　メンバー5の予報

予報成績（北半球のアノマリー相関）　アンサンブル平均：0.888、
メンバー1の予報：0.557、メンバー2の予報：0.852、メンバー3の予報：0.762、
メンバー4の予報：0.742、メンバー5の予報：0.776

図5.4.3　アンサンブル予報の一例(気象庁)

ンサンブルメンバーの予報がスキルをもっていること，すなわち予測モデルがよくなければならない。個々のアンサンブルメンバーがほとんどよい予報成績を持たない場合は，アンサンブル平均もほとんど意味をもたないことに留意すべきである。また，モデル自身に，たとえば，低気圧などの擾乱が北上してしまう傾向が強いなど系統誤差がある場合は，たとえスプレッド自体は小さくても，予報の成績は落ちてしまうことになる。

予報精度の予測

予報精度の予測には，スプレッド―スキルの関係が利用される。パルマー(前出)によるローレンツアトラクターの結果を思い起こすと，個々のアンサンブルメンバー間で予報結果のバラツキ(スプレッド)が大きい場合は大気の力学的安定性が悪く，初期値に含まれる解析誤差の増幅の程度も大きく，数値予報の成績も悪い，逆に，予報結果のバラツキが小さい場合は力学的安定性がよく，誤差の成長も小さく，成績もよいと見なすことができる。実際，バーカー（1991）が「完全モデル」の仮定を使った数値実験によれば，このスプレッド―スキルの相関は1か月程度までみられる。

「スプレッド―スキル」の関係は，アンサンブルメンバーの初期値(メンバー数，メンバーを作るための誤差の与え方) および数値予報モデルの完成度(完全モデルにどれだけ近いか)に支配される。初期値に加える誤差が互い独立でなかったり，偏りなどがあると皆ほとんど同じ結果や系統的な偏りが生じ，逆に誤差が大きすぎるとその分が卓越してしまう可能性がある。また，アンサンブルメンバー数と予報誤差との関係は，モデルが「完全モデル」であれば m が増加するにつれて小さくなるが限界がある。計算機の能力を考えるとおのずと限界がある。ちなみに，日本では現在約30メンバー，ECMWF(ヨーロッパ中期予報センター)では約50メンバーを用いている。モデルの系統誤差の方は，予報と実況のデータを蓄積すればバイアス(偏り)補正などを施すことによりある程度除去可能だが，誤差の成長には非線形効果が重要なため，系統誤差の修正だけではおのずと限界がある。

5.5 初期値の作成方法

アンサンブル予報を現業的に行う場合，スプレッドや確率的情報を有効に得るためには，メンバー数は多ければ多いほどよいが，できるだけ少ないメンバー数でいかに効果的なアンサンブル予報を行うかが重要な課題である。アンサンブルメンバーの初期値の作成手法は，モンテカルロ法，LAF法(時間差法)，最適モード法(SV法，Singular Vector，特異ベクトル法ともいう)，BGM法(Breeding of Growing Mode，成長モード育成法)の四つに分類される。これらはいずれも初期値の周りに与える微小な誤差(摂動)を得るための一種の摂動作成法である。現在，気象庁で採用されている方法であるBGM法を重点に高野(前出)に沿って説明する。

モンテカルロ法

計算を実行する初期時刻の初期値(解析値)に与える誤差をランダムに選ぶ方法である。これ以外の他の方法が，モデル自身または補助的なモデルをランさせて初期メンバーを選んでいるのに比べて，もっともオーソドックスであるが，有効なスプレッドを得たり，確率的な情報を取り出すためには膨大なメンバー数を揃える必要があるため，この方法は現在のところ実用的ではなく，諸外国でも採用されていない。

LAF法(Lagged Average Forecast)(図5.5.1参照)

例えば1か月予報の場合，計算する時刻(初期時刻$=t_0$)を基準にして，ある一定間隔の過去の時刻($t_0-\tau$，$t_0-2\tau$，$t_0-3\tau$，……)の解析値から，それぞれ1か月先までの時間積分(予報)を行い，それらで全メンバーを構成してアンサンブル予報を行うものである。この方法では，各メンバーの初期値は，独立な解析値から作られるから，それに含まれる誤差はランダムに分布すると考えられる。また作成方法が簡便であるため，現業化も容易であることも大きな利点である。LAF法はイギリス気象局の現業1か月アンサンブル予報に採用されている。なお，気象庁では1か月アンサンブル予報の開始時点(1996年)から2001

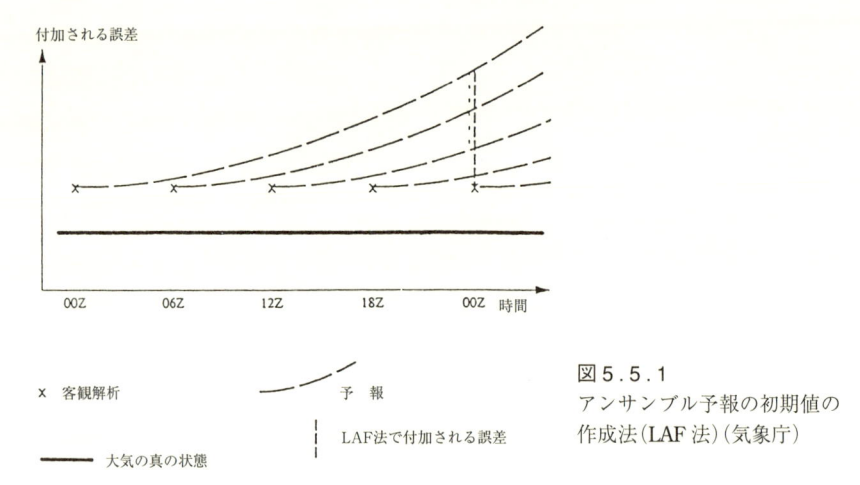

図 5.5.1
アンサンブル予報の初期値の作成法(LAF法)(気象庁)

×　客観解析
―――　予報
｜　LAF法で付加される誤差
━━━　大気の真の状態

年まで，このLAF法を最適モード法と併用していたが，現在は後述のBGM法とこのLAF法の混合型を採用している。

最適モード法

　この方法は，アンサンブル予報を実行する初期時刻の場が与えられれば，その場が線形系で見た場合，どのような誤差パターンがどのように成長し，成長率がどのようになるかはあらかじめ計算できることを利用して，発達しやすいモード(成分)を複数個求め，それらのパターンを適当に初期値(解析値)に重ねあわせて，メンバーを得るものである。線形近似が有効な短い予報時間では，そのように計算した誤差の最大成長率が大きい場合にはモデルの予報精度も悪く，逆に小さい場合には予報精度はよい。最適モード法は，このように線形的に成長率の大きな人工的な誤差を初期値(解析値)に重ねあわせる方法である。気象庁ではあらかじめ線形化された準地衡風2層モデルを用いてこれらのモードを求め，誤差パターンを得ていた。なお，最適モード法という呼称は線形的に成長率の大きい誤差パターンを最適モードとよぶことに由来するが，モードの計算手法から「特異ベクトル法」ともよばれる。もちろん予報時間が経過し誤差の成長が大きくなれば，非線形効果が重要になり線形の議論が単純に成り立つとはいえない。

この最適モード法はECMWFで開発されたものでそこでは現在も採用されている。なお，この方法は気象庁の3か月予報および暖・寒候期予報に採用されている。

BGM法(図5.5.2参照)

BGM法は，誤差が成長する擾乱(成長モード)を実際に現業に用いる数値予報モデル自身の中で自然に生育(breading)させ，その成分を初期値(解析値)に重ねることにより，アンサンブルメンバーの一つの初期値を作る方法である。「成長モード生育法」とよばれる。たとえば，モデル上である初期時刻の解析値に誤差を与えて，6時間先まで数値積分を続けて得た値と，解析値を初期値(コントロールラン)とする同じく6時間先の値との差は，この時間内にモデルの中で実際に成長した誤差に対応する。この操作を数日前の過去から何回か繰り返すことにより，希望する数の初期値メンバーが得られる。

具体的には，図5.5.2に示すように，ある時刻t_0の解析値に微少な誤差を与え，次の解析時間t_1まで数値予報を実行する(予報結果をP_1とする)。解析値そのものからもt_1まで数値予報を実行する(予報結果をP_0とする)。P_1とP_0との差はこの時間内に生育した誤差である。つぎに時刻t_1において，この差D_1を新たな解析値に重ねあわせる。このときD_1があらかじめ見積もられた解

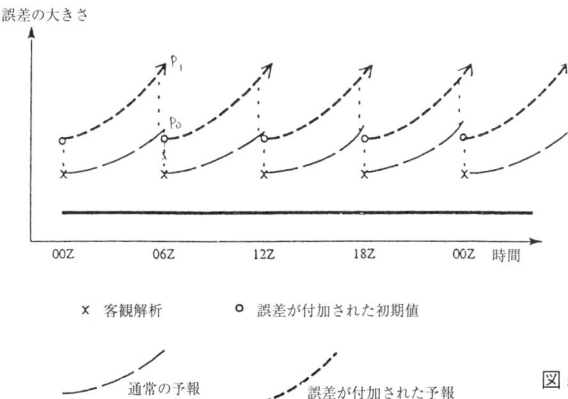

図5.5.2 アンサンブル予報の初期値の作成法(BGM法)(気象庁)

析誤差より大きいなら，誤差パターンは保存させながら，D_1の振幅をそれ以下になるように調整する．そして新たにつぎの解析時間(t_2)まで数値予報を実行する．以下同じ手続きを繰り返す．こうして作られた誤差を，実際に1か月予報のランを行う時刻の初期値(解析値)に重ねあわせれば，1メンバーの予報が得られる．この方法は，前述の解析予報サイクル中で実行され，初期値に与えるべき誤差の振幅を解析が行われるごとに小さく保って線形性を成り立たせ，成長率の大きいモードを育てるところに特色がある．

アンサンブルメンバー数を増やしたいときは，他の時間，たとえば時刻 t_1 に別の形の微少な誤差を与えて，以上の手続きを繰り返せば，t_0 で与えたと別の成長率の大きなモードを求めることができるので，それを上記の初期値に重ねあわせることにより，さらにもう一つのメンバーを得ることができる．

この方法の利点は，最適モード法のように初期値メンバーを作るために特別のモデルを用意し，解くという手続きが不要で，モデルの中で比較的簡便に行えることがまず第一である．また，上述のように最適モード法では分解能が粗く物理過程も含まれないモデルで，成長率の高い誤差パターンが計算されている．このためこの誤差を初期値に重ねあわせ，物理過程を含んだより高分解能のもとの数値予報モデルで予報を行った場合，誤差の成長率が落ちる可能性がある．これに対して，BGM法では，最初から地表面過程，降水過程等の物理過程が含まれたもとの高分解能の数値予報モデル内で成長率の大きい誤差パターンを育てるため，実際にそれらの誤差パターンを初期値に重ねあわせて予報を行えば，十分に成長すると考えられる．BGM法は，メンバー数を増やしたとき，それぞれの誤差パターンが本当に線形的に独立の成長モードになっているかが問題であり，もし，独立でないとすると，ほとんど同じ誤差パターンを初期値に重ねた予報を何回もやることになり，無駄が大きい，と考えられている．この方法は，NWS(米国気象局)で開発された方法で，アンサンブル予報の現業モデルに採用されている．

なお，BGM法と最適モード法による初期値の作成法の違いは，前者は過去の大気の場から誤差が成長しやすいものを求めているのに対して，後者は将来

の大気の場からそれを求めている点である．したがって，最適モード法では，初期誤差はある一定時間内で最大に成長した後成長は収まるが，BGM法では大気の場が大きく変わらなければ誤差が定常的に成長し続ける特徴をもつ．

5.6 モデルの完全性

現象を完全に予測できる機能を持つモデルを「完全モデル」といい，それに真の初期値を与えることができれば，真の予報が得られる．アンサンブル予報の有効性は，ローレンツモデルに基づいている．しかし，近年，数値予報モデルの精度が飛躍的に向上してきたとはいえ，まだまだ，「完全モデル」とよべる状況にないことも事実である．数値予報モデルの系統的な予報誤差がアンサンブル予報間のばらつき（スプレッド）より大きかったら，アンサンブル予報を行っても意味がない．また，数値予報モデルがもともとブロッキング現象を生じさせにくい性質を持っていたら，アンサンブル予報結果のどのメンバーでもブロッキング現象が生じていないからといって，ブロッキング現象発生の可能性がないとはいえないことになる．つまり，アンサンブル予報の手法を使っても，数値予報モデル自体にそれに見合うだけの精度（基本性能）がなければ，意味がない．さらに，アンサンブル予報結果から確率予報の形でより有効な情報を取り出すためには，より高度な数値予報のモデルの精度が要求される．

6章　1か月アンサンブル予報の枠組みとプロダクト

6.1　予報区，予報要素など

　気象庁が発表している1か月アンサンブル予報の予報区，予報要素，担当官署は先に示した図2.3.1および表2.1(63ページ参照)のとおりである。なお，気温などの予報要素は1予報区あたり1個であり，それ以上細かく(天気予報における県や都市などのように)区分されていないことに留意する必要がある。これは長期予報の作成方法と表裏一体である。すなわち，実際の予報は，過去の大気の状態を表わすある時刻のある範囲のGPVと，その時刻に対応する予報区内に散在する数十の気象官署(地方気象台および測候所)の気温などの平均値との関係式をあらかじめ求めておき，その結果を予測モデルのGPVに適用して，予報区の値を得ている。

　予報期間と発表日(更新日)：予報は毎週金曜日の午後に向こう1か月分が発表される。予報期間は正味4週間(28日)である。

　予報期間の単位：各予報要素の予報期間は，第1週，第2週，第3～4週の三つの期間に区分されており，それ以外の期間の刻みや細分はない。したがって，日単位はもちろん，第15日目の予報やあるいは第10日目から5日間の平均の予報などは提供されていない。これもすでに述べたカオスに由来する予報精度の限界によるものである。

(注) 民間気象事業者等は，気象庁のアンサンブル予報のGPVを1日単位の細かさで入手することは可能であるが，気象庁の予報期間の区分けは上述のようであり，それ以下の細分で予報することは科学的・技術的には根拠がないため，日単位などの予報は許可されていない。

6.2 予報モデルの仕様

4章の表4.2(108ページ)に示した高解像度全球モデルにおいて,切断波数をT=106,また予報時間を34日としたモデルである。

6.3 アンサンブルメンバー

1か月および週間アンサンブル予報の初期値メンバーの作成方法は前章で説明したBGM法によっている。現在,1か月アンサンブル予報のメンバー数は合計26であり,それらは12時間間隔の解析予報サイクルと連動した摂動サイクルで生産されている。また,1か月予報の初期値メンバーは毎日行なわれている週間予報の結果を引き継ぐことで行われている。すなわち,週間アンサンブル予報の結果を水曜日と木曜日の2日だけは,それぞれさらに34日先まで延長することにより行っている。実際の予報作業では,図6.3.1に示すように,毎週水曜日12 UTCに13個(週間予報用の25メンバーのうち12メンバーとコントロールの合計)のメンバーから,また,翌日の木曜日12 UTCに13個

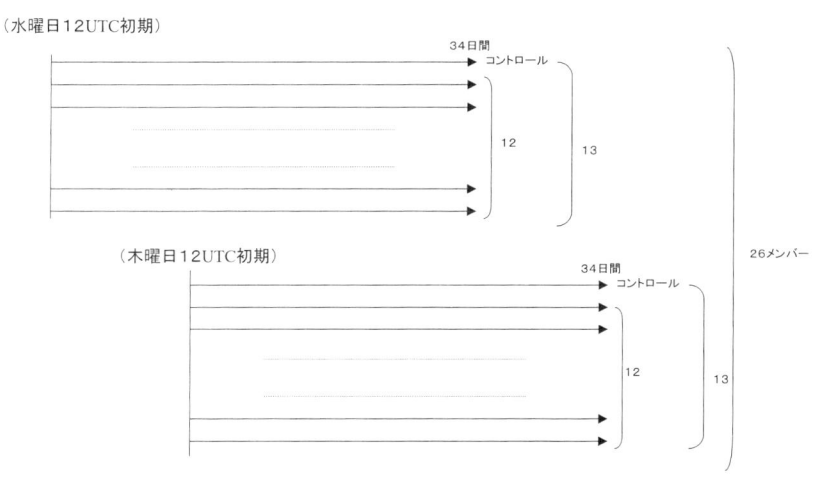

図6.3.1 アンサンブル1か月予報の初期メンバーの作成手順と運用

(同じく週間予報用の残りの12メンバーとコントロールの合計)メンバーから,それぞれ34日まで時間積分を行っている。初期メンバーの作成方法はBGM法とLAF法の混合といえる。

6.4 予報資料の種類と内容

気象庁では,部内での予報作業に利用するほか,気象事業者の予報作業やユーザーの理解を支援するため,①実況解析図,②アンサンブル平均図,③スプレッド・高偏差確率,④各種時系列,⑤ガイダンスを公開している。資料全体は「1か月予報資料(1)〜(8)」とよばれ,B4サイズ合計8枚で構成されており,FAX形式である。図6.4.1(a)(b)(c)(d)(e)(f)(153〜159ページ)はそれらの実際例である。ただし,同資料(6)および(8)は説明の都合上掲載を省略した(対象地域のみが異なるため)。これら8枚のFAX資料以外にアンサンブル予報の各メンバーのGPVや統計値も公開されている。ここで1か月アンサンブル予報に関連するモデルの計算日,予報発表日,実況経過,予報期間の日の刻みなどの関係を図6.4.2に示す。

各資料の実際の見かたや使い方については,次章の実践編で述べることとし,ここでは各図の意味や用語,さらにGPVおよび統計値について説明する。

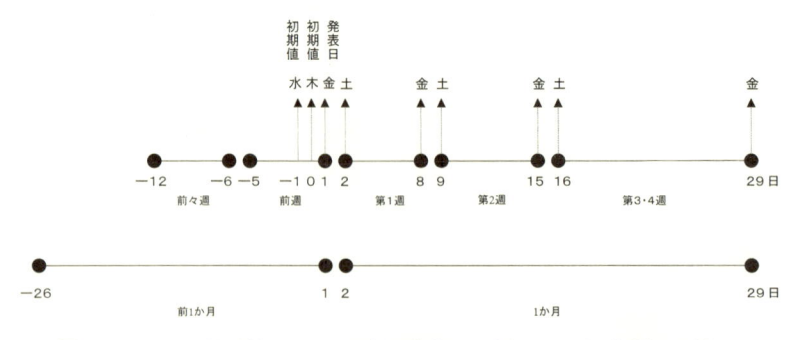

図6.4.2 1か月予報における予報の発表日,実況および予報期間の刻み

6.4.1 実況解析図：1か月予報資料(1)

北半球および極東域を対象とした実況解析図が図6.4.1(a)である。予報発表日(毎週金曜日)までの過去1か月間(実質は4週間)の気象の経過を解析したもので，上段から順に500 hPaの高度，850 hPaの温度，海面気圧の三つの要素が対象である。北半球の図では×状に2直線の交わるところが北極点であり，その下方の象限に日本列島などが位置している。北緯30度と北緯60度の緯度線が描かれている。経過の期間は左端から順に，過去4週間，3週前の週，2週前の週，直近2週間の各期間の平均である。各図には，実際の値とともに，平年からの偏差(anomaly：アノマリーという)が示されている。500 hPaの等高線は60 mごと，偏差は30 mごと，850 hPaの等温線は3℃ごと，偏差は1℃ごと，海面気圧とその偏差はいずれも4 hPaごとに，それぞれ描画されている。図中，影が施された部分は偏差が負の領域を表わしており，等圧面高度，温度，海面気圧が平年に比べて低いことを示す。なお，2章で述べたように500 hPaの高度偏差が正(負)の領域では，下層の850 hPaの温度偏差もそれぞれほぼ正(負)が対応しており，相対的に暖かい(冷たい)こと，地表も同様であることに留意されたい。

6.4.2 アンサンブル平均図：1か月予報資料(2)

アンサンブル平均図(図6.4.1(b))はいずれも予報図であり，その期間は，左から順に発表日の翌日(土曜日)から数えた4週間，第1週，第2週，第3〜4週の各期間の平均を示す。平均図が示されている高度面と表示法は実況解析図と同様である。いずれも26メンバーの単純平均である。なお，最下段の海面気圧の図には，当該期間内に対応する合計降水量が示されている。

ここで，各メンバーの予報をf_i，アンサンブル平均をf，メンバー数をmとすると，アンサンブル平均fは，

$$f = \Sigma f_i / m \tag{6.1}$$

となる。

6.4.3 スプレッド・高偏差確率：1ヶ月予報資料(3)

スプレッド

図6.4.1(c)の上段の4枚が500 hPa高度のスプレッドを表わしており，影を施した部分を囲む一番外側の太実線がゼロ線で，0.2おきに描かれている。アンサンブル平均の高度もあわせて表示されているが，これは図6.4.1(b)でのアンサンブル平均とまったく同じものである。予報期間の刻みも同じである。

なお，スプレッドの計算は他の高度面でも可能であるが，大気中層の代表高度である500 hPaが選ばれている。当然，すでに述べたようにスプレッドが大きい領域ほど，その期間帯でアンサンブルメンバー間のばらつきが大きく信頼性が低いことを示している。アンサンブル予報の結果を解釈する際の重要な情報である。

ここでスプレッド S の定義は，アンサンブル平均を基準とした個々のメンバーの予報誤差の2乗平均であり，

$$S^2 = 1/m \cdot \Sigma (f_i - f)^2 \qquad (6.2)$$

と表わされる。この S の大きさは，ローレンツモデルの議論を思い起こせば（予測モデルが「完全モデル」でかつ初期値のサンプリングが適切であれば），本来，大気の力学的安定性（初期値敏感性）に依存するはずである。すなわち，S は場が相対的に安定な場合には小さく，不安定な場合は大きくなる。

実際の予報作業においては，S^2 の絶対値の分布を見るよりも，2章で述べたような気候値がそのまま出現するとみなした予報（気候値予報という）の場合の誤差に比べて，スプレッドが大きいか小さいかが重要な情報である。このため S^2 を気候値の標準偏差で規格化した値 SS[注] を用いている。なお，予報資料の空間分布図および時系列図に表示されている数値は，SS の平方根 $\sqrt{ss}$ である。したがって，アンサンブル予報のばらつきは，$\sqrt{ss}=1$ を基準に，1程度であれ

(注) $SS = (m+1)/(m-1) \cdot (S^2/A^2)$
m：メンバー数，A^2：気候値の分散。なお，SS がメンバー数 m の関数になっているのは，母集団と標本の関係である。現在，メンバー数は26であるから，SS は S^2 の A^2 に対する比とみて差し支えない。

ば気候値程度(自然の変動程度とみなされる)であり，1より小さい場合は気候値より小さく，1より大きい場合は自然の変動よりもばらつきが大きいことを意味している．

高偏差確率

先に，長期予報では予測される場が平年に比べてどのくらい偏るかが重要な情報であると述べたが，それはアンサンブル平均図とスプレッドでわかる．つぎに有用な情報は大きな偏差(正と負の両方がある)の起こる可能性の程度，すなわち高偏差となる確率である．

図6.4.1(c)の下段の4枚が高偏差確率を表わし，＋印で示す影の領域が正の偏差確率を，－印の影の領域が負の偏差確率を意味している．予報期間の刻みはスプレッドの図と同様である．高偏差確率とは，アンサンブル平均により得られた500 hPa高度の予報が，各格子点の気候値を基準にして見た場合どのくらい高いかあるいは低いかを示す指標である．実際の基準(閾値)は気候値の標準偏差のプラス，マイナス0.5倍がとられており，それを超えるまたは下回る確率が0.25おきに描かれている．高偏差確率は，全アンサンブルメンバーのうちこの閾値を超える度数の割合から計算される．たとえば，ある地点(格子点)の500 hPa高度の気候値が5700 m，その標準偏差が50 mであれば閾値は25 mとなる．当然，その地点の高度の予報は26のアンサンブルメンバーごとに異なるため，5700＋25＝5725 mより高いメンバー数と5700－25＝5675 mより低いメンバー数が機械的に得られる．もしも20メンバーが高い方に入る場合には，0.75(75%)のプラス確率であり，また，13メンバーが低い方に入る場合は0.5(50%の)のマイナス確率となる．なお，高偏差確率は，500 hPa高度と地上気温との関係を通じて，高・低温がより起こりえる確率情報でもある．

6.4.4 各種時系列(気温，東西指数，高度，スプレッド，速度ポテンシアル)：1か月予報資料(4)

各種時系列(図6.4.1(d))では，向こう1か月間の地上気温や流れの場を表わす指標および予報精度を表わすスプレッドなどが，過去1か月間の経過とと

もに示されている。図の横軸の表示は，右側の最下段の図を除きすべて同じであり，予報の有効日（この例では 5.26 日，発表 5.25 日，初期時刻 5.24 日 12 UTC（太縦実線）および 5.23 日 12 UTC）を基準に目盛られている。太い折れ実線はそれぞれこれまでの実況および予想（アンサンブル平均）を示す。また細い折れ実線および点線は，合計 26 アンサンブルメンバーに対応しており，前者は 5.23 日の初期値の 13 メンバー，後者は 5.24 日の 13 メンバーを示している。なお，各値には 7 日間の移動平均（基準日の前後 3 日）が施されている。このため太縦実線より過去 3 日間は実況とアンサンブル予報の混合したものであり，また予報期間の最後の 3 日間（この例では，6.20 日～6.22 日）の値は計算されていない。

さて，左側の上 4 枚は，北日本，東日本，西日本，南西諸島の 850 hPa の気温偏差を示す。偏差の大きさと符号から地上気温の高低がわかる。その下は東西指数（2 章で記述）の偏差で極東域の偏西風の指標である。最下段の沖縄高度（120°E－140°E　30°N）の 500 hPa の高度偏差と，右側の上段の東方海上高度（140°E－170°E　40°N）およびオホーツク海高気圧指数（130°E－150°E　50°N－60°N）はともに，広域的な気圧場の偏差を表わしている。その下の 2 枚は，北半球および日本域の平均のスプレッドで，その意味はすでに述べた。なお，スプレッドの中の短い太実線は，月平均スプレッドを前後 14 日間移動平均したもので，その値を 3 日間（この例の場合 6.6 日，6.7 日，6.8 日）にわたりプロットしたものである。

最後の図は，前述した赤道地方で卓越する大規模な対流活動の東西方向の移動を，200 hPa（約 12 km 上空）の風の場（発散）で見たものである。この図は，縦軸上に時間（日）を，横軸に経度（0°→90°E→180°E→90°W→0°）を東向きにとった時間空間断面図である。したがって，等値線や領域が左上から右下（右上から左下）に伸びていれば時間とともに現象（対流域など）が東（西）へ移動していることになり，ほとんど立っていれば動かないことを意味する。図中の数値は 5°N－5°S の緯度幅で平均した速度ポテンシアルである。影を施した部分が正の値で等値線の極大域が中央付近をほぼ上下方向に伸びているのが見られる。

この影の経度帯が対流活動の活発(上空に発散域あり)な領域に対応する。この例では，向こう1か月間にわたり120°E帯を中心に対流活動があることを示している[注]。

6.4.5　ガイダンス(気温，降水量などの確率，晴れ日数などの出現率，気温などのヒストグラム)：1か月予報資料(5)～(8)

ガイダンスとして作成されているのは以下の要素である。
○基本4要素(気温，降水量，日照時間，降雪量)の各階級の生起確率
○同基本4要素の平年差または平年比
○天気日数(晴れ日数，降水日数，雨日数)
○同基本4要素の各階級の生起確率
○気温，降水量のヒストグラム

ガイダンスの作成方法は次節で述べることにして，ここでは4枚の予報資料(5)(6)(7)(8)中に記載されている各ガイダンスの定義や意味について説明する。

まず，4枚のガイダンスは北日本・東日本用(北・東)と西日本・南西諸島用(西・南)に大別され，さらにそれぞれが予報期間に応じて2枚に分れている。なお，以下では北日本・東日本用の予報資料(5)(図6.4.1(e))，同 (7)(図6.4.1(f))を用いて説明するが，西日本・南西諸島用の(6)，(8)(図は省略)においても表示法や意味はまったく同じである。

つぎに，ガイダンスは各予報区，各予報期間(4週間，1週目，2週目，3～4週目)を対象に作成されており，これ以下の細分はない。以下，各種ガイダンスを予報資料の記載順に沿って見てみよう。

確率ガイダンス：予報資料(5) 図6.4.1(e)最上段の北日本の行中，気温0：50：50，降水量37：32：31，日照時間12：44：44が確率ガイダンスに対応する。それぞれの要素の予想される値が，平年データからあらかじめ決定されて

[注] 一般に，風の場は回転成分(渦度)と非回転成分(収束・発散)に分けられる。速度ポテンシャルを χ とすると，収束・発散成分の u は $u = \dfrac{\partial \chi}{\partial x}$，また u の発散は $= \dfrac{\partial^2 \chi}{\partial x^2}$ だから，χ の極大域が発散域に対応する。

いる3階級(2章で記述)区分に対する生起確率(%)を示している。

ガイダンスおよび出現率：同じく図6.4.1(e)最上段の北日本の行の中段，気温欄の中段＋0.4　並　8：35：58は，それぞれ予想される気温偏差が＋0.4℃，階級区分では並，各階級の出現率(26アンサンブルメンバーから導かれた気温偏差が各階級に落ちる度数より計算)が8％，35％，58％を意味している。同下段の＋0.8　高　0：23：77も同じ表示である。ただし両者の差は，気温ガイダンスを作る際に，4週間の予報期間の平均値を用いるか，1日ごとに求めてから4週間で平均するかの差であり，前者を期間平均予測式，後者を日別予測式ガイダンスとよぶ(後述)。降水量，日照時間についてもまったく同様の表示・意味を持っており，他の1枚(図6.4.1(f))も同様の考え方で1週目，2週目，3・4週目分が示されている。

天気日数(晴れ日数，降水日数，雨日数)のガイダンス：日照率(日照時間／可照時間)を用いて，その値が40％以上の日を「晴れの日」と定義する。この閾値は，気象庁で行っている06時―18時の間の天気概況の「晴れ」と整合するように決められた値である。「降水日数」とは日降水量1ミリ以上の日の合計，「雨日数」とは日降水量10ミリ以上の日の合計である。天気日数については晴れ日数，降水日数，雨日数のそれぞれの平年差と平年の日数を示してある。北日本の行の右端の晴れ日数－0.6(13.4)は，この期間の平年の晴れ日数が13.4に対して予想は0.6日少ないことを示している。残りの降水日数，雨日数についても同様の表示・意味である。

4週間平均気温，4週間降水量ヒストグラム：図6.4.1(e)(f)の2枚の図の下段に4週間平均で見た気温偏差および総降水量のヒストグラムが配置されている。ヒストグラムは，気温については横軸に偏差幅を0.4℃ごとに，降水量については総降水量をとって，それぞれ26メンバーから出現度数を求めたものである。合計はいずれも26度数となる。

6.4.6 アンサンブル数値予報モデルのGPVなど

気象庁は，1か月アンサンブル予報モデルの結果を，①メンバー別の格子点値，②アンサンブル統計格子点値，③1か月予報ガイダンスの3種類公開している。その概要を付録4(249ページ)に記した。なお，これらのデータはコンピュータ通信により配信されるため，一般の方々が入手し，加工するのはやや困難であり，希望する仕様を示して民間気象事業者などの手を借りるのが得策かも知れない。①③については本文中で記述されているので，ここでは②の資料中のクラスターについて説明する。1か月予報では各格子点上でメンバー数だけ気温や風などの予測値が存在するが，それらのすべてについて統計をとる代わりに，よく似たメンバーを集めてグループ化して，各グループの平均値を計算している。そのグループをクラスターとよび，メンバー相互の類似度(どの程度似通っているかの尺度)を日本付近の高度パターンから算出する。クラスターを見れば，メンバーのばらつき具合と各クラスターがどのような気圧(偏差)パターンになっているかを視覚的にとらえることができる。

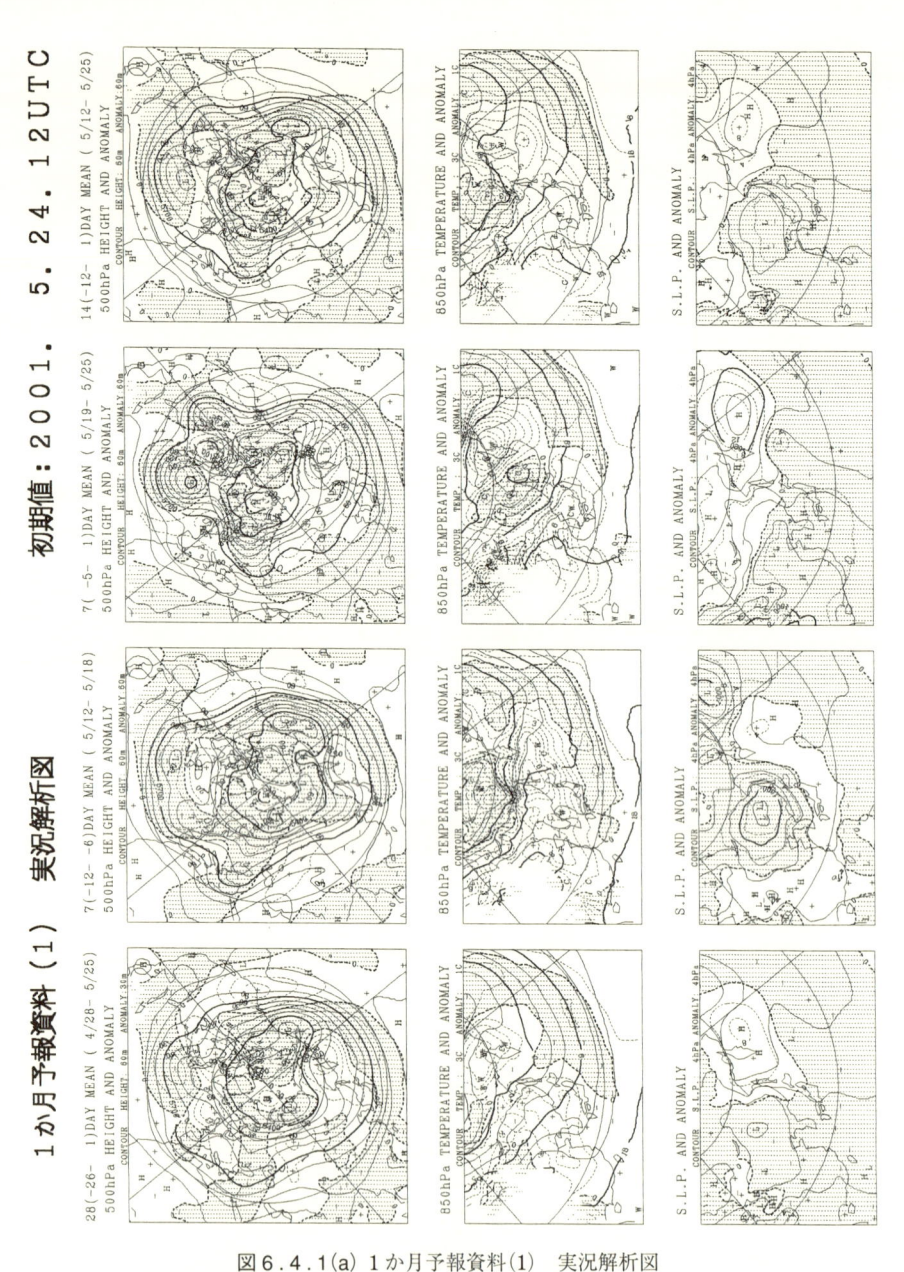

図6.4.1(a) 1か月予報資料(1) 実況解析図
500 hPa高度場＆偏差図，850 hPa温度場＆偏差図および海面気圧場＆偏差図を，過去4週間および過去2週間を前半と後半の1週間ずつに分けた1週間平均図と過去2週間平均図を示す。

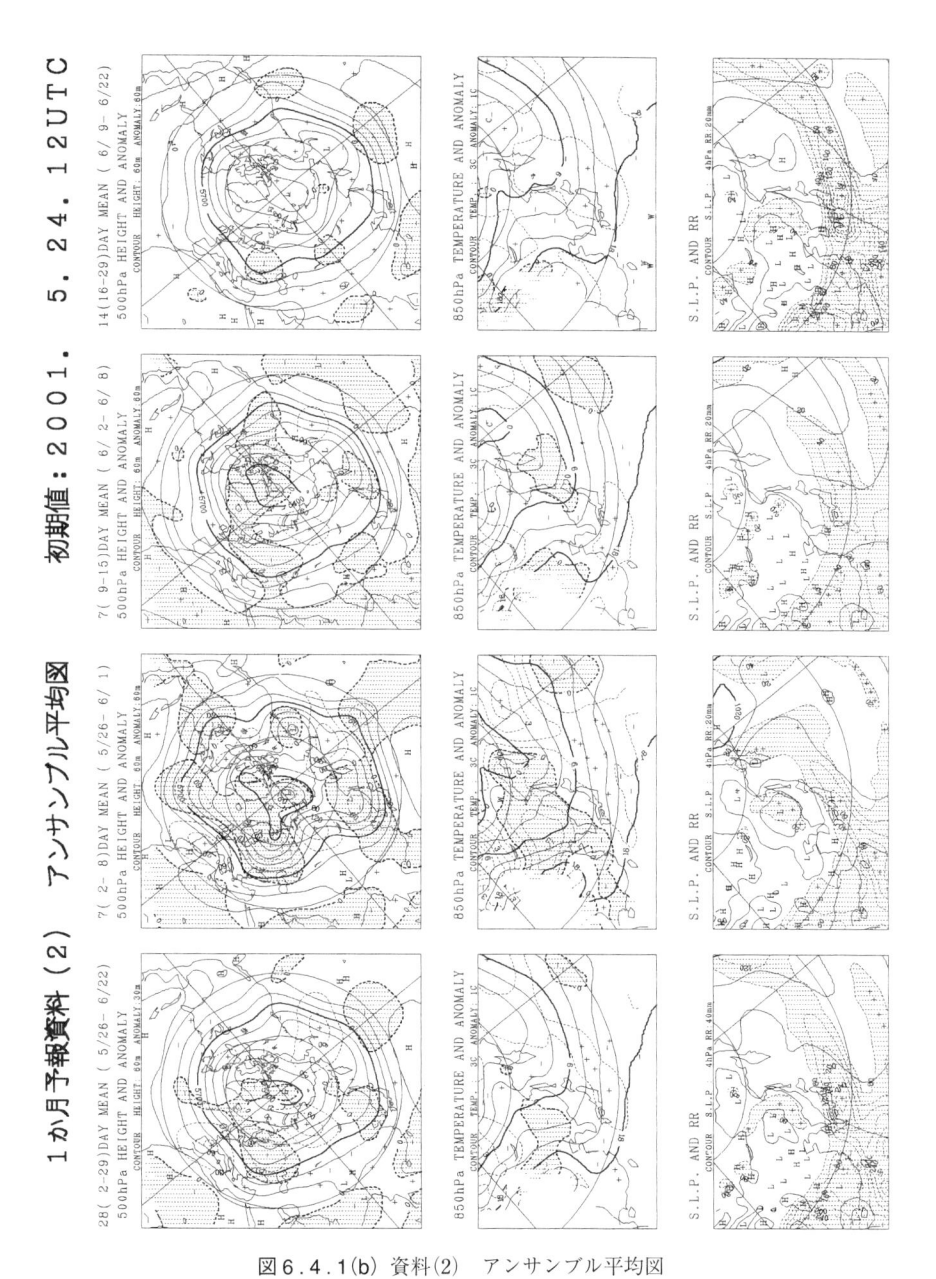

図6.4.1(b) 資料(2) アンサンブル平均図
500hPa高度場＆偏差図，850hPa温度場＆偏差図および平均海面気圧・凝結量図などである。4週間平均，第1週目平均，第2週目平均，第3～4週の2週間平均のような四つの期間に分けて作成してある。

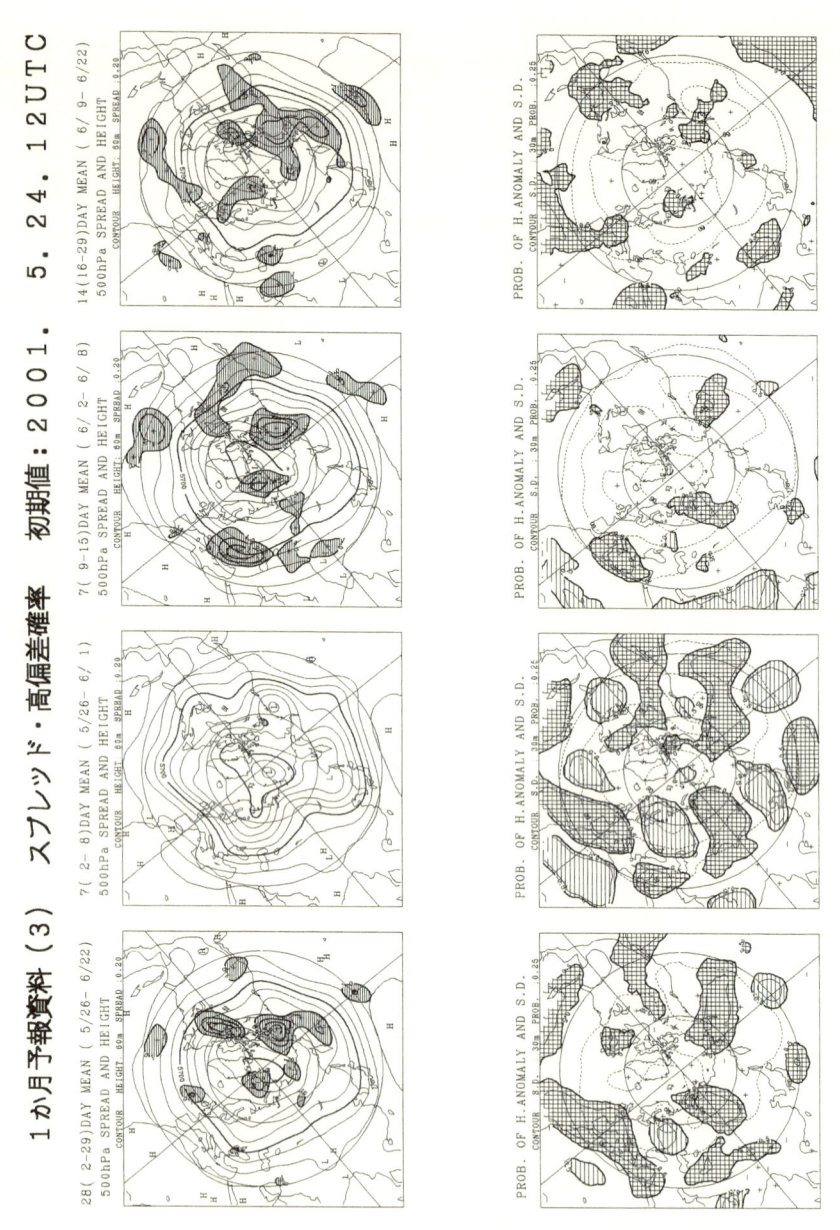

図 6.4.1(c) 資料(3) スプレッドと高偏差生起確率の空間分布図
4週間平均，第1週目平均，第2週目平均，第3～4週の2週間平均のような四つの期間に分けて作成してある。

1か月予報資料（4）各種時系列　　　初期値：2001. 5.24.12UTC

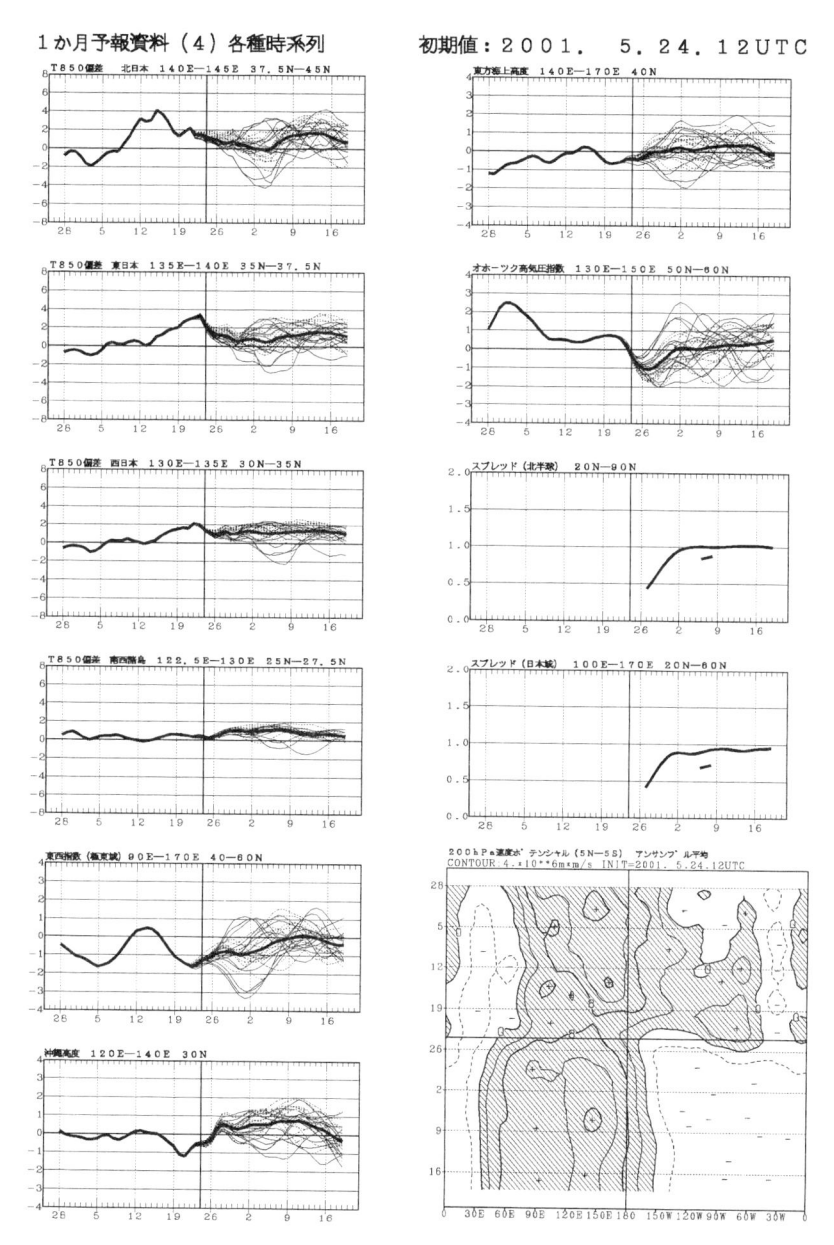

図6.4.1(d) 資料(4)　各種時系列資料
地域別の850hPaの気温予想と各種循環指数について全アンサンブルメンバーの結果を示してある。また，北半球平均と日本付近のスプレッドの時系列および熱帯域での対流活動の資料。

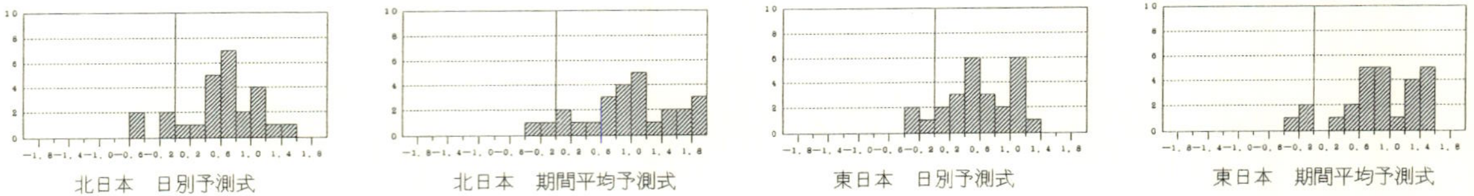

図6.4.1(e) 資料(5)(6) 4週間平均の予想ガイダンス

気温, 降水量および日照時間の平年差または平年比, 天気日数(晴れ日数, 降水日数, 雨日数)を示す。
なお, 寒候期には降雪量を予報している。
資料(5)は北日本と東日本について, 資料(6)は西日本と南西諸島の資料である。この図は資料(5)である。

1か月予報資料（7） ガイダンス（北・東）　　　初期値：2001年　5月24日12UTC

（1週目気温：　5月26日～　6月　1日）

上段：期間平均予測式による確率ガイダンス　中段：日別予測式によるガイダンスと出現率　下段：期間平均予測式によるガイダンスと出現率

	気温（℃）	確率／出現率（%） 低：並：高
北日本	+0.6 並 +0.5 並	25：29：46 0：50：50 8：42：50
北日本日本海側	+0.8 高 +0.8 高	26：23：51 0：46：54 0：31：69
北日本太平洋側	+0.7 並 +0.7 並	28：20：52 0：58：42 0：50：50
東日本	+0.6 高 +0.2 並	15：63：22 0：42：58 4：73：23
東日本日本海側	+0.4 並 −0.3 並	26：47：27 0：62：38 15：85：0
東日本太平洋側	+0.6 高 +0.5 並	11：48：41 4：42：54 4：46：50
北海道全域	+0.7 並 +0.8 並	23：31：46 0：62：38 0：42：58
東北全域	+0.7 高 +0.6 高	19：29：52 0：50：50 0：42：58
関東・甲信全域	+0.6 並 +0.4 並	12：54：34 4：50：46 4：65：31
北陸全域	+0.4 並 −0.3 並	26：47：27 0：62：38 15：85：0
東海全域	+0.6 高 0.0 並	10：64：26 0：35：65 4：85：12

（2週目気温：　6月　2日～　6月　8日）

	気温（℃）	確率／出現率（%） 低：並：高	晴れ日数（日） 平年差（平年値）	降水日数（日） 平年差（平年値）	雨日数（日） 平年差（平年値）
北日本	−0.1 並 −0.2 並	38：31：31 19：50：31 23：46：31	−0.4（3.5） −0.7（3.5）	0.4（1.9） 0.4（1.9）	0.2（0.6） 0.2（0.6）
北日本日本海側	−0.2 並 −0.1 並	35：35：30 23：42：35 27：38：35	−0.5（3.7） −0.6（3.7）	0.5（1.9） 0.5（1.9）	0.3（0.5） 0.3（0.5）
北日本太平洋側	−0.1 並 −0.1 並	39：32：29 19：50：31 19：54：27	−0.3（3.4） −0.8（3.4）	0.4（1.9） 0.4（1.9）	0.2（0.7） 0.3（0.7）
東日本	+0.2 並 +0.1 並	22：50：28 15：50：35 27：38：35	−0.5（3.7） −1.0（3.7）	0.5（2.1） 0.9（2.1）	0.4（0.9） 0.6（0.9）
東日本日本海側	0.0 並 0.0 並	29：42：29 27：42：31 31：35：35	−0.6（3.9） −1.0（3.9）	0.8（1.9） 1.0（1.9）	0.7（0.7） 0.8（0.7）
東日本太平洋側	+0.2 並 +0.2 並	22：46：32 19：46：35 27：35：38	−0.4（3.7） −1.1（3.7）	0.4（2.1） 1.0（2.1）	0.3（1.0） 0.4（1.0）
北海道全域	−0.2 並 −0.1 並	40：29：31 23：46：31 23：46：31	−0.2（3.3） −0.3（3.3）	0.3（1.9） 0.1（1.9）	0.1（0.6） 0.0（0.6）
東北全域	−0.1 並 −0.1 並	36：35：29 27：50：23 23：50：27	−0.5（3.7） −1.0（3.7）	0.5（1.9） 0.8（1.9）	0.3（0.7） 0.5（0.7）
関東・甲信全域	+0.1 並 +0.2 並	25：47：28 19：54：27 27：35：38	−0.5（3.6） −1.1（3.6）	0.3（2.2） 0.9（2.2）	0.3（0.9） 0.4（0.9）
北陸全域	0.0 並 0.0 並	29：42：29 27：42：31 31：35：35	−0.6（3.9） −1.0（3.9）	0.8（1.9） 1.0（1.9）	0.7（0.7） 0.8（0.7）
東海全域	+0.3 並 +0.3 並	19：47：34 15：42：42 27：31：42	−0.3（3.8） −0.9（3.8）	0.6（2.1） 0.8（2.1）	0.3（1.2） 0.6（1.2）

（3、4週目気温：　6月　9日～　6月22日）

	気温（℃）	確率／出現率（%） 低：並：高	晴れ日数（日） 平年差（平年値）	降水日数（日） 平年差（平年値）	雨日数（日） 平年差（平年値）
北日本	+0.6 高 +0.8 高	5：49：46 0：38：62 4：27：69	0.6（5.8） 0.5（5.8）	0.1（4.4） −0.4（4.4）	0.3（1.5） 0.2（1.5）
北日本日本海側	+0.6 高 +0.9 高	0：36：64 0：31：69 0：15：85	0.4（6.5） 0.5（6.5）	0.4（4.3） −0.1（4.3）	0.4（1.3） 0.3（1.3）
北日本太平洋側	+0.5 並 +0.8 高	16：36：48 4：50：46 4：38：58	0.6（5.4） 0.3（5.4）	−0.1（4.6） −0.4（4.6）	0.4（1.7） 0.1（1.7）
東日本	+0.5 高 +0.8 高	0：41：59 4：42：54 4：27：69	0.1（5.3） 0.6（5.3）	0.2（5.8） −0.7（5.8）	0.5（2.6） 0.0（2.6）
東日本日本海側	+0.6 高 +0.8 高	0：43：57 4：35：62 4：15：81	0.0（6.1） 0.5（6.1）	0.3（5.0） 0.0（5.0）	0.8（2.2） 0.2（2.2）
東日本太平洋側	+0.5 高 +0.9 高	0：48：52 0：46：54 0：31：69	0.2（5.1） 1.2（5.1）	0.0（6.0） 0.5（6.0）	0.3（2.7） −0.2（2.7）
北海道全域	+0.6 高 +1.0 高	0：42：58 0：54：46 0：35：65	0.7（5.9） 0.8（5.9）	0.2（4.0） −0.7（4.0）	0.2（1.2） 0.0（1.2）
東北全域	+0.4 高 +0.7 高	9：45：46 8：38：54 8：27：65	0.3（5.9） 0.5（5.9）	0.0（5.1） −0.4（5.1）	0.5（1.9） −0.1（1.9）
関東・甲信全域	+0.5 並 +0.9 高	0：46：54 4：50：46 0：31：69	0.1（5.0） 0.6（5.0）	0.0（5.9） −0.7（5.9）	0.2（2.5） −0.3（2.5）
北陸全域	+0.6 高 +0.8 高	0：43：57 4：35：62 4：15：81	0.0（6.1） 0.5（6.1）	0.3（5.0） 0.0（5.0）	0.8（2.2） 0.2（2.2）
東海全域	+0.5 高 +0.9 高	0：39：61 0：38：62 0：23：77	0.0（5.5） 1.0（5.5）	0.1（6.1） −1.1（6.1）	0.6（3.0） −0.1（3.0）

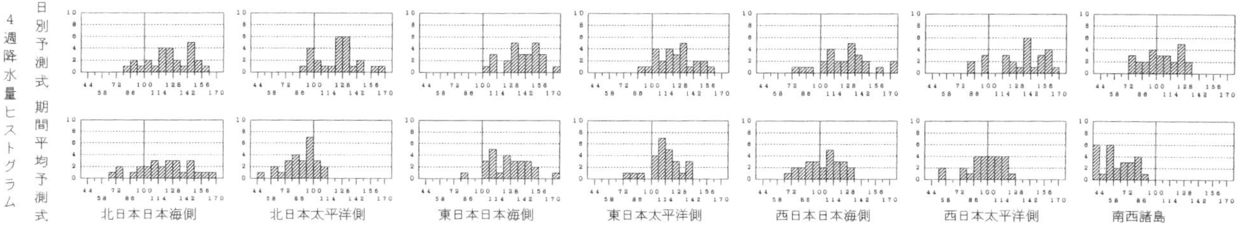

図6.4.1(f) 資料(7)（8） 1週目の平均気温と，2週目および3~4週の平均気温と天気日数に関するガイダンス

気温については4週間平均と同じように，また天気日数については晴れ日数，降水日数，雨日数のそれぞれの平年差と平年の日数を示してある。

資料(7)は北日本と東日本について，(8)は西日本と南西諸島の資料である。この図は資料(7) である。

6.5 ガイダンスの作成

6.5.1 ガイダンスの基本概念

予報技術者が予報を作成する際の客観的な一種の「案内」がガイダンスで，予報支援資料ともよばれる。種々の実況や予想天気図，数値予報 GPV などももちろん支援資料であるが，通常ガイダンスには含めず，天気や気温など最終製品に近い情報を指す。ガイダンスは，本来，短期予報作業の中で数値予報モデルの結果(とくに GPV) を取り入れるべく開発されたもので，実際の天気に客観的に翻訳するための一種の統計モデルである。かつて，数値予報の精度が十分でなかった時代は，こうした天気への翻訳は実況図を基礎になされ，まさに予報官の腕であり経験がものをいった。

ガイダンスの基本概念は，過去の GPV とそのときに実際に起こった事象(天気など)のデータセットから，あらかじめ両者の統計的関係を作成しておき，その関係を予想された GPV に適用して，天気などを予想しようとするものである。現業では，数値予報の計算が終了後，GPV 出力から翻訳アルゴリズムにより自動的に計算される。この手法は数値予報モデルの GPV 出力(output)に統計的関係をあてはめるという意味で「MOS(Model Output Statistics)」とよばれる。MOS では，天気や天候など予測したい要素を目的変数とし，それが GPV などの説明変数の線形和で記述できるとみなし，両者の統計的関係をあらかじめ求めている。一般に「重回帰式」といわれる線形の予測式が用いられる。なお，説明変数である GPV として予報値を使う代わりに，解析値を用いる手法を「PPM(Perfect Prediction Method)」という。PPM は予報モデルが完全である場合に得られる GPV に相当する。実際の解析値は，過去の高層の実況データなどに基づいて，改めて格子点の値として最適に組み立て直したもので，数値予報の世界では「実況値」とみなされる。長期予報のガイダンスは MOS 方式ではなく PPM 方式によっている。

ガイダンスの考え方を，雨の予想の場合を例に考えてみよう。ある場所での雨の降り方は，数 km の広がりを持つ積乱雲のような激しい対流性のもの，広

範囲にシトシトと降る層状性の雲に伴うまで種々の形態がある。また，それらは雨雲が単独で発生する場合のほか，前線や低気圧などに伴っている場合がある。このような降水時に高層の場および広域的な場を見ると，たとえば，南西の風が吹いている，気温が高い，湿度が高い，鉛直安定度が悪い，低気圧性の場の中にあるなどの特徴があるに違いない。したがって，地上のある地域の降水とほぼ同時刻に存在している高層の場を種々の要素（因子）を用いて説明変数とすれば，対象とする地域の降水の有無や量である目的変数が，広域的な説明変数の関数として予測できるはずだと考える。

MOSの一般的な表現は，

$$Y = \sum_{n=1}^{n} C_n P_n$$

となる。ここでYは目的変数，P_nは第n種の説明変数でC_nはその係数である。過去数年分の実況とGPVのデータセットを用いて，目的変数（実況）とその目的変数に関係していると思われる仮予測因子の中から，目的変数に寄与の大きいものが説明変数として選択される。

なお，MOSやPPMはいくつかの隘路を持っている。目的変数と説明変数の誤差が，過去の事例群（集団）の中で最小となるよう統計的に係数C_nを決めるため当然誤差がある。説明変数として選んだパラメーターでよく表現されるような事象（すなわち典型的な形で頻繁に起きる事象や線形的な因果関係のある事象）の場合は，ガイダンスはよい精度を持つが，ときたまにしか起こらない事象の場合は精度が落ちる。また，同じ雨でも月や季節などにより降り方が変わる。MOSでは数値予報モデルを改修するとGPVの性質が変化するため，再び膨大な係数決定の作業が生じる。一方，PPMでは予測式を作るときには解析値を用いているが，運用ではGPVを用いるため，一般に，予報誤差が系統的に発生する。これらのことから，短期予報の分野では，近年，MOSは使われず，実況とGPVとの誤差をある一定の期間中で常時求め，誤差が最少になるよう説明変数の係数を変化させるカルマン方式やGPVと実況の関係を常時学習し，最適の予測を行うニューラルネットワーク方式が採用されている。

6.5.2 1か月予報ガイダンス

1か予報用のガイダンスの予測式はPPMによる重回帰式で行なわれている。目的変数は6.4.5節で述べた要素であり、全国11地方予報区にさらに太平洋側と日本海側などによる7つの広域区分を加えた合計18地域の予報区の平均値が求められている。なお、短期予報では、県や都市などを対象とした天気予報向けのガイダンスは作成されているが、長期予報向けには18地域より細かいガイダンスは作成されていないし、予報も同様である。

ガイダンスの重回帰式において説明変数となりえる20〜30個程度の予測因子の候補(仮予測因子という)から、最終的にもっとも目的変数への寄与の高いものが、説明変数としてステップワイズにより5個程度選択される。仮予測因子は、「高度、温度、風、上昇流などの日本付近のGPV」で構成されている。通常、ガイダンスにインプットされる説明変数は各予報期間に対応した平均値が用いられるが、1か月予報の場合は日別の値も用いられる。図6.5.1に、ガイダンス作成のフローを示す。

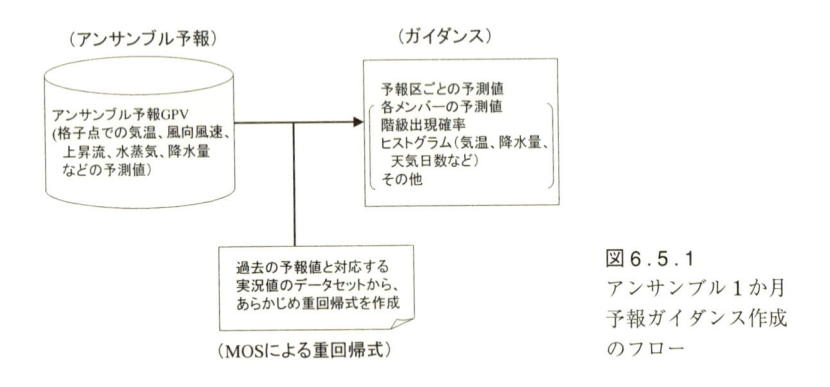

図6.5.1 アンサンブル1か月予報ガイダンス作成のフロー

日別予測式・期間別予測式ガイダンス

日別予測式と期間別予測式の二つのガイダンスが作成されている。日別予測式は、各アンサンブルのGPVを用いて予報期間内の日ごとの予測値を求めた後に、それぞれ1週目、2週目、3〜4週目、4週間の期間で平均して最終的な

予測値とするものである．一方，期間別平均予測式は，GPV を先にそれぞれの予報期間で平均しておき，それらを基にして予測値を求める方式である．いずれの方式の成績がよいかは一概にはいえない．たとえば，降水量などのように日別に予測して，その結果を予報対象期間で合計した方が予測の精度がよい場合がある．これは降水はある日の気圧配置（低気圧の通過など）に左右されることが大きいため，各日の気圧配置を平均してしまった後の期間平均予測式では，特定の日の雨を降らせる気圧配置が平均化の中で隠されてしまい，期間降水量をうまく予想できないことによる．一方，気温などは期間平均の循環場が反映されやすいので，期間平均式が有利かも知れない．どちらが有効かはまだはっきりしておらず，予報作業の現場で判断することになる．また，気温と降水量などのガイダンスはそれぞれ独立に予測されるため，それらの要素間の整合性は必ずしも保たれているわけではない．アンサンブル予報による循環場の予想や各要素の予想結果を総合的に解釈し，予想される天候経過を明確に想定するのが予報者の重要な役割である．なお，日別ガイダンスと期間別ガイダンスの仮予測因子は，従来はそれぞれ異なっていたが，現在は統一されている．

ガイダンスに用いられる GPV とその配置

図 6.5.2 は，仮予測因子を作成する格子点の配置を示す．この中から予測対象地域の近傍の 3～6 格子点を選び，その平均値をもって因子としている．仮予測因子の内容をそれぞれ表 6.2 に示す．実際に各予測の重回帰式の中で選択された説明変数の主要なものは，気温では 850 hPa 温度と 500 hPa 高度，降水量では可降水量，日照時間では可降水量，850 hPa 温度，700 hPa 上昇流，降雪量では 850 hPa の温度と風速，天気日数では可降水量，850 hPa 温度，500 hPa 渦度，700 hPa 上昇流などとなっている．いずれも先に述べたように，対象とする予報要素と相関の高い場の因子が選ばれているのがわかる．

確率ガイダンスは，アンサンブル平均予報の結果得られた循環場資料を基に各階級ごとの確率として計算されている．たとえば予想される循環場から気温や降水量・日照時間が「高い（多い）」と予想される確率，「低い（少ない）」と予想される確率をそれぞれの予想式で予想している．

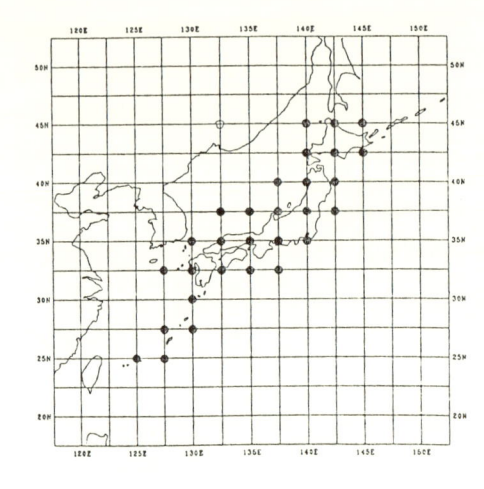

図6.5.2
仮予測因子作成の格子点
(平成7年度長期予報研修テキスト、気象庁)

表6.2 仮予測因子の内容

略号	要素 および 高度		略号	要素 および 高度	
E85	風の東西成分	850 hPa	TV85	温度移流	850 hPa
S85	風の南北成分	850 hPa	Z100	高度	1000 hPa
NW85	風の北西成分	850 hPa	Z50	高度	500 hPa
NE85	風の北東成分	850 hPa	VR85	渦度	850 hPa
VV85	風速	850 hPa	VR70	渦度	700 hPa
E50	風の東西成分	500 hPa	VR50	渦度	500 hPa
S50	風の南北成分	500 hPa	VA85	渦度移流	850 hPa
NW50	風の北西成分	500 hPa	VA70	渦度移流	700 hPa
NE50	風の北東成分	500 hPa	VA50	渦度移流	500 hPa
VV50	風速	500 hPa	PCWT	可降水量	
NE30	風の北東成分	300 hPa	SSI	ショワルターの安定指数	
VV30	風速	300 hPa	DD85	上昇流に関する量	
T100	温度	1000 hPa	DD70	上昇流に関する量	
T85	温度	850 hPa	RH85	相対湿度	850 hPa
T50	温度	500 hPa	RH70	相対湿度	700 hPa
TV10	温度移流	1000 hPa			

7章　1か月アンサンブル予報の実践ガイド

　気象庁における1か月予報作業は，本庁のほか札幌・福岡管区気象台などの地方予報中枢とよばれる気象台で，6章で説明したアンサンブル予報資料および気象庁本庁からの支援情報である全般季節指示報などを基に行われており，作業の流れは大まかにはつぎのようになっている。
　①実況経過の把握──→②予想の不確定性（信頼度）の検討──→③数値予報結果（予想される大規模な循環場など）の検討──→④ガイダンスに基づき予報・確率の検討──→⑤顕著現象発生の可能性検討──→⑥解説資料の作成
　この作業の流れを，6章で示した2001年5月25日発表分（5月24日12Zの資料）の1か月予報資料の実際例を参照しながら，たどって行こう。したがってここでの議論は再びすべて6章の図6.4.1(a)～(f)を用いる。なお，日本の天候と関係の深い日本付近に着目して検討する。
　なお，⑤の顕著現象発生の可能性検討の過程は，気温，降水量，日照時間の予報を検討していく過程で，想定される天候経過の中に顕著な現象などが予想された場合には，たとえば，低温や日照不足の天候が続く，あるいは少雨の状態が続くなどが，特記事項として記述される。⑥の解説資料は，ユーザーが実際に予報を利用する上で必要な情報であり，とくに発表された予報の信頼度に関する情報や予想される大気の循環場についての解釈や予想される天候についてのコメント，当該の予報に関わる平年値などの具体的な数値，さらに確率値の意味などが記載されている。しかしながらこれら⑤⑥の二つの過程については，ここでは踏み込まない。

7.1 実況経過の把握

　実況経過の把握は予報作業における最初の作業である。最新の資料に基づき過去1か月程度の天候経過および循環場など実況の経過や関連を把握する。実況解析図として500 hPa高度場／偏差図，850 hPa温度場／偏差図および海面気圧場／偏差図の資料が参照される。

　まず，500 hPa高度場としては，実際の高度場の特徴に注目することはもちろんであるが，偏差図の特徴にも注目しなければならない。偏差が負の領域は高度場が平年より低いところであり，これまで何度か述べたように平年より冷たい空気があることを意味する。もしも日本付近が負偏差場に覆われていれば，地上付近は低温に対応しているはずである。一方正偏差場となっているところは高度場が平年より高いところで，暖かい空気がある。850 hPa温度場の図も同じような観点で解析する。とくに，850 hPa高度面の温度場および偏差場は，500 hPa高度場よりも実際の地上付近の天候との対応がよい。つぎに海面気圧場はその期間の地上天気図の平均的な状態である。日本付近が高気圧に覆われることが多ければ高圧場となり，正偏差域として反映される。一方，低気圧が通ることが多ければ，負偏差域のセンスになる。

　以上のように，500 hPa高度場から850 hPa温度場そして海面気圧分布を立体的に解析して，過去4週間にわたる循環場と天候の関係を理解する。また，この循環場の実況を，前回までの予報結果と対応させてアンサンブル予報モデルのくせ，あるいは系統的な誤差についても理解しておく。

　具体的に500 hPa天気図(図6.4.1(a))を見ると，1か月平均図の特徴は，極東域のカムチャッカ半島付近に顕著なリッジ(気圧の峰)があり，偏差図でも同じくカムチャッカ半島付近に正偏差の中心が位置し，そこから日本付近まで正偏差が拡がっている。ただし本州南岸から南の領域では負偏差となっている。つぎに最新の2週間平均図では，1か月平均図とほとんど同じであり，この2週間の偏差パターンが，ほぼ過去1か月のパターンを支配していたことになる。さらに最新の1週間平均図を見るとカムチャッカ付近に顕著なブロッキング高

気圧があり，これが2週間平均や1か月平均図にも大きく寄与していることがわかる。したがって今後の予報の着目点としては，このカムチャッカ付近のブロッキング高気圧および日本付近の正偏差域の推移がどのような経過をたどるかが焦点となる。

つぎに850 hPa天気図で見ると，1か月平均図の特徴は500 hPa天気図に対応して日本付近は大きな正偏差の中に入っている。全国的に気温は高めになっていたことが推測される。とくに最新2週間の偏差の大きさが顕著であることから，気温が高かったと推定され，その傾向が今後どのように持続するかが問題となる。

海面の気圧配置図では，カムチャッカ半島付近の高気圧が顕著でとくに最新1週間の偏差が大きくなっている。

以上の資料から，日本付近の高度場の正偏差が今後どのような推移をたどるかが予想の着目点となる。

7.2 予報資料の不確定性(信頼度)の検討

いよいよ予報資料を検討する段階に入る。まず，数値予報結果の不確定性の検討が必要である。検討の資料は，1か月予報資料(3)(図6.4.1(c))と同(4)(図6.4.1(d))に示すスプレッド空間分布図および高偏差確率分布図，各種時系列図である。以下，順をおってみる。なお，4週間平均，第1週目平均などの予報期間の日付の方については，すでに図6.4.2で示した。

7.2.1 スプレッドの検討

スプレッドは，アンサンブル予報を構成している個々のアンサンブルメンバーのばらつきの程度を示す指標だから，この大きさにより予報の不確定性に関する情報を得ることができる。「完全モデル」との対比で見れば，スプレッドの大きさは大気の力学的安定性の違いを表わしていると考えられる。つまり，大気の力学的安定性が悪いときの初期値を基に数値予報を進めると，初期値に

含まれる小さな誤差が時間の経過とともに急速に増幅し，その結果ある時間後には各メンバー間の予報は大きくばらつき，スプレッド値が大きくなる．一方，大気の力学的安定性がよい時は，時間が経過しても誤差はあまり増幅しない．その結果，個々のアンサンブルメンバー間の予報もあまりばらつかず，スプレッドは小さな値となる．したがって，スプレッドが小さいということは，対象としている大気の状態が数値予報にとって比較的安定していることを意味し，予報の信頼度は高いと判断する．逆に，スプレッドが大きい場合には，個々のアンサンブルメンバーの初期値に含まれるわずかな違いで予報の結果が大きく異なることになり，その予報の信頼性は低いと判断する．なお，スプレッドが大きい場合には予報の信頼性が低いことを理由に予報ができないかといえばそうでもない．その予報の性質を理解して予報を作成することができる．

　図6.4.1(c)は，北半球のスプレッドの空間分布図であり，この図の解析により，どの領域でスプレッドが大きいか，あるいはどのような要因でスプレッドが大きくなっているかを判断することができる．また，スプレッドの等値線とともに，アンサンブル平均の500 hPa高度場の等高度線が重ねて描いてあるので，スプレッドが大きくなっていることが何に起因するのかということがわかる．たとえば，各アンサンブルメンバー間でジェット気流の予想にばらつきがあるためなのか，あるいはブロッキング高気圧の予報などがうまくいっていないためなのかなどを判断することができるので，その結果を予報に反映させることができる．

　本事例でみると，スプレッドの1か月平均では日本付近に大きな分布域は見られないが，高緯度のベーリング海からカムチャッカ半島にかけて大きな値がある．はじめの1週間については日本付近に大きなスプレッドはなく予想の信頼度は高いようである．第2週以降も日本付近にスプレッドの大きな値はないが，引き続き高緯度のベーリング海からカムチャッカ半島にかけて大きな値がある．したがって，後でみるように500 hPaの高度場でこの付近に大きなトラフが予想されているが，このトラフの予想の信頼度は低いと判断される．

　スプレッドの検討では，上記の空間分布のほかに，北半球全体および日本付

近の平均値についてその時系列変化を調べる。図6.4.1(d)で右側の北半球は20°N-90°Nの範囲で，日本域は100°E-170°E，20°N-60°Nの範囲で平均した500 hPa高度場のスプレッドであり，予報期間内でどのような変化をしているか，また4週間平均値はどの程度かを示している。この図の縦軸も気候値の標準偏差で規格化されているので，スプレッドの値が1.0のところが自然の変動と同じ程度のばらつきを示す。図中の短い太線は予報期間全体(4週間)の平均スプレッドを表わしている。一般に時間の経過とともにスプレッドが大きくなり，1よりも大きくなったところからは信頼性が小さいと判断するが，本事例では北半球および日本域ともに，予報期間全体を通してスプレッドは1.0以下で経過している。とくに日本域のスプレッドはずっと小さいまま推移しているので予報の信頼性は高いと判断される。

図6.4.1(d)の左側を中心に，北日本，東日本，西日本，南西諸島の4地域別の850 hPaの気温および循環指数の予想時系列が，それまでの経過とともに示されている。個々のアンサンブル予報結果のすべてとアンサンブル平均が重ねて示されており，視覚的に予報期間内のばらつきの程度を判断することが可能である。7日間の移動平均(前後3日ずつ)で平滑化してあるが，いずれも2週目ころからアンサンブルメンバーの広がりの幅が大きくなって行くのが見られる。各アンサンブルメンバーがあたかもイタリア料理のスパゲティーのように絡み合って見えることから，こうした図表示の方法はスパゲッティーダイアグラムともよばれる。図2.1.1(59ページ)はまさにスパゲッティーダイアグラムの典型例である。スパゲッティーのまとまり具合が予報の不確定性を表わすスプレッドに対応している。広がっているところは実現する可能性の幅が大きいことを予想している。アンサンブル平均は機械的に太実線のように計算されるが，その信頼性は低いことになる。また，一般に，アンサンブルメンバーが複数のグループに分かれる場合，数の多いグループの方が実現する可能性が高いと解釈できる。しかしながら，たとえ少数でもブロッキングなどを意味している場合があり，その可能性を注意深く見る必要がある。

具体的に北日本など各予報区に関連する上空の気温の時系列を見ると，第2

週ころからばらつきが大きくなっている。また，まったく傾向の異なるメンバーも散見される。ばらつきの大きい期間は当然予想精度はよくないと判断する。循環を表わす東西指数についても期間の前半にばらつきが大きいのが目立っている。とはいっても北半球全体あるいは日本域を平均したスプレッドは期間を通して標準偏差以下で，期間の平均でも小さな値となっており，この予報期間としては比較的信頼度の高い予想といえる。

赤道地方の対流活動は，予報期間を通じて約 $50°E \sim 180°E$ の辺りに定常的に位置している。

7.2.2 高偏差生起確率

高偏差生起確率分布図は，全アンサンブルメンバー中で，いくつのメンバーが閾値を超えるような大きな偏差を予想しているかをカウントしてその割合を分布図としたものである。高偏差生起確率値が大きい格子点ほど，予想としては大きな偏差が出現しやすいことを意味するから，確率予報のための資料のひとつとしても利用する。具体的に分布を見ると，とくに第1週の中国東北部から日本海にかけて強い負偏差の確率（トラフのセンス），逆に日本の南に正偏差の大きな確率（リッジのセンス）が見られ，また先の図6.4.1(c)で対応する領域でのスプレッドが小さいことから，日本海にかけてのトラフの発達と太平洋高気圧の発達については高い信頼性を示しているといえる。

7.3　数値予報結果（予想される大規模な循環場）の検討

1か月予報資料(2)（図6.4.1(b)）に示すアンサンブル平均図により予報期間内の大規模な循環場を把握し，予想される大まかな天候の特徴を理解する。すでに述べたようにアンサンブル平均の予想図は，すべてのアンサンブルメンバー（現在は26メンバー）の予報結果の平均である。予報作業においては，本来，個々のアンサンブルメンバーにはランダムな誤差が含まれているが，アンサンブル平均によってランダム誤差が打ち消し合うため，アンサンブル平均予報は

単独の予報よりも精度が向上するとみなしている。したがって，この予想図は，もっとも実現する可能性が高いと思われる推定値ということになるので，この予想図を基本に予想される循環場を想定し予報を考えることになる。

アンサンブル平均予想図としては，500 hPa 高度場 & 偏差図，850 hPa 温度場 & 偏差図および平均海面気圧・凝結量図などがある。これらの図を解析するにあたっての着眼点は以下のとおりである。

7.3.1 500hPa 高度場・偏差図の検討

長期予報では各気候要素が，平年からどの程度の偏りになるかを予想しなければならない。一方，各気候要素の平年からの偏りの度合いと 500 hPa 高度場の偏差図との間には密接な関係があることがわかっているので，循環場の解析にあたっても 500 hPa 高度場の偏差図に着目する。まず 1 か月平均予想図を解析して予報期間の 1 か月間の特徴を把握する。たとえば大規模なリッジやトラフが日本の西側に位置するのか東側か，あるいはその強さが平年に比べて強いのか弱いのかなどに着目する。つまり向こう 1 か月間の天候を支配する作用中心（もっとも主要な循環系）の特徴を把握する。つぎの段階として予報期間を細分した第 1 週目，第 2 週目そして第 3～4 週の 2 週間平均の特徴を見て行き，はじめに解析した 1 か月平均図に見られるリッジやトラフが，予報期間のどの時期に顕著になるかなど，予想される循環場の時間的な変化を確認する。

本事例で見ると，図 6.4.1(b) の上段に示す 1 か月平均予想図の特徴は中国東北部から日本海付近にかけてトラフとそれに伴う負偏差域があり，西谷場（日本列島の西側に谷が位置する場合）が予想される。期間別に見ると第 1 週が顕著なトラフとなっているのがわかる。その後はしだいに解消していき，期間の後半には日本付近は正偏差となるようである。

7.3.2 850 hPa 温度場および偏差図の検討

850 hPa の温度場および偏差図が，500 hPa 高度場および偏差図と同じ形態で示されている（同図の中段）。850 hPa の温度場が地上付近の気温との対応が

非常によいことを利用して，これらの図から各期間の大まかな気温偏差分布が予想できる．

本事例では，第1週に西谷の深まりに対応して大陸東岸に寒気が流入するが，日本付近は全般に正偏差の中にあるため気温は高めである．ただし第2週に北日本付近は一時的に寒気の影響を受けそうである．

7.3.3 平均海面気圧・凝結量の検討

各予報期間内の平均海面気圧が図6.4.1(b)の下段に表示されている．また，各予報期間内の降水量もあわせて示されている．毎日の気圧配置は高・低気圧の通過や前線などにより変化するので，この平均海面気圧の分布はそれぞれの期間に現われるこれらの擾乱を平均したものであり，期間中ずっとこのようなパターンが継続するわけではないことに注意されたい．平均海面気圧は最終的に作成された予報(気温や日照などで表現される天候)を解説する際にもっとも有用な資料となる．図に示されている各期間内の降水量分布では，たとえば降水量の集中しているところに着目することにより，予報期間の平均的な前線帯がどこに位置するかがわかる．

本事例では，西谷場が形成されることにより，東・西日本を中心に前線の影響を受け，降水量が多くなりそうである．

7.4　要素別予報・確率値の決定

いよいよ具体的な各要素の予報の段階に入る．これまでの作業で大規模場の状態が把握され，大まかな天候経過が想定されたことになる．ここの段階になると，気温，降水量，日照時間のガイダンス資料および循環場の予想を念頭におきながら検討する．

ガイダンスは1か月予報資料(5)～(8)に記載されている．そのうち(5)(6)が4週間平均，(7)(8)が1週目，2週目などである．各予報区を対象に，気温，降水量および日照時間の平年差または平年比，天気日数として晴れ日数,

降水日数，雨日数(寒候期には降雪量)がそれぞれ予測されている。気温，降水量などについて平年並みなどの確率のほか，日別予測式と期間平均予測式の二通りの式により作成された予測値と出現率が示されている。出現率は全アンサンブルメンバー(現行では 26 メンバー)の中のいくつがそれぞれの階級を予想しているかを表わしている。また，北日本，東日本，西日本，南西諸島の四つの大区分域を対象として，予測値に対するヒストグラムが表示されている。

　本事例(図 6.4.1(e))のガイダンスで，向こう 1 か月の平均気温，降水量，日照時間を見てみよう。まず，一行目の北日本の予報区を見ると，確率は(低：並：高)=(0：50：50)，4 行目の東日本では(18：16：66)などとなっている。また，出現率を見ると，1 行目の北日本では，日別ガイダンスが平均で+0.4℃で並の範囲に入り，階級出現率は(8：35：58)を示している。また，期間別ガイダンスは+0.8℃で高いの範囲に入り，(0：23：77)をそれぞれ予想している。ついで，東日本の日別では+0.4℃，並，(8, 46, 46)，期間別では+0.7℃，高，(4：19：77)などとなっている。最下段のヒストグラムによると平年より高いがほとんどである。結局，北日本，東日本を見ると，平年並か高くなることを予想している。これらは，先に見た 850 hPa の温度場の時系列のセンスと矛盾がない。

　降水量の欄を見る。確率は北日本では(37：32：31)，東日本では(9：55：36)となっている。出現率では東日本の太平洋側で平年比が 123％で(0：31：69)などとなっており，北日本，東日本の太平洋側などでは，平年より多いことが示されている。一般に，日照時間の多寡と降水量のそれは逆の関係にあり，本事例でも，日照時間は東日本の太平洋側では平年より少ないことが示されている。晴れ日数と降水日数についても同様のセンスにある。

　ここでは，向こう 1 か月を対象に見たが，読者の方で 1 週目，2 週目，3・4 週目のガイダンス(図 6.4.1(f))と合わせて，各予報区のガイダンスを眺めていただきたい。

7.5 1か月予報のシナリオ

　気象庁の担当者は，ここで取り上げた5月25日発表の向こう1か月予報で，以下のように予想を行っている。もっとも気象庁の予報作業では，今回示した資料以外に前回までの経過やアンサンブルモデルの傾向などの情報のほか，長年の技術的蓄積も背景にある。

予想される循環場の特徴
- 月平均予想500 hPa高度場によると，日本付近及び日本の南東海上では平年より高度が高く，日本海から朝鮮半島および中国東北区にかけて平年より高度が低くなっている。
- 亜熱帯高気圧の勢力が強まっている。
- 月平均の凝結量の多い領域が太平洋を中心に分布している。
- これらのことから，日本付近における梅雨前線の活動が活発化すると予想され，平年に比べ曇りや雨になる日が多くなる可能性が大きい。

全般1か月予報

　気象庁が実際に発表した5月26日から6月25日までの全般1か月予報および参考資料(平年並の範囲)は図7.5.1のとおりである。

　なお，1か月予報の表示形式は，図7.5.1における気温経過の部分が，新しい形式では，図7.5.2に示すように各階級に対する確率で表わされている。そのほかの部分は基本的な変更はない。

7章　1か月アンサンブル予報の実践ガイド　175

全般　1か月予報

(5月26日から6月25日までの天候見通し)

平成13年5月25日
気象庁　気候・海洋気象部発表

＜向こう1か月の気温、降水量、日照時間の各階級の確率(%)＞

[気温]
- 北日本　　　　20 / 40 / 40
- 東日本　　　　20 / 30 / 50
- 西日本　　　　20 / 30 / 50
- 南西諸島　　　20 / 30 / 50

[降水量]
- 北日本日本海側　　20 / 50 / 30
- 北日本太平洋側　　20 / 50 / 30
- 東日本日本海側　　20 / 40 / 40
- 東日本太平洋側　　20 / 30 / 50
- 西日本日本海側　　20 / 30 / 50
- 西日本太平洋側　　20 / 30 / 50
- 南西諸島　　　　　20 / 50 / 30

[日照時間]
- 北日本日本海側　　30 / 50 / 20
- 北日本太平洋側　　30 / 50 / 20
- 東日本日本海側　　40 / 40 / 20
- 東日本太平洋側　　50 / 30 / 20
- 西日本日本海側　　50 / 30 / 20
- 西日本太平洋側　　50 / 30 / 20
- 南西諸島　　　　　30 / 50 / 20

■低い（少ない）　□平年並　□高い（多い）

　向こう1か月の平均気温は、北日本では平年並か平年より高い可能性が、東日本、西日本、南西諸島では平年より高い可能性が大きいでしょう。
　降水量は、北日本日本海側、北日本太平洋側、南西諸島では平年並の可能性が、東日本日本海側では平年並か多い可能性が、東日本太平洋側、西日本日本海側、西日本太平洋側では平年より多い可能性が大きいでしょう。
　日照時間は、北日本日本海側、北日本太平洋側、南西諸島では平年並の可能性が、東日本日本海側では平年並か少ない可能性が、東日本太平洋側、西日本日本海側、西日本太平洋側では平年より少ない可能性が大きいでしょう。

図7.5.1　1か月予報の実際例(全般1か月予報)および参考資料(気象庁)

＜可能性の大きな気温経過＞
　1週目（5月26日（土）から6月1日（金））
　　気温　北日本　　平年並
　　　　　東日本　　平年並
　　　　　西日本　　平年並
　　　　　南西諸島　平年並
　　なお，詳細については毎日発表される週間天気予報をご利用下さい。
　2週目（6月2日（土）から6月8日（金））
　　気温　北日本　　平年並
　　　　　東日本　　平年並
　　　　　西日本　　平年並
　　　　　南西諸島　高い
　3～4週目（6月9日（土）から6月22日（金））
　　気温　北日本　　平年並
　　　　　東日本　　高い
　　　　　西日本　　高い
　　　　　南西諸島　平年並

＜天候の特徴＞
東日本、西日本では低気圧や前線の影響で曇りや雨の日が多いでしょう。

＜次回の発表予定＞
1か月予報：毎週金曜日14時30分　次回は6月1日
3か月予報：6月20日（水曜日）　14時

＜参考資料（平年並の範囲）＞
（1）1971～2000年のデータに基づいた向こう1か月地域平均の気温・降水量・日照時間の平年差（比）の「平年並」の範囲は次のとおりです。

	気温平年差(℃)		降水量平年比(%)	日照時間平年比(%)
北　日　本	-0.6～+0.4	日本海側	82～112	92～109
		太平洋側	81～109	90～111
東　日　本	-0.3～+0.4	日本海側	78～112	95～108
		太平洋側	85～113	91～109
西　日　本	-0.2～+0.2	日本海側	80～116	94～110
		太平洋側	82～113	92～111
南西諸島	-0.3～+0.2		88～113	91～104

（2）この予報期間の1週目・2週目・3～4週目の地域平均の気温平年差の「平年並」の範囲は次のとおりです。

	1週目	2週目	3～4週目
北　日　本	-0.7～+0.6	-0.7～+0.6	-0.5～+0.4
東　日　本	-0.5～+0.5	-0.4～+0.5	-0.5～+0.4
西　日　本	-0.4～+0.4	-0.3～+0.4	-0.4～+0.4
南西諸島	-0.4～+0.4	-0.4～+0.4	-0.4～+0.3

図7.5.1　つづき

<気温経過の各階級の確率（％）>

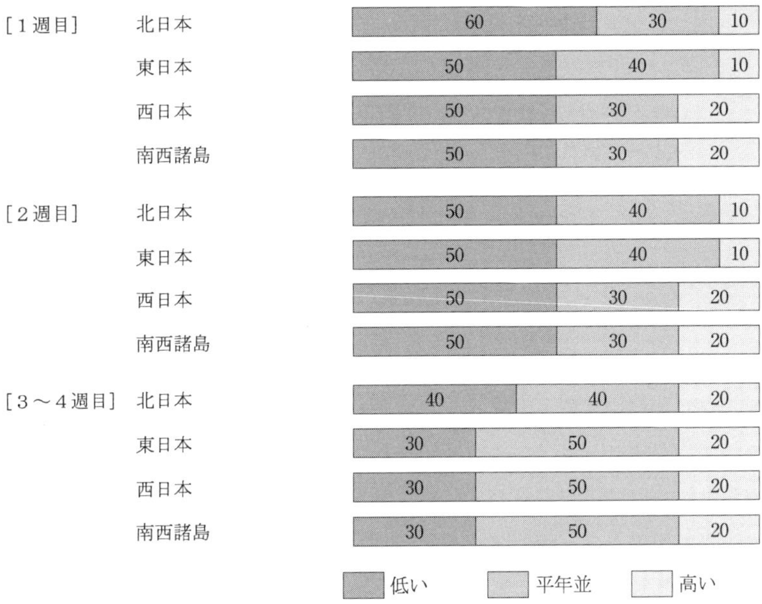

		低い	平年並	高い
[1週目]	北日本	60	30	10
	東日本	50	40	10
	西日本	50	30	20
	南西諸島	50	30	20
[2週目]	北日本	50	40	10
	東日本	50	40	10
	西日本	50	30	20
	南西諸島	50	30	20
[3～4週目]	北日本	40	40	20
	東日本	30	50	20
	西日本	30	50	20
	南西諸島	30	50	20

図7.5.2　1か月予報の表示変更部分（気象庁）

8章　3か月予報

　3か月予報は，2003年3月より従来の統計的・経験的な予測技術から，アンサンブル予報と新たに開発された統計的手法を併用した技術に切り替えられた。しかしながら，3か月アンサンブル予報モデルでは，1か月予報と比べて予報期間が3倍と長いことから，初期条件よりもむしろ下部境界条件の影響を強く受ける。また，3か月予報がアンサンブル予報化されたとはいえこれまでの統計的・経験的予測技術を大きく上回る精度を持ち合わせていない。このため実際の予報作業では，以下に述べるアンサンブル予報モデルにもとづく力学的予報資料と，統計的予報資料の二つを併用した総合判断が必要とされる。このことは1か月予報がアンサンブル予報という力学的予測手法の世界で作成されるのと大きな相違点であり，まだ3か月予報は境界条件の改善など発展途上にあるといえる。一方，新しい3か月アンサンブル予報にもとづくGPVという客観的データと種々の確率的情報が定常的に提供されていることから，1か月アンサンブル予報と同様に種々の分野での意思決定に役立つことは間違いなく，その有用性は今後ますます増大するものと思われる。この章では，気象庁が行っている3か月アンサンブル予報の考え方，同予報モデルで生産される力学的予報資料および統計的予報資料などについて，「3か月予報資料の解説(平成15年2月気象庁気候情報課作成)」に沿って述べる。

8.1　アンサンブル予報の導入とその意義

　これまで3か月予報で用いられてきた統計的・経験的な予報技術は，予報シナリオを物理的な像としてとらえ組み立てることが不可能であったため，予測が的中あるいは外れた場合でも，なぜそうなったかを追求することは困難であ

った。さきの1か月予報に続いて3か月予報についてアンサンブル予報が実現した意義は大きい。予測結果が3次元のGPVとして与えられることから，どのように事象が推移するかをはじめ，実際に起こった経過に関しても力学的解釈が可能となるなど，関係者が予測シナリオについて共通の物理像を持つことができる点である。さらに，今後，予測モデル自身の改善ほか，エルニーニョなどに伴う海面水温変動予測の精度向上などの成果を，着実にモデルに反映することが可能となる。具体的には，力学的な手法の導入メリットは，これまでの種々の指数についての時系列を中心とした予報資料の主観的な解釈と根本的に異なって，気象学的に整合性を持った予報資料を利用できるようになったことである。長期予報担当者は，短期・中期予報の場合と同様に，予測モデルの予測精度を踏まえつつ，種々の数値予報プロダクトを解釈しながら，予報を組み立てることができる環境が実現した。

8.2 3か月アンサンブル予報モデル

3か月予報に用いられるアンサンブル予報の基本原理はすでにのべた1か月アンサンブル予報と同様に数値予報であり，また予報資料の内容や表示，用語なども共通点が多い。ここでは両者の相違点を中心に記述する。

8.2.1 アンサンブル予報のプロダクト

3か月アンサンブル予報の予報要素は，従前の気温に加えて，降水量および降雪量が加った。なお，予報区は従前と同じで1か月アンサンブル予報と同じである。

8.2.2 予報モデルの仕様

3か月アンサンブル予報モデルおよび暖・寒候期予報アンサンブル予報モデルの仕様を，1か月アンサンブル予報モデルと対比させて表8.1に示す。両モデルの仕様は基本的に同じであるが，3か月アンサンブル予報では，予報期間

表8.1 3か月および暖・寒候期アンサンブル予報モデルの仕様(気象庁)

	3か月および 暖・寒候期予報モデル‡	1か月予報モデル	参考文献
予報時間	120日（210日）	34日	松村（2000）
切断波数	T63	T106	
水平分解能	1.875度,約180km	1.125度,約110km	
鉛直層数	40層	40層	
モデル最上層気圧	0.4hPa	0.4hPa	
メンバー数	31	26*	
摂動作成手法	SV法	BGM法とLAF法の組み合わせ	高野（1994、2002） 経田（2000）
海面水温	初期時刻の平年偏差固定（初期時刻の平年偏差、気候値、エルニーニョ予測モデルによる予報値の組み合わせ）	初期時刻の平年偏差固定	野村（1996） 松下（2002）
海氷分布	平年値。ただし海面水温4℃以上は海氷なしとする。	平年値。ただし海面水温4℃以上は海氷なしとする。	野村（1996）
陸面初期値	1か月予報用の陸面解析値を水平内挿、高度補正	陸面解析値	徳広（2002）

‡ （ ）内に暖・寒候期予報の仕様を示す。（ ）がない項目は3か月、暖・寒候期予報で共通。
* 水曜日、木曜日に13メンバーずつ行う。

が3倍となるため，可能なコンピュータ資源の中で必要な空間解像度やアンサンブルメンバー数などを確保するべく，以下のような工夫がなされている。すなわち，3か月アンサンブル予報モデルでは，水平解像度が1か月アンサンブル予報モデルに比べて切断波数がT=106からT=63へ(1.125度(約110 km)から1.875度(約180 km))へと疎になっている。また，アンサンブルメンバー数は26から31へと増加している。さらにアンサンブルメンバーの初期摂動の作成方法が，成長モード育成法(BGM法)ではなく，初期の解析場から不安定モード群を線形的に求める特異ベクトル法(Singular Vector：SV法）によっている。SV法が採用されている理由は，①初期摂動メンバーの立ち上がりが重要である1か月予報に比べて，予報期間の長い3か月予報ではむしろ境界条件の影響の方が重要であること，②予報精度の検証等のために必要な過去事例に対する予報(ハインドキャスト)作業に有利であることなどによっている(1か月アンサンブル予報における成長モード育成法では，いちいち予測を行う時点より遡った時点からモデルを走らせる必要がある)。31というメンバー数の増加は，より合理的な確率分布（情報）を得たいためである。

8.2.3 アンサンブルメンバー

初期値にSV法による31メンバーの摂動を用いており，数値時間積分は図8.2.1に示すように，一気に120日分計算せずに3日間に分けてカバーしている。なお，この図では長期予報という用語に代わり季節予報が使われており，暖・寒候期予報アンサンブル予報の計算では，3か月予報の直近の120日予報をさらに90日間延長することにより暖・寒候期予報の期間をカバーしている。

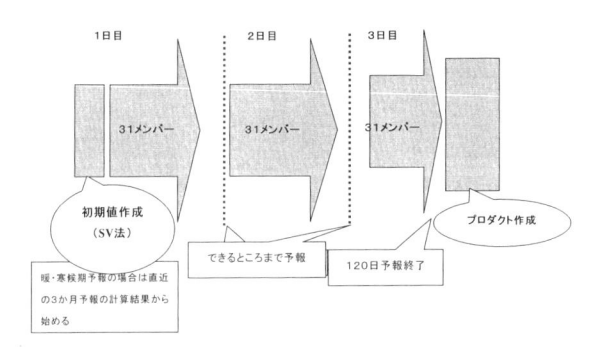

図8.2.1 季節予報システムの運用イメージ（気象庁）

8.2.4 予報モデルの下部境界条件

海面水温は，本来は大気圏と海洋圏を結合させた大気海洋結合モデルの中で従属変数の一つとして決まるべきであり，すでに次章で述べるエルニーニョ予測モデルで実現しているが，低緯度帯が予測の主対象空間であるため，全球を対象とした3か月予報には使えない。3か月アンサンブル予報の海面水温の与え方については，気象庁において予報初期の海面水温偏差を持続させる方法や平年値に固定する方法などの実験が行われた結果，当面1か月アンサンブル予報と同じ考え方を採用することとなった。すなわち，モデル上での実際の海面水温は，時間とともに強制的に変化してゆく平年値の上に，計算初期の海面水温偏差部分が重畳されて変動することになっている。

8.2.5 予報資料の構成

気象庁は，6章で紹介した1か月アンサンブル予報についてと同様に，種々

表8.2 FAXで配信される3か月予報資料(1)～(10)の一覧(気象庁)

	資料名	要素	概要	画種情報(冒頭符号)	画種番号
統計	3か月予報資料 (1)	最適気候値 (OCN) 予測資料	最適気候値法 (OCN) に基く、気温・降水量予測値。	QXVX41 (FCVX41)	86
	3か月予報資料 (2)	正準相関分析 (CCA) 予測資料	正準相関分析法 (CCA) に基く、気温・降水量予測値。	QXVX42 (FCVX42)	87
数値予報循環場	3か月予報資料 (3)	実況解析図	北半球 500hPa 高度、日本付近の 850hPa 気温・海面更正気圧の実況図。	QXVX43 (FCVX43)	88
	3か月予報資料 (4)	熱帯・中緯度予想図	数値予報モデルの下部境界条件として与える海面水温平年偏差図、アンサンブル数値予報による熱帯・中緯度循環場(降水量、200hPa・850hPa 流線関数等)。	QXVX44 (FCVX44)	89
	3か月予報資料 (5)	北半球予想図	アンサンブル数値予報による北半球 500hPa 高度、日本付近 850hPa 気温・海面更正気圧のアンサンブル平均図と平年偏差図。	QXVX45 (FCVX45)	90
	3か月予報資料 (6)	高偏差確率・ヒストグラム	アンサンブル数値予報による高偏差確率の北半球分布図、各種循環指数の全アンサンブルメンバーによるヒストグラム。	QXVX46 (FCVX46)	91
	3か月予報資料 (7)	各種指数類時系列図	アンサンブル数値予報による各種循環指数の全アンサンブルメンバーの時系列図。	QXVX47 (FCVX47)	92
数値予報ガイダンス	3か月予報資料 (8)	数値予報ガイダンス (気温・降水量・降雪量)	アンサンブル数値予報に基く、気温・降水量・降雪量ガイダンス。ただし、降雪量は10月から1月までに配信する資料にのみ掲載。	QXVX48 (FCVX48)	93
	3か月予報資料 (9)	数値予報ガイダンス (日照時間・天気日数)	アンサンブル数値予報に基く、日照時間・天気日数ガイダンス。	QXVX49 (FCVX49)	94
	3か月予報資料 (10)	数値予報ガイダンス (ヒストグラム)	アンサンブル数値予報に基く、3か月平均気温平年偏差・3か月降水量平年比の全アンサンブルメンバーによるヒストグラム。	QXVX50 (FCVX50)	95

の予報資料を作成し，公開している。予報資料は表 8.2 に示した FAX であり，統計的予報資料 2 枚と力学的予報資料 8 枚の合計 10 枚である。このうち統計的予報資料は 1 か月アンサンブル予報にはなかったもので，新たに開発された最適気候値（OCN）および正準相関分析（CCA）の 2 種類である。力学的予報資料の構成や要素は 1 か月アンサンブル予報とほとんど同様であり，GPV にもとづく数値予報循環場（5 枚）および数値予報ガイダンス（3 枚）である。以下に，さきに力学的予報資料(3)～(10)を記述し，ついで統計的予報資料(1)～(2)について述べる。

なお，実況解析図や予想図，各種の指数などの意味や見方は，6 章で述べた 1 か月アンサンブル予報と基本的に同じであることから説明は省略する。3 か月予報資料(3)～(6)に係わる分布図の対象期間，要素，等値線間隔，陰影の表示法，実例はそれぞれ付録 5 に記載した。ここでは各予報資料の主要部分を中心に説明する。以下の予報資料中の（　）内の番号は，表 8.2 および付録 5 の付表中で資料名欄に付されている通し番号に対応している。

8.3　力学的予報資料（数値予報循環場の部）

8.3.1　実況解析図：3 か月予報資料(3)

実況解析図の実例を，図付 5.1（254 ページ）に示す。実況解析図の要素は，500 hPa の高度，850 hPa の気温，海面更正気圧の 3 要素である。実況解析といっても，ある時刻の実況値ではなく，3 か月予報にとって意味のある次の四期間の平均値とそれらの平年値からの偏差でみた実況である。①予報発表月の前 3 か月平均，②予報発表月を含む前 3 か月平均（一部数値予報を含む），③予報発表月の前 1 か月平均，④予報発表月の 1 か月平均（一部数値予報を含む）。ここで②および④では，期間の前半一部に予測であるアンサンブル平均値を実況とみなして用いている。なお，偏差の基準となる平年値は北半球日別平年値（1971 年～2000 年の 30 年平年値）である。

8.3.2 熱帯・中緯度予想図，北半球予想図：
3か月予報資料(4)，(5)

　熱帯・中緯度予想図の実例を図付5.2(255ページ)に示す。これらの予想図は，予報モデルにおける重要な下部境界条件である海面水温偏差に対して，熱帯および中緯度大気がどのように応答しているかを把握するための資料である。予想図の要素は，①海面水温平年偏差，②降水量平年偏差，③循環場の平年偏差(200 hPa速度ポテンシアル平年偏差，200 hPaおよび850 hPaの流線関数平年偏差)であり，すべてアンサンブル平均値にもとづいている。なお，速度ポテンシアルや流線関数については6章で説明した。また，ここで用いる平年値は1か月予報資料や他の3か月予報資料におけるいわゆる平年値ではなく，過去18年分を対象とした予報実験の平均値(モデル平年値)が用いられていることに注意されたい。予想図の平均期間は3か月と1か月である。3か月平均については，偏差場のみならず生の循環場を把握するために，偏差図のほかに④アンサンブル平均自身も掲載されている。

　つぎに北半球予想図の実例を図付5.3(256ページ)に示す。予想図の要素は，①北半球の500 hPa高度と平年偏差，②極東域の850 hPa気温と平年偏差，③極東域の海面気圧更正気圧と平年偏差である。平均期間は3か月と1か月であり，平年値は8.3.1節の実況解析図で使っているものと同じである。

8.3.3 高偏差確率分布図，循環指数類ヒストグラム：
3か月予報資料(6)

　高偏差確率分布図の実例を図付5.4(257ページ)の上半分に示す。ここで高偏差とは，予測された北半球500 hPa高度の平年偏差の絶対値が解析値の標準偏差の0.43倍を超える場合と定義されている。高偏差確率の値はアンサンブルメンバーの何パーセントがこの閾値を超えているかを示している。また，この閾値内には，標準偏差を計算した期間の33％が納まるので，アンサンブルメンバーの出現頻度分布に正規分布を仮定すれば，高偏差確率は，アンサンブルメンバーの何パーセントが平年に比べて「高い」あるいは「低い」階級を予報

したかを示していることになる．陰影は50％以上の領域を示す．高偏差確率分布を求める平均期間は，3か月および1か月である．

　循環指数類ヒストグラムの実例を図付5.4の下半分に示す．各ヒストグラムの横軸である階級の幅は各標準偏差の1/4で，縦軸はアンサンブルメンバーがその階級に入る比率を示す．循環指数は合計13種類が記載されている．北半球を対象とした①北半球東西指数，②極渦指数，③北半球500 hPa高度の第1～3主成分スコア，さらに日本の天候にとくに関係の深い極東域を対象とした④東西指数，⑤極渦指数，⑥東方海上高度，⑦40度西谷指数などである．これらのうち説明を要する指数の一つは②の主成分スコアであり，主成分分析とよばれる手法によって得られる．この手法は場の状態を多数のパターンの重ね合わせで同定しようとするものであり，第1主成分から順番に，対応する主成分の空間パターンとその主成分が全体に占める割合（寄与率という）が求められる．したがって第1主成分の示すパターンは，北半球500 hPa高度場の第1次近似パターンということができる．1章で述べた北半球で卓越するPJパターンなどは，こうした主成分分析で同定することができる．極渦指数（付録の用語参照）は北極上空の寒気の動向を表すもので，指数のプラスは寒気が中緯度に放出されてしまっている状態，指数のマイナスは寒気が蓄積されている状態に対応する．40度西谷指数は，北緯40度帯で見た場合に気圧の谷が日本の西側あるいは東側に位置しているかを示すもので，それぞれ曇天ベースおよび好天ベースに対応する．

8.3.4　各種指数類時系列，層厚換算温度偏差時系列：3か月予報資料(7)

　各種指数類時系列を図付5.5(258ページ)の上2段に示す．これらの時系列は各種指数類のうち，日本付近の天候に関係の深い指数類の実況の時間経過（解析）およびアンサンブル平均とばらつきを，合計約7か月間にわたって示している．これにより日本付近の循環場が季節的にどのように推移してきたか，今後どう変化しようとしているかが把握できる．時間経過は前4か月から初期

日まで，予測は4か月先までである．実際は30日の移動平均値であるため，前120日から先120日までの212個分がプロットされている．図中，太実線は，実況経過（解析），アンサンブル平均予測，アンサンブル平均予測±標準偏差を示す．標準偏差はアンサンブル予報のばらつき（スプレッド）を表わす．要素は各領域で平均された850 hPa気温偏差などである．なお，平年値は8.5.1節で述べる通常の平年値と同じである．循環指数類3か月平均時系列の実例を，図付5.5の下2段，左から3つに示す．

層厚換算温度偏差1か月平均時系列を，図付5.5の下2段，右端に示す．ここで層厚とはシックネス(thickness)の和訳であり，ある地点上空のある二つの等圧面高度の差で定義される．静力学の関係と状態方程式から層厚は対象とする二層間の平均気温に比例するので，850 hPaと350 hPaを選んだ場合，次のように層厚から換算した温度が得られる．

層厚換算温度 $= -g/\mathrm{R} \times (Z\,300 - Z\,850)\ \log(300/850)$

g：重力加速度，R：乾燥空気の気体常数，Z 300，Z 850はそれぞれ300 hPa，850 hPaの高度を表す．ここで300 hPaと850 hPaが用いられているのは，対流圏主要部の温度場を把握するためであり，北半球全体および中緯度帯(30°～50°)の平均状態を見るために等圧面高度も平均値が用いられている．また，実況部分は予報初期の月の過去60か月分が表示されている．なお，こうして得られた対流圏平均気温には，エルニーニョ現象や火山噴火の影響の反映，さらに日本の平均気温などと高い相関があるといわれている．

8.4　力学的予報資料（ガイダンスの部）

ガイダンスの意味については4章で，また1か月アンサンブル予報における作成方法については6章で説明した．3か月アンサンブル予報におけるガイダンスはアンサンブル平均ガイダンスと確率ガイダンスの2種類がある．

8.4.1 アンサンブル平均ガイダンスの作成法

目的変数である気温，降水量，日照時間の平年比，降雪量の平年比，天気日数(晴れ日数，降水日数，雨日数)の平年比，および説明変数(予測因子)，さらに予測式の作成法も1か月予報と同じである．ただし，異なるのは予測の対象期間が3か月間あるいは月ごと(1か月目，2か月目，3か月目)となっている点である．説明変数は表8.3に示す仮予測因子の中から寄与率の高い因子が5個程度選択され，線形重回帰式に取り入れられている．アンサンブル予報の各メンバーにこの予測式を適用し，それを平均して月の値や平年比などを求めている．

要素名	春	夏	秋	冬
高度 850 hPa	—	—	—	—
高度 500 hPa	○	○	○	○
高度 300 hPa	○	○	○	○
風の東西成分 850 hPa	○	○	○	○
風の東西成分 500 hPa	○	○	○	○
風の東西成分 300 hPa	○	○	○	○
風の南北成分 850 hPa	▲	▲	—	—
風の南北成分 500 hPa	○	○	○	○
風の南北成分 300 hPa	○	○	○	○
気温 850 hPa	○	○	○	△
気温 500 hPa	○	○	○	○
気温 300 hPa	○	○	○	○
比湿 850〜300 hPa	—	—	▼	▼
比湿 500〜300 hPa	▼	—	—	—
比湿 300 hPa	—	—	—	—
渦度 850 hPa	○	○	○	○
渦度 500 hPa	○	○	○	○
渦度 300 hPa	○	○	○	○
東西高度差 850 hPa	—	—	—	—
東西高度差 500 hPa	○	○	○	○
東西高度差 300 hPa	—	—	—	—
南北気温差 850 hPa	▽	▽	▽	▽
南北気温差 500 hPa	○	○	○	○
南北気温差 300 hPa	—	—	—	—

表8.3
仮予測因子の一覧(気象庁)
表中の記号の意味は以下のとおり．
○：すべての目的変数で採用
▲：目的変数が降水量，日照時間，降雪量，降水日数，雨日数の場合に採用
△：目的変数が気温，降雪量，晴れ日数の場合に採用
▼：目的変数が降水量，降雪量，天気日数の場合に採用
▽：目的変数が日照時間の場合に採用
—：すべての目的変数で採用せず

8.4.2 確率ガイダンスの作成法

3か月予報の確率ガイダンスの作成法は1か月予報の場合とやや異なっている．3か月予報ではアンサンブル予報の各メンバーのガイダンス値を用いて3階級の出現確率を求めている．具体的には，図8.4.1に示すように各メンバーのガイダンス値が持つ存在確率の分布関数をすべて平均した後，それぞれの3階級区間で積分することにより，各階級の出現確率を求める方式を採用して

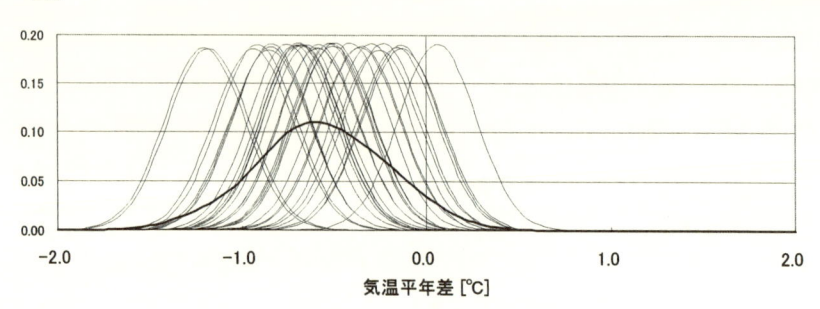

図 8.4.1　確率分布関数の具体例(気象庁)
(細線：各メンバーの確率分布，太線：アンサンブル平均)

いる。ここで存在確率の分布関数は，ガイダンス値を中心とした一定の標準偏差をもつ正規分布を仮定しており，前述の重回帰による予測式に伴う推定誤差を標準偏差としている。

8.4.3　気温・降水量・降雪量ガイダンス：3か月予報資料(8)

表 8.4 は，予報資料(8)に記載されている気温，降水量，降雪量ガイダンスのうち，気温のガイダンスの例を示す。予測の対象地域は左欄に見るように広域区分10地域，地方域区分24地域の合計34地域である。予測期間は3か月間，1か月目，2か月目，3か月目の4つである。ガイダンスの表示形式は1か月予報資料と同様である，たとえば，最上段の北日本でみると，31メンバー平均の3か月平均気温偏差は 0.8℃ で，階級区分では「高い」に属しており，各メンバーからみた3階級区分「低い」「平年並」「高い」の確率はそれぞれ 6%，22%，72% であることを示している。

8.4.4　日照時間・天気日数ガイダンス：3か月予報資料(9)

表 8.5 は，予報資料(9)に記載されている日照時間，天気日数(晴れ日数，降水日数，雨日数)ガイダンスのうち，日照時間のガイダンスの例を示す。表示形式および見方は前項と同様である。

8章 3か月予報 189

表8.4 3か月予報資料(8)数値予報ガイダンス(気温),一部抜粋(気象庁)

3か月予報資料(8) 数値予報ガイダンス(気温・降水量・降雪量)　　初期値:2002年12月10日 12UTC

表8.5 3か月予報資料(9) 数値予報ガイダンス(日照時間),一部抜粋(気象庁)

3か月予報資料(9) 数値予報ガイダンス(日照時間・天気日数)　　初期値:2002年12月10日 12UTC

8.4.5 気温・降水量ヒストグラム:3か月予報資料(10)

図8.4.2は,予報資料(10)に記載されている3か月平均気温と同降水量について,31メンバーから算出されたガイダンスのうち,気温ヒストグラムを示している。表示形式や見方は1か月予報でみたヒストグラム(151, 158ページ)と同じである。

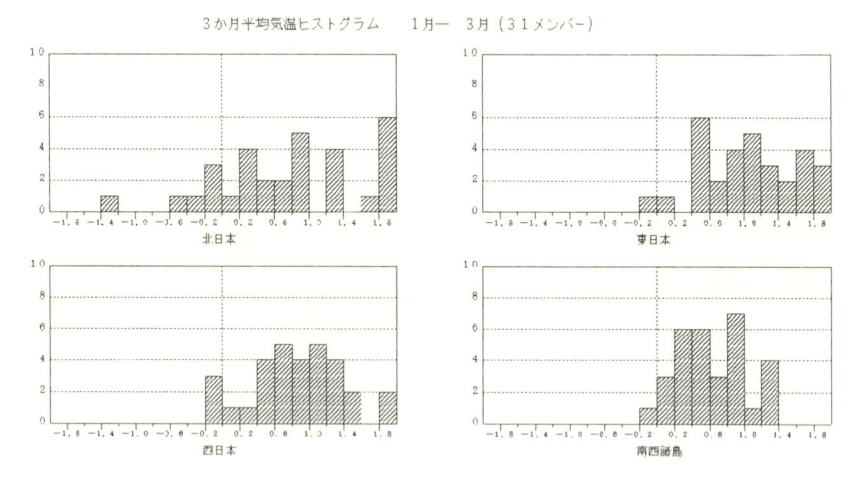

図8.4.2 3か月予報資料(10)数値予報ガイダンス(ヒストグラム),一部抜粋(気象庁)

8.5 統計的予報資料

実際の予報作業では,前項の力学的ガイダンスと,以下のような従来の統計的手法を改善・発展させたOCNおよびCCAとよばれる2種類の予測資料を用いており,統計的予報資料(OCN),同(CCA)の2種類が用意されている。いずれもFAXにより関係者に配信されている。

8.5.1 OCN（最適気候値）法およびCCA（正準相関分析）法
OCN法
　気温の変化を月平均で見ると，毎年ほぼ同じような寒暖の繰り返しが見られるが，これらの変化を30年平均で見たのが月平均平年気温である。予測技術の立場からすると，3か月や6か月先の各月の気温がこのような平年値の繰り返しで起こると見なす手法が気候値予報である。しかしながら，このような平年値の中では，最近の気温の変動も30年近く前の変動データもすべて同じ比重で扱われているため，たとえば，比較的近年である1993年の大冷夏年や翌1994年の猛暑年の記録などは，30年平均の中に埋もれて薄まってしまっている。最適気候値（OCN：Optimum Climate Normal）法は，気温変化などに現われている近年の傾向が今後も持続すると見なす予測手法であり，従来の3か月予報作業でも用いられていた。すなわち，OCNはある期間内の気温などのトレンドを検出して，トレンドの上に季節変化の成分を重畳させて予測とする手法である。OCNは近年のように気候が変化しつつある状況を取り込むには有力な方法である。

　OCNに基づく予測の対象は，月平均気温と3か月平均気温，月降水量および3か月降水量についての平年比である。OCNを求める期間は予測対象の前年を含む10年間である。予測値は，同10年間の平均値のほか，気温および降水量の階級別の出現確率を確率表現にしたものである。なお，OCNの予測精度は，前年以前の過去データのみを用い行うことから，本質的にリードタイムに依存しない。

CCA法
　従来の3か月予報における重回帰法では，ある特定地域の気温を目的変数，北半球500 hPa高度などを説明変数として重回帰式が導かれた。この手法では目的変数が一つに対して説明変数は多数である。これに対してCCAは，重回帰の考え方には変りはないが，目的変数および説明変数の両者が多数（多変数）あって，それらの空間パターンの相関を用いる点が異なる。実際には，まず目的変数および説明変数の両者に対して主成分分析を行い，各成分のスコア（寄

与率)を求める。ついで両者の相関が最大になるように変数を組み合わせ，得られた説明変数の線形結合を用いて目的変数を求めている。

実際に行われている CCA では，全球の月平均海面水温を説明変数として，1 か月および 3 か月の平均気温平年偏差・降水量平年比を目的変数としている。全球月平均海面水温には $2°\times2°$ 格子が用いられており，予測式作成の統計期間は，予測対象年の前年までの 30 年間が採用されている。

8.5.2 OCN および CCA の予測精度

OCN および CCA 手法による予測精度が，① RMSE スキル(気候値予測からの改善率)，② Heidke(ハイクスキル，各階級の適中率の気候値予測からの改善率)，③ブライアスコア・スキル(気候学的確率予測からの改善率)により，調べられている。調査の期間・方法は 1984 年～2001 年の 18 年間の予測実験に基づいている。

OCN 手法は，気温予測について見ると，どの階級に属するかのカテゴリー予測に比べて，予測値および確率表現の方がスキルが低いこと，カテゴリー予測では春を除いてスキルのある地域が多く，とくに秋から冬に全国的にスキルが高いことなどが指摘されている。一方，降水量の予測については，スキルのある地域や季節が少なく，これは降水量は気温と比べて年々変動の方が大きくトレンドが小さいことを反映している。したがって，降水量予測の OCN はほぼ気候値予報となっている。

つぎに，CCA 手法のスキルの特徴を見ると，①南の地域ほど高い，②夏・秋に高い，③3 か月平均気温の方が高い，④月平均気温は 1 か月から 3 か月まで維持されている，⑤全般にカテゴリー予測よりも予測値や確率表現の予測が低い(OCN と同様)。

結局，OCN および CCA 手法による予測を見る場合，当面はカテゴリー表現の予測値を重視すべきことを示している。

8.5.3 OCN 予報資料，CCA 予報資料　3 か月予報資料(1)，(2)

OCN による予報資料の例を表 8.7 に示す。原予報資料は対象が気温と降水量であるがここでは気温のみを示した。表示方法や見方は，第 6 章(151 ページ)で述べた 1 か月予報のガイダンスと同じであり，上段に気温，下段に降水量が掲げられている。予報区ごとに対象期間の偏差値，偏差値の属する階級，各階級の確率が示されている。たとえば，北日本の 2 月の気温を見ると，平年偏差が 0.7℃，属する階級が「平年並」，各階級の落ちる確率(%)が，それぞれ 20，30，50 であることを示している。

つぎに CCA による予測資料の例を表 8.8 に示す。ここでも気温のみを示す。表示方法や資料の見方は表 8.7 と同じである。

この例では，この二つの予報結果は，大筋では一致しているが，結果が揃わないこともある。そのような場合には，OCN，CCA それぞれの方法の特性と最近の実況や天候経過等を比較検討して，どちらの結果を重視して予報に組みこんでいくかを判断しなければならない。

8.6　3 か月予報アンサンブル格子点値

3 か月予報の支援資料は，上述の FAX による 3 か月予報資料(1)〜(10)以外に，メンバー別格子点値およびアンサンブル平均格子点値が公開されている。表付 5.6(259 ページ)にその解説を示す。

194

表8.7　3か月予報資料(1)統計予測資料(OCN)，一部抜粋(気象庁)

3か月予報資料（1）　統計予測資料（OCN）　　　　　　　　　　　　2003年　1月14日

表8.8　3か月予報資料(2)統計予測資料(CCA)，一部抜粋(気象庁)

3か月予報資料（2）　統計予測資料（CCA）　　　　　　　　　　　　2003年　1月14日

9章　暖・寒候期予報，エルニーニョ予測

気象庁は平成15年9月から，暖・寒候期予報の手法を従来の統計的・経験的手法に代わって，アンサンブル予報を用いた力学的予測手法を導入し，統計的予測手法と併用することとした。この考え方は8章で記述した新しい3か月予報とまったく同じであり，また，予報資料の構成などもほとんど同様である。

9.1　予測モデル，予報要素，予報区など

予測モデルは3か月アンサンブル予報モデルとまったく同じであり，暖・寒候期予報を行う際に，図8.2.1で示したようにさらに時間積分を延長している。海面水温などの境界条件の与え方も3か月アンサンブル予報と同じである。予報要素および予報区は従来と同じく気温，降水量，降雪量であり，予報区も従来と同じである。また，予報の発表日は，暖候期予報が3月10日ころ，寒候期予報が9月25日ころである。

9.2　予報資料など

予報資料として，季節予報資料(暖・寒候期予報資料(1)～(4))と全般季節予報支援資料の2種類がB4サイズのFAXで作成されており，関係者に配信されている。

9.2.1　暖・寒候期予報資料(1)

統計的予測資料である最適気候値(OCN)と正準相関分析法(CCA)による気温，降水量，降雪量の予測値から構成されている。両資料の作成方法は3か月

予報の場合と同様であり，また表示形式も表8.7および表8.8と同様であるため，ここでは掲載を省いた。

9.2.2 暖・寒候期予報資料(2)

アンサンブルモデルの下部境界条件である海面水温偏差図のほか，アンサンブル予報モデルのGPVから求められる次の要素に関するアンサンブル平均図および同平年偏差図で構成されている。これらの図はいずれも1か月および3か月アンサンブル予報の章で述べたものとほとんど同じ内容であることから，説明は省略する。

①熱帯・中緯度降水量（平年偏差のみ），②200 hPa速度ポテンシアルと流線関数，③850 hPa流線関数，④北半球500 hPa高度，⑤日本付近の850 hPa気温および海面更正気圧

9.2.3 暖・寒候期予報資料(3)

アンサンブル予報モデルの全アンサンブルメンバーから求められる，①北半球高度偏差分布図，②各種循環指数ヒストグラム，③各種循環指数時系列で構成されている。やはり説明は省略する。

9.2.4 暖・寒候期予報資料(4)

数値予報ガイダンスとよばれるもので，気温，降水量，降雪量についてのガイダンスが記載されている。これらの作成および表示についても3か月アンサンブル予報のガイダンスと同様であり，説明は省く。

9.2.5 全般季節予報支援資料

民間気象事業者が予報や解説を行う際の支援資料として，新たに全般季節予報支援資料の配信が行われている。この支援資料は，暖・寒候期予報への力学的手法の導入を機に開始されたもので，1か月予報，3か月予報，暖・寒候期予報の三つの季節予報（本書では長期予報）についてそれぞれ作成されており，

9章 暖・寒候期予報，エルニーニョ予測　197

資料名	内容
全般季節予報資料 （1か月予報）	全般1か月予報 最近の実況 数値予報の信頼度 アンサンブル平均天気図 ガイダンス まとめと予報
全般季節予報資料 （3か月予報）	全般3か月予報 大気の実況 海洋と実況の予測 数値予報 予報の根拠とまとめ
全般季節予報資料 （暖・寒候期予報）	全般暖・寒候期予報 長期的な傾向 海洋と実況の予測 統計資料 数値予報 予報の根拠とまとめ

表9.1
全般季節予報支援資料の概略（気象庁）

その概要を表9.1に示す．

9.3　エルニーニョ予測

　世界中の海面水温の変化を見ると，ENSOに伴う赤道付近の変動がもっとも顕著でかつ大規模である．同時にこの海面水温の変動に伴う大気の循環は，低緯度地方に位置するインドネシアやオーストラリア北部，南米のエクアドル地方などの天候に直接的な影響を与える．また，日本や北米など中緯度に位置する地域の天候にも間接的な影響を与える．現時点では，このような海洋の変化と大気の変化を物理的に連立させた数値予報モデルを用いて，3か月や6か月予報を行うことは困難であることから，気象庁では，つぎに述べるようにエルニーニョ／ラニーニャに伴う海面水温の変動を対象とした「エルニーニョ予測モデル」を運用し，エルニーニョなどの長期予報に利用している．このモデルの予測の対象は1章で述べた「エルニーニョ監視海域」の海面水温の基準値との偏差（基準値は1961－1990年の30年平均値）であり，大気側の情報である気温等については予測していない．図9.3.1は予測結果の一例であり，今後の見通しがボックスで示されている．各月のボックスはこの偏差値が70％の確率

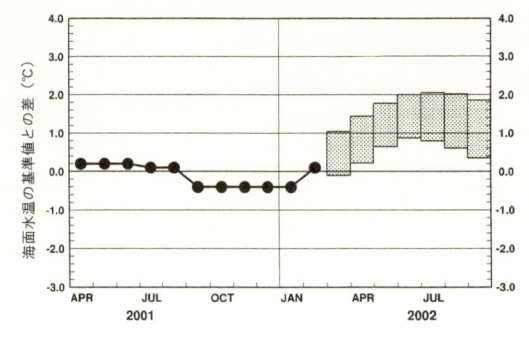

図9.3.1
エルニーニョ予測モデルによるエルニーニョ監視海域の海面水温予測(気象庁気候系監視報告, 2001年3月号)

で入る範囲を示している。この確率の求め方は1か月アンサンブル予報でも採用されている MOS 方式をエルニーニョ予測モデルの GPV に適用して得ている。この図の例では海面水温の基準値からの差は，3月から6月にかけてしだいに増大し，その後も基準値より高い状態が持続することを予測しており，夏にはエルニーニョが発生する可能性が高いことを意味している。このような予測結果は毎月発行される「気候系監視報告」に関連情報とともに掲載されている。

9.3.1 エルニーニョ予測モデル

大気は常に地表や海面での境界条件を感じながら運動しており，具体的には，境界面で熱エネルギーや運動量(地表摩擦)の交換が行われる。数値予報における初期条件および境界条件の大気に対する影響は一般にメモリー(記憶性)とよばれ，メモリーは予測対象や期間に依存する。高・低気圧などでは初期条件に対するメモリーが大きいため，予測にあたっては初期の気象の場を的確に与えることが重要である。しかしながら，3か月を超えるような長期の予測においては初期条件よりもむしろ海面水温(SST)や土壌水分，積雪などの境界条件に対するメモリーが大きく，その影響を致命的に受ける。さいたるものはエルニーニョに伴う海面水温変化であり，上述のように地球規模の大気循環に影響を与える。また，エルニーニョは大気と海洋の表裏一体の現象であるため，1か月アンサンブル予報の場合のように，海面水温を外部的に強制的に与えて大気の運動のみを考えることは許されず，海洋中の循環(塩分，水温，流れ)と連立

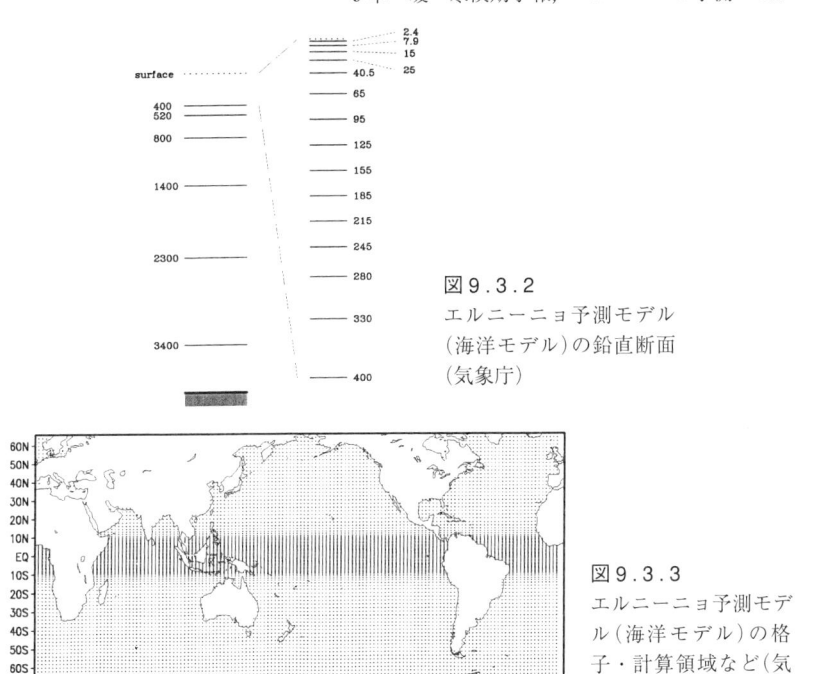

図9.3.2 エルニーニョ予測モデル（海洋モデル）の鉛直断面（気象庁）

図9.3.3 エルニーニョ予測モデル（海洋モデル）の格子・計算領域など（気象庁）

して考慮する必要がある．このためエルニーニョの予測には，「大気海洋結合モデル」とよばれる大気の運動の部分と海洋の温度変化などが連立（結合）して変化する予測モデルを用いる必要がある．気象庁が運用している結合モデルでは，大気モデルは低解像度（T＝42，鉛直21レベル）のGSMを用い，海洋モデルの水平解像度は2.5度（東西）×2.0度（南北）で，赤道付近では0.5度×0.5度と細かくしている．また，海洋では鉛直方向に20レベルを持っており，水深が400 mより浅い層に15レベルを配置している（図9.3.2参照）．これらの細かさは，赤道海域内で卓越し東西方向に伝播する波動擾乱（赤道波）および水深数百mまでの表層の水温（温度跳躍層などを）の変動を的確に記述するための措置である．また，モデルでは実際の海底地形を表現しているが最大水深を4000 mに抑えている．実際の計算では24時間に1回の割合で，大気モデル

側に対しては海洋モデルから表面水温や蒸発量などを規定し，一方，海洋モデル側に対しては大気モデルから得られる熱や運動量の流れを与えることにより，両者を結合させている。図9.3.3に海洋モデルの格子網および計算領域を示す。このモデルは月2回運用され，向こう約6か月間にわたり時間積分される。毎回の計算で初期条件が異なるため，一種のアンサンブル予報(LAG法)となっている。なお，海洋モデルの方は，船舶，漂流ブイ，定置ブイによる観測データを常時取り込んだ4次元同化に基づいており，日本周辺の表層の温度分布の常時監視などの役割も果たしている。

9.3.2 予測モデルの精度

図9.3.4は，1986年から1998年までの気象庁による50例の予測実験の結果を表わしている。予測対象はNINO3(エルニーニョ監視海域：150°W−90°W，5°S−5°N)海域の月平均海面水温(偏差)で，そのRMSE(根平均二乗誤差)の時間的経過が示されている。白丸でつないだ折線が予測モデルの結果であるが，白三角印の持続予報(初期の状態がそのまま持続するとする予報)および白四角印の気候値予報(気候値を予報とする)の場合のRMSEも併記されている。また，2種類の棒グラフは，基準となる気候値予報および持続予報に対するこの予測モデルの根平均二乗スキルスコア(RMSSS)を示している。ここでRMSSS=(1−RMSE(モデル)／RMSE(気候値予報または持続予報))×100である。したがって，RMSSSの値が正であれば予測モデルの方が成績がよく，もしモデルが完全であれば100となる数値である。RMSEで予測モデルの精度を見ると，ごく初期では持続予報より劣るが，2か月より先では完全に上回っている。また，RMSEの大きさは6か月くらい先までは0.5℃程度であるが，その後はしだいに増加し，気候値予報とあまり変わらなくなる。一方，予報モデルの成績(スキル)を見ると，持続予報および気候値予報のいずれよりよくなっているが，予報期間が経過するにつれて，対持続予報の方は増大するが，対気候値予報のそれは減少している。予測モデルの精度は期間が先に行くほど下がり，気候値に漸近するためである。

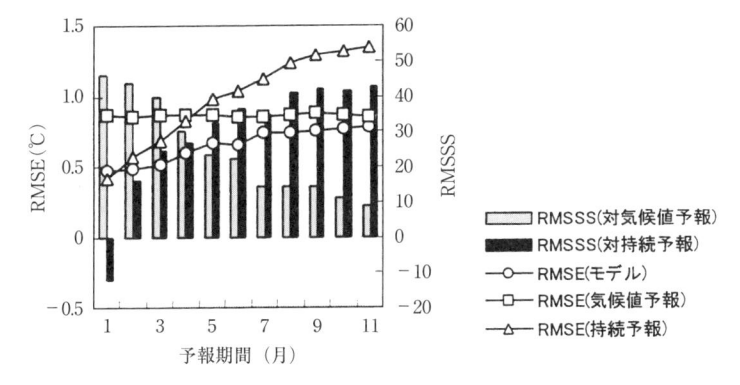

図9.3.4 エルニーニョ予測モデルの検証(気象庁)

　すでに2章で見たように日本の天候はエルニーニョ現象の影響を受けているが，同じエルニーニョが起こった年でもまったく異なった天候が現われるなど影響のプロセスが単純ではないことから，現時点では，エルニーニョ予測の結果を直接的に日本の天候に結びつけることは困難である。しかしながら，エルニーニョ／ラニーニャが現在どの段階にあるのかが的確に予測ができれば，3か月予報をはじめとする長期予報の改善に役立つことは間違いない。なお，米国においては日本に比べてエルニーニョの影響が強く出るため，米国気象局の13か月予報においては，エルニーニョ発生などが予測される場合はその効果が加味されている。

10章　週間アンサンブル予報(中期予報)

10.1　週間アンサンブル予報の考え方

　1週間程度先までの天気予報は，中期予報の区分に属する。テレビや新聞で毎日見られる週間天気予報は，当然向こう7日間をカバーしているが，予報を作成している気象庁側では最初の2日間のコマには短期予報用のRSMモデルに基づく予報の結果をあてはめ，残りの5日間の部分に実質的な週間予報モデルに基づいた技術を適用している。従来，週間天気予報は全球モデル(GSM)の192時間予報を基礎に行なわれてきたが，すでに述べた大気のカオス性に由来する予報の不確実性は，週間予報のような中期的予報においても後半の期間でしばしば顕著となり，同モデルを用いた決定論的な予測(単独初期値1組および予測値1組)にはおのずと限界があった。週間予報へのアンサンブル手法の導入は，5章で述べた「日替わり予報」に象徴される予報期間後半の予報の精度を上げようとするものである。週間アンサンブル予報は，1999年から試験運用が開始され，2001年から正式運用されている。また，アンサンブル手法の導入を機に後述の信頼度情報が付加された。

　週間予報および1か月や3か月予報などに導入されているアンサンブル予報技術は基本的に同じである。唯一ともいえる相違は，予報結果である天気や天候をとらえる時間軸と空間的広がりにある。すなわち，1か月予報では予報の内容が1週間や4週間の「平均値」，また3か月予報では1か月の「平均値」であるのに対して，週間予報では「実時間」が軸である。週間予報では発表される天気などは日単位(あるいは日平均)に丸められてはいるが，予報の時間軸についての考え方が平均ではなくズバリの時刻であり，したがって日別の予想天気図なども××日午後9時などと表示される。また，予報の地域的拡がりに

関しても短期予報と同じ府県規模の細かさであり，1か月予報などの複数県を含む広域的な予報区と異なっている。アンサンブル週間予報は，もっとも実現性の高い日々の天気の場を，たとえば低気圧などの一連の動きと連動させて，連続的な時間軸で予測していることになる。その意味で短期予報的考え方であり，使い方も1か月予報とはおのずと異なる。

10.2　予報モデルの仕様と運用

週間予報に用いられる数値予報モデルを「週間アンサンブル予報モデル」とよぶ。このモデルは「1か月アンサンブル予報モデル」とまったく同じで，ただ予報期間とメンバー数が異なるのみである。また両モデルは5章で紹介した全球モデル（GSM）（高解像度全球モデル）と基本的に同じであり，水平分解能を粗くした点（T = 213からT = 106へ）のみが異なっている。週間予報モデルの運用は，毎日12 UTC（協定世界時）を初期値として216時間先まで行なわれている。モデルの仕様は，4章（107ページ）の表4.1に示されている。

アンサンブルメンバー数は25個であり，初期値の作成方法は1か月アンサ

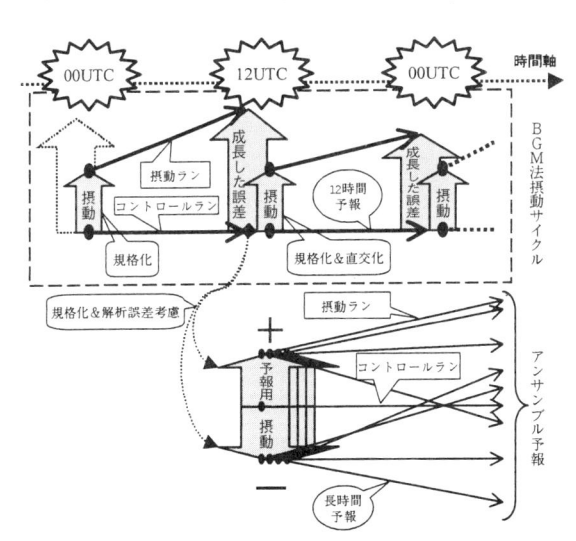

図10.2.1
週間アンサンブル予報システムにおける摂動作成サイクルとアンサンブル予報の模式図（「新しい数値解析予報システム」経田，2000）

ンブル予報と同じBGM法である。すなわちBGM法によりモデルの中で育てた発達率の高い摂動モード12個とその符号を逆にした12個，それにコントロール(観測に基づく解析値)1個を加えた合計25個である。なお，実際のメンバーの作り方は図10.2.1に示すような摂動サイクルを用いている。ただし，予報の計算領域は全球であるが，初期誤差を与える領域は，当初は日本付近の天候に影響が大きい高・低気圧の発達や発生(傾圧不安定波動)の不確実性を主にとらえられるように，北緯20度以北のみの北半球に限定されていたが，現在は北半球全域に拡大されている。

10.3 週間天気予報とガイダンス

　気象庁は，毎日の週間天気予報で日別の天気，最高・最低気温，降水確率を発表しているが，その基礎資料がガイダンスである。最高および最低気温ガイダンスは，それぞれ午後3時および午前3時に対応する上空の気温および湿度のアンサンブル予測GPVから作成される。予測GPVは25メンバーであるが，アンサンブル平均ではなくもっとも多数のメンバーで構成されるクラスター(群)(センタークラスターとよぶ)の平均値を用いる。ガイダンスは6章で述べたカルマンフィルターとよばれる手法を採用しており，重回帰式の説明変数の係数を予報誤差が最少になるように毎回変動させる方式である。降水確率は，アンサンブル予報の25メンバーのうち日積算降水量が5ミリを超えるメンバーの割合から求めている。天気は降水ガイダンスのほかGPVを用いて，予報官が判断している。なお，現在，週間アンサンブル予報のガイダンスは部内的に利用されているが，ガイダンス作成に必要なGPVとともに，部外にも配信される運びである。付録4に部外に配信されているGPV資料を記載した。

10.4　信頼度情報および週間予想・予報支援図

　図10.4.1は，気象庁が発表している週間天気予報の表示例である。これま

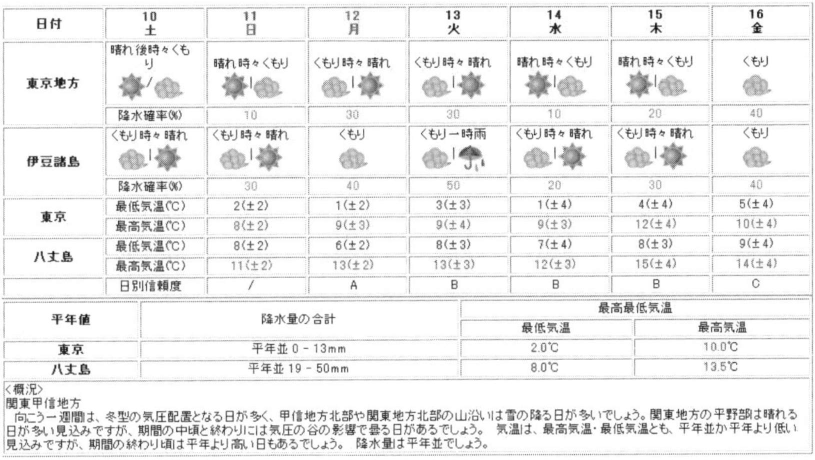

10 章　週間アンサンブル予報　205

日付	10 土	11 日	12 月	13 火	14 水	15 木	16 金
東京地方	晴れ後くもり	晴れ時々くもり	くもり時々晴れ	くもり時々晴れ	晴れ時々くもり	晴れ時々くもり	くもり
降水確率(%)		10	30	30	10	20	40
伊豆諸島	くもり時々晴れ	くもり時々晴れ	くもり	くもり一時雨	くもり時々晴れ	くもり時々晴れ	くもり
降水確率(%)		30	40	50	20	30	40
東京　最低気温(℃)		2(±2)	1(±2)	3(±3)	1(±4)	4(±4)	5(±4)
最高気温(℃)		8(±2)	9(±3)	9(±3)	9(±3)	12(±4)	10(±4)
八丈島　最低気温(℃)		8(±2)	6(±2)	8(±3)	7(±4)	8(±4)	9(±4)
最高気温(℃)		11(±2)	13(±2)	13(±3)	12(±3)	15(±4)	14(±4)
日別信頼度	/	/	A	B	B	B	C

平年値	降水量の合計	最高最低気温	
		最低気温	最高気温
東京	平年並 0 - 13mm	2.0℃	10.0℃
八丈島	平年並 19 - 50mm	8.0℃	13.5℃

〈概況〉
関東甲信地方
　向こう一週間は、冬型の気圧配置となる日が多く、甲信地方北部や関東地方北部の山沿いは雪の降る日が多いでしょう。関東地方の平野部は晴れる日が多い見込みですが、期間の中頃と終わりには気圧の谷の影響で曇る日があるでしょう。気温は、最高気温・最低気温とも、平年並か平年より低い見込みですが、期間の終わり頃は平年より高い日もあるでしょう。降水量は平年並でしょう。

週間天気予報の信頼度
- A(高い信頼度):予報期間前半の平均的な精度と同程度
- B(並の信頼度):予報期間後半の平均的な精度と同程度
- C(低い信頼度):予報期間後半の平均的な精度よりも低い予報精度

図 10.4.1　週間予報表示例(気象庁ホームページ)

での「天気」「降水確率」「最高気温」「最低気温」に加えて，新たに「日別信頼度」が加えられている．6章で述べたように1か月アンサンブル予報の精度情報は一連のスプレッドや出現確率などで記述されているが，週間予報では予報の確からしさを示す指標として「日別信頼度」をA，B，Cの3段階で表示している．

さて，信頼度Aは高い信頼度を意味し予報が週の前半の平均的なばらつきの大きさ以下の場合，Bは平均的な信頼度を意味し週の後半の平均的なばらつきと同程度である場合，Cはそれより大きい場合である．したがって，平均的な週間予報では，3日目から7日目までの信頼度の並びは，「AABBB」となり，期間の後半に予報の精度が通常レベルに下がることに対応している．しかし，安定した冬型などの場合は後半でも精度が落ちず「AAAAB」となる場合や不安定な変わりやすい週の場合には「ABBCC」などとなる．後者の場合は予報が変わっても対応可能なように計画の立案や最終決定を翌日に引き延ばすなどの工夫が必要である．なお，信頼度は北海道，東日本などの広域的な地域ごと

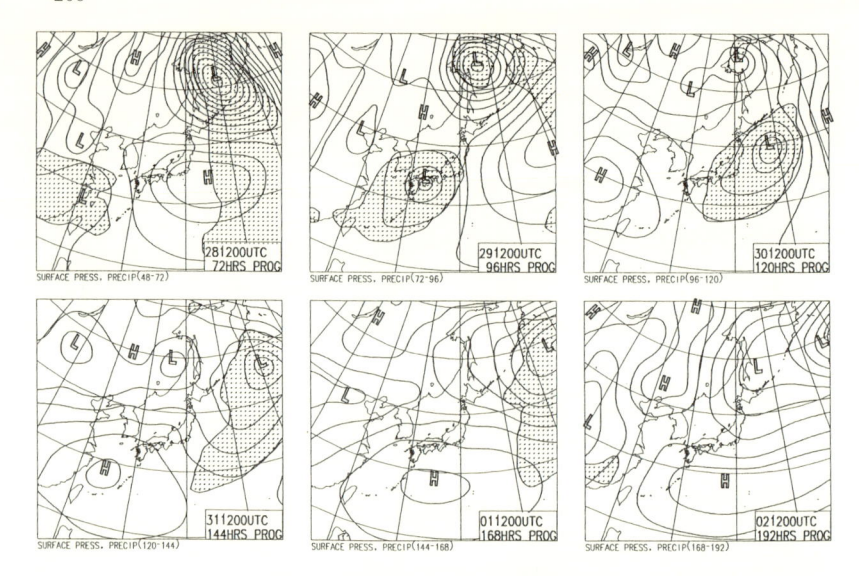

図 10.4.2　週間予想図例(気象庁)

に，アンサンブルメンバーから当該予報日の 500 hPa 高度場および海面気圧場のスプレッドを計算し，あらかじめ設定した閾値と比較して求めている。なお，非常に残念なことは，テレビなどのメディアでは週間予報の結果はほとんど天気のみが日別に表示されるのが一般的で，信頼度などはほとんど報道されていない。週間予報の有効な利用を図るためにも報道機関の理解と協力が望まれるところである。同時に，天気欄に晴れ，曇り，雨などの出現確率を総合的に表現する天気マークの工夫も望まれる。

　つぎに，図 10.4.2 は，気象庁が公開している「週間予想図(FEFE19)」とよばれる予想天気図である。当該日に対するアンサンブル予報の各メンバーの中から，もっとも出現率の高いメンバー群を自動的に抽出し，それらの平均値を描いたものである。すべて対象日の午後 9 時(12 UTC)に対する予想である。同図中の陰影部分は予報対象日(24 時間)の降水域を示す。このほか，図 10.4.3 に示す「週間予報支援図(一部を抜粋)」も公開しており，各日に対する高度場，温度場の表示のほか，500 hPa の特定高度線のばらつきやスプレッ

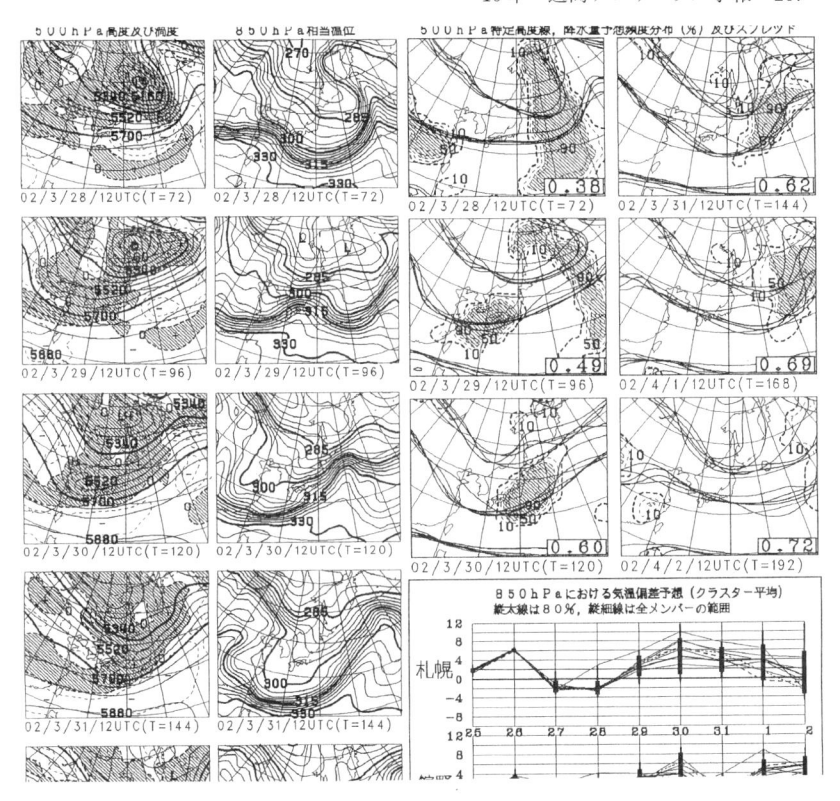

図 10.4.3 週間予報支援図例（アンサンブル）（気象庁）

ドなどの情報が記載されている。これまで何度か述べているように，こうした日別の情報に意味があるのは「週間予報程度の期間の予報」までであり，1か月予報ではこのような議論はとうていできない。週間予報はこれらの予想図や支援図を上述の日別の天気や信頼度とともに検討することにより，場の不安定さや気温，降水域の時・空間的推移がよく理解できるはずである。また，信頼度情報の持つ意味が一層明確になる。たとえば，晴れマークのつぎの日に現われている雨マークが本州南岸を通る低気圧による雨なのか，それとも日本海を進む低気圧によるものかなどの気圧配置や予想される状態（継続時間帯やどの地方が現象の中心かなど）がわかるため，一層有効な対策が可能である。是非

とも参照していただきたい情報である。とくに生産や流通，観光分野などにおける管理に役立つはずである。なお，週間アンサンブル予報の各メンバーのGPVが公開されているので，気温などに対する出現確率を求めることができ，11章に述べるような意思決定支援に利用可能である。

11章　中・長期予報の利用法

　1か月予報や3か月予報は本格的なアンサンブル予報に切り替えられてからまだ日も浅く短期予報のように生活に密着していないことや確率的な情報であることから，一般向けに定常的に報道されることは少ない。また，すでにアンサンブル化されている中期予報に属する週間予報も，一般向けの報道ぶりは短期予報と同形式にとどまっている。2003年秋からアンサンブル予報化された暖・寒候期予報についても同様である。こうした確率的情報の産業界などにおける利用はこれからという段階にあるといっても過言ではない。

　アンサンブル予報は，天気をカテゴリー（範疇）に分けて行う通常の短期予報とは明らかに異なるため，その特質などをうまく生かせば，意思決定に役立てることができる。この章では中・長期予報の全体像とそれらの利用上の留意点，確率予報の意義，意思決定におけるアンサンブル予報の利点，アンサンブル予報の一つの応用である天候リスク評価やウエザーデリバティブなどについて述べる。

11.1　中・長期予報資料とその入手方法

　気象庁の週間予報，1か月アンサンブル予報，3か月予報，暖・寒候期予報，エルニーニョ予測などの予報は，テレビや新聞などのメディアでそれなりに見ることができるし，民間でも1か月や3か月までの独自予報を行っている。しかしながらそれらはけっしてすべてではないし，ましてや関連する予報資料は種々の制約から一般にはほとんど報道されない。ところが，週間予報では降水確率や予報の信頼度，種々の支援図が，また1か月予報および3か月予報では，それぞれは毎週および毎月更新で予報のばらつき具合をはじめ種々の支援資料

表 11.1 気象予報メニュー総覧

予報期間	6 時間	2日	7日	30日	3か月	6か月程度
予報の種類	降水短時間予報	短期予報	週間天気予報	1か月予報	3か月予報	暖・寒候期予報
予報技術	運動学的 数値予報(MSM)	数値予報(RSM)	アンサンブル予報(GSM)	アンサンブル予報	アンサンブル予報 統計的手法を併用	アンサンブル予報 統計的手法を併用
予報要素	1時間降水量	カテゴリー(天気) 分布予報,降水確率, 最高気温,最低気温	カテゴリー(天気) 降水確率 最高気温,最低気温	階級出現確率(気温,降水量) 出現度数(気温,降水量,天気日数) 天候	階級出現確率(気温,降水量) 出現度数(気温,降水量) 天候	階級出現率(気温,降水量) 出現度数(気温,降水量) 天候
情報形態・性質	図形式,記号	カテゴリー,平文,記号	カテゴリー天気	カテゴリー,週平均値など	カテゴリー,月平均など	カテゴリー,季節平均など
発表/更新	毎時	3回/日	1回/日	毎週金曜日	毎月25日頃	暖候期(2月25日頃) 寒候期(9月25日頃)
空間解像度	5kmメッシュ	府県を数区に分割 20km格子	府県規模	地方ブロック規模	地方ブロック規模	地方ブロック・列島規模

が公開されている。したがって、こうした予報を自分のものとして有効に利用するためには、予報メニュー全体の把握はもちろんのこと、予報の基礎となっている技術や根拠、背景となっている資料および数値予報モデルの場合はその直接的な産物であるGPVデータなどを参照することが必要である。

　まず、気象庁から定常的に発表されている気象予報をマトリックス的に総覧してみよう。表11.1は、気象予報の種数、内容、予報期間、発表頻度、予報技術、空間解像度などを整理したものである。なお、3か月までの予報に関しては、民間の気象事業者による情報も同様の性質を持っている。

　つぎに、長期予報に関する予報資料については、「1か月予報資料」「3か月予報資料」「暖・寒候期予報資料」「全般季節予報支援資料」があり、FAX資料と総称される。それらの内容は6章、7章、8章および9章で説明した。このうち、1か月・3か月アンサンブル予報については、FAX資料以外に同モデルの出力値であるGPVと平均値や確率値など種々の統計量、さらにガイダンスが公開されている。また、10章で述べた週間アンサンブル予報のGPVについても公開されている。これらのGPV資料を付録4および5(249〜259ページ)に示した。FAX資料およびGPV等は「(財)気象業務支援センター」を窓口としてコンピュータ通信により部外にも提供されており、「(財)日本気象協会」の

ほか民間気象事業者を通じて入手可能である．民間気象事業者は，気象庁予報の解説のほか，ユーザーの要望に応じて GPV 等の編集・加工，さらに 1 か月先や 3 か月先までの独自予報を行っている．エルニーニョ予測の結果は「気候系監視報告(月刊，気象庁発行)」に掲載されているほか，民間気象事業者が解説を行っている．なお，週間予報に関しては，10 章で述べたように図情報である「週間予想図」「週間予報支援図」などのほか，週間アンサンブル予報モデルの GPV が上記のチャネルで入手可能である．最近では，こうした長期予報関連情報を購読型(有料会員制)のインターネット WEB サイトを利用して，民間気象事業者が提供している．(注)

11.2 リードタイムを考慮した情報の多段的利用

　個人や組織は，それぞれの目的に応じてスケジュールを立て，刻々流れて行く実時間軸の中で意思決定を行い，行動に移す．社会は千差万別のスケジュールで満ちており，この瞬間も新たなスケジュールの立案や決断が行なわれている．スケジュールは，将来の想定される事象の時点と現時点との時間差である先行時間(リードタイム)を考慮して，種々の利害や社会的・自然的条件の中で決められるが，その中でも気象要素の占めるウエイトはきわめて大きいと考えられる．しかしながら，日々の気象予測がカレンダーのように数か月や 1 年先まであらかじめわかれば，その利益ははかり知れないが，技術はとうていそこまで行っていない．以下に，気象情報を有効に利用するために留意すべき点をいくつか挙げてみよう．

11.2.1 予報メニューの階層性

　3 章で，個々の気象現象はそれぞれ固有の特質(短周期的な現象ほど空間的な拡がりも小さく，逆に長周期的な現象ほど空間スケールも大きい)を持っていること，また，対象とする現象(たとえば高・低気圧)の特徴的な周期の何倍も

(注) http://www.longrange.jwa.or.jp など

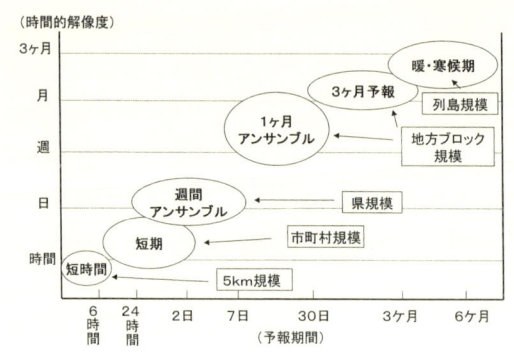

図11.2.1
気象予報メニューの予報期間，時間・空間解像度

の期間にわたって，その発生・発達・移動・衰弱の推移を唯一の解として予測（追跡）することは大気のカオス性から不可能であり，確率的な情報としてとらえるしかないことを述べた．さらに，予報期間が長くなるほど，カオスのほかにモデルの不完全さ，さらに境界条件などに起因して誤差が増大することも述べた．これらのことは数時間先から数か月先までの気象を，唯一つの予測モデルを用いて，同じ精度や細かさで一連のものとして予報することはできないことを意味している．

図11.2.1は，現在の気象予報メニューを，予報期間と時間的・空間的な解像度（きめ細かさ）で整理したものである．この図を見ると，ある予報期間ごとに種々のメニューが区分されていること，全体が右肩上がりになっていることがわかる．とくに，予報期間の全体がいくつかの離散的なメニューで，重層的にカバーされていることに注意して欲しい．この図の意味していることをカレンダーになぞらえて言えば，時間単位の予測が可能なのはたかだか10時間程度先まで，ついで日めくり的な予報が可能なのは1週間程度先までで，その先からは数日から週平均単位程度となり，1か月先の予報になると半月平均単位程度，さらに3か月先となると月平均単位が精一杯である．それ以上は夏や冬など季節の平均状態となる．同時に，同一の予報（現象）とみなされる地域的広がりもだんだん広域となる．さらに，予報要素も近未来の場合の詳細な天気（雲量，気温，風などの時間変化）から，週間予報では日単位に丸められた天気，1か月予報ではたかだか週平均の気温や降水量，日照時間などと限られてくる．

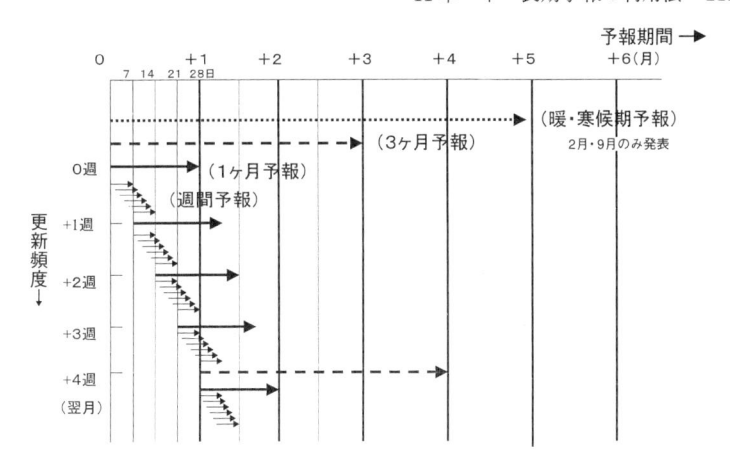

11章　中・長期予報の利用法　213

図11.2.2　気象予報メニューの予報期間と更新頻度

すなわち，ある日を起点とした予報カレンダーの情報は，手前ほど細かく部厚で，先に行くほどまばらで薄くならざるを得ない宿命にある。

つぎに，気象予報メニューの階層性と関連して重要なことは，各メニューに必ず有効期間があり，したがって期間が満了するまでの間に，必ず予報が何度か更新される。予報は更新された瞬間に陳腐化し，新しい予報で置き換えられ，そのたびごとに実質的な予報期間が少しづつ先に動いて行く。一般に，新しい予報ほど精度が高いことから，最新の予報についての継続したモニターが必要である。図11.2.2は各種メニューの更新の様子を示したものである。具体的には，予報の更新のタイミングは，短時間予報では毎時，短期予報は日に3回，週間予報は毎日，1か月予報は毎週金曜日，3か月予報は毎月25日ころ，暖・寒候期予報は2月25日ころおよび9月25日ころに，それぞれ更新発表される。ちなみに気象レーダーでは，降水現象の移動を10分間隔で追跡し，結果が公表わされている。まず，気象予報の利用にあたっては，このように各メニューが必然的に階層性とそれぞれに固有の予報期間(有効期間)，解像度を持っていることを念頭におくべきである。

図11.2.1および図11.2.2は，角度を変えれば現在の気象予報技術レベル

全体の到達点を表わしていることになる。日本の予報技術は世界のトップレベルにあるが，予報サービスの内容および水準は，気象学の進展と予報技術，世の中のニーズ，さらに諸資源とのトレードオフの結果で実行されているものであり，近年かなり速いペースで改変が行なわれている。今後も予報サービスのフロントは動いて行くものであり，継続的なモニターが必要である。

11.2.2 情報の多段的適用

気象予測は種々のメニューと特質や精度を持っているが，少なくとも気象庁の予報を対象とすれば，内容や頻度などは特定のユーザーを意識して設計されたものではない。これまで気象学の進歩を踏まえながら，広範なユーザーの要望を最大公約数的に満たすべく，その幅を広げてきたといえる。その意味で個人や組織にとっては，帯に短かしたすきに長しの観があるのは否めない。近年，気象に関する情報は，世の中に溢れており，また気象庁以外に民間気象事業者からもさかんに提供されている。個人や組織が気象や天候に起因するリスクを回避，あるいは逆に天候などを積極的に利用しようと思えば，こうした予報メニューを常にサーベイして，それらを自己の目的に沿って整理し直す作業が是非とも不可欠である。

一般に，個人や組織の意思決定や工程のリードタイムの中には図11.2.2にみるように参照可能な予報メニューは複数存在し，それぞれ複数回の更新が行なわれる。したがって，意思決定のリードルタイム軸に沿って，あらかじめ各時点で入手可能な予報メニューを整理・評価しておき，多段的に適用して行く工夫が重要である。たとえば，表11.2は，毎日発表される週間予報についての予報チェック表の例である。横軸・縦軸に日付をとり，対応する実況値(天気，最高気温)および，予報を更新に合わせて内容を順次記入していけば，これまでの予報の経過と今後の予報の安定性などをチェックすることが可能である。当該日を縦にみれば一種の精度を示す。同様の表は，1か月予報や3か月予報における階級出現率などにも適用可能である。気象予測の精度は，ちょうどポップコーンの拡がりのように時間が先に行くほど落ちることは避けられな

11章　中・長期予報の利用法　215

表11.2　週間予報の表示と検証例

時間軸(日)	1日(月)	2日(火)	3日(水)	4日(木)	5日(金)	6日(土)	7日(日)	8日(月)	9日(火)	10日(水)	11日(木)	12日(金)	13日(土)	14日(日)
実況(天気,最高気温)	○、21	○、24	○、20	●、19	●、18	◎、22	○、25	○、23	●、20	●、18	?	?	?	?
予報(天気、最高気温)														
1日発表	○、21	○、23	○、22	●、20	◎、22	◎、22	○、26	○、24						
2日発表		○、24	○、23	●、22	◎、22	○、21	◎、24	○、22	◎、23					
3日発表			◎、20	○、21	●、18	◎、23	◎、23	◎、22	○、24	●、20				
4日発表				◎、19	○、20	◎、22	◎、24	◎、25	◎、23	◎、22	●、22			
5日発表					●、18	○、22	●、22	◎、24	●、23	◎、21	○、24	●、20		
6日発表						◎、22	◎、23	◎、22	◎、23	○、24	◎、22	◎、25		
7日発表							○、25	◎、22	◎、21	◎、22	○、24	◎、25	●、22	
8日発表								◎、23	●、20	◎、22	○、21	◎、22	○、24	◎、26
9日発表									●、20	●、20	◎、23	◎、22	◎、25	○、26
10日発表										●、18	○、24	◎、21	◎、25	◎、26

(注)何れも発表日の予報欄は実況値、また天気、最高気温は仮想値である

いから，その幅をあらかじめ把握しておく必要がある。いまのところ半年先以上の予報は悲しいかな気候値予報しかない。また，つねに最新の情報を継続してモニターすべきであり，更新情報を取り込まず一回こっきりの古い情報のみで対応することは厳に慎まねばならない。週間予報はアンサンブル化されたとはいえ今後も「日替わり予報」は起こりえるし，1か月や3か月予報でも必ず新しい予報を参照すべきである。こうした情報の整理やカスタマイズはユーザー自身で行うことは可能であるが，近年，気象予報士や民間事業者など専門家の協力をえることが可能な環境となっている。

11.3　意思決定における予報の効用

11.3.1　コスト-ロス比モデル

　気象や天候が通常の変動範囲から大きく偏ると，災害はもちろん，農産物の作況悪化や販売機会の減少などとして顕在化する。農家や企業などの意思決定者は，一般に，こうした悪天候(イベント)の発生の恐れ—予報—に対してなんらの対策もとらなければ種々の損失(ロス，L)が発生し，かといって対策を施すには費用(コスト，C)が必要である。イベント発生に対する予報を信じて対

		現象の状態(悪天候)		期待費用(E)
		s_1(あり)	s_2(なし)	
対策	a_1(あり)	C	C	$E_1 = r_1 + r_2 C = C$
	a_2(なし)	L	0	$E_2 = r_1 L$
確率ベクトル(r)		r_1	r_2	(注)$r_1 + r_2 = 1$

コスト-ロス／費用マトリックス

表11.3 意思決定の選択肢とコスト-ロス費用マトリックス

策をとり，損失が軽減できる場合もあるが逆にイベントが起こらずに対策のとり損の場合もある。こうした損失可能性は，企業などにとっては天候リスクとなる。こうしたイベントの恐れに対して意思決定者が予報を用いた場合の経済的効用は，いわゆるコスト-ロス比モデルで議論されている(Murphy, 1977；Richardson, 2000；立平, 1999 など)。

もっとも基本的なコスト-ロス比モデルでは，想定される状況は現象(イベント)の生起が「ある，なし」と，それに対する意思決定者の対策の「ある，なし」の組み合わせで記述できる。以下，マーフィー(1977)の研究に沿うと，イベントに関してはその現象が起こるか(s_1)，起こらないか(s_2)の二つ，またイベントに対する意思決定者の選択は対策をとるか(a_1)，とらないか(a_2)の二つに限られる。これらの二値的な選択から四つの組み合わせ o_{mn}(m, n=1, 2)があり，マトリックスで表わされる。すなわち，o_{11}=|対策あり，現象あり|，o_{12}=|対策あり，現象なし|，o_{21}=|対策なし，現象あり|，o_{22}=|対策なし，現象なし| となる。

四つの状況についての意思決定者の損得勘定は，一般に金銭的費用で表現でき，対策に要する費用(C)の投入により，対策を施さなかった場合に発生する損失(L)が完全に抑制されると仮定する。したがって，結果 o_{mn} に伴う費用を e_{mn}(m, n=1, 2)で表わすと，対策をとる場合 $e_{11} = e_{12} = C$ である。さらに，対策がとられなくて現象が起こった場合の損失を L と考えると $e_{21} = L$ となる。最後に，対策がとられず現象も起きない場合の損失は0だから $e_{22} = 0$ となる。表11.3 に各選択肢と対応する費用／損失マトリックスを示す。ここで費用およ

び損失は有限であり，かつ損失を上回る費用の投入は考えないから $0 \leqq C \leqq L < \infty$ である．

コスト-ロス比モデルでは，イベントの生起は確率ベクトル $r(r_1, r_2)$ 表わされ，$r>0$, $r_1+r_2=1$ であり，r_n は先の $s_n (n=1, 2)$ に対応する確率である．ここで予報は一般に主観的あるいは客観的に生産されるが，結果としてこの確率 r は実際のイベント出現の相対度数あるいは予報の主観的な信頼度と解釈できる．すなわち，もし100回の予報に対して，確率が60%と予報されたのであれば60回その事象が出現すること（$r=0.6$）を意味する．

11.3.2 意思決定における予報の最適ルール

ここでイベントの対策あり，対策なしに伴う費用が平均としてどうなるか――期待費用（E）という――を考え，それぞれ E_1, E_2 とする．対策ありの場合では E_1 は合計 $rC+(1-r)C=C$ となり，対策なしの場合ではイベントが起こった時のみ損失が発生するから E_2 は rL となる．意思決定者は常に損失が最少になるように選択を行うと仮定する．したがって，意思決定者は，当然 $E_1>E_2$（$C>rL$）であれば対策をとらず，$E_1<E_2$（$C<rL$）であれば対策をとることになる．すなわち，意思決定者は予報の確率（r）がコスト-ロス比（C/L）を上回る場合（$r \geqq C/L$）に限り対策をとり，逆に下回る場合（$r<C/L$）には無対策を選択することにより，損失を最小限にすることが可能である．このルールの意味するところは，各意思決定者のシステムのコスト-ロス比があらかじめわかれば，発表される予報 r に有効に対処することができる原則を示している．

このルールは，たとえば，意思決定者のシステムの雨に対するコスト-ロス比（C/L）が10%程度と小さい場合，予報（r）の確率が20%程度と低い場合でも十分引き合うことを示している．逆にコスト-ロス比（C/L）が大きい場合には，予報がそれより大きくないと対策の効果はかえって赤字となる．しかしながら，このルールはあくまで予報（r）どおりにイベントが生起する――すなわち信頼性のある予報である――との前提に立っているから，実際の場面では，このルールの有効性はイベント発生に対する予報技術の信頼性にかかってくる．

11.3.3 基本予報技術の期待費用と価値

すでに述べたように,現行の中・長期予報はアンサンブル予報に基づいた確率的予報が行なわれているが,ここで以下の四つの基本的な予報技術について,予報を適用した場合のそれぞれの期待費用や予報の価値がどのような関係になっているかを見てみる。

① 気候値予報(CLIM)場合の期待費用

雨の降る降らないは,日ごと場所ごと季節ごと,また年ごとに異なるが,1年を対象とした雨についての気候値予報を,毎日の降水予報にあてはめれば,雨の降る確率rは当然毎日同じになる。すなわち,雨の降る確率は,その場所の平年の年間降水日数÷365日に等しいとみなすことである。このように系(標本)の本来の現象発生確率(r)を気候値予報の確率(p^c)という。p^cは現象が起こった場合の確率を1,起こらなかった場合の確率を0として全回数を平均したものである。したがって,前記の選択ルール$(r>C/L)$から,気候値予報の確率(p^c)がコスト-ロス比より大きい場合は対策をとることにより損失が軽減され,逆に小さい場合は対策なしの選択となる。ここで期待費用をn回数$\times L$で割って,1予報回数あたり1Lあたりに標準化して考えると,平均期待費用$E(\mathrm{CLIM})$は,

$$E(\mathrm{CLIM})= \begin{cases} C/L & \text{if } p^c \geq C/L \\ p^c & \text{if } p^c < C/L \end{cases}$$

となる。図11.3.1に$p^c=0.3$および0.5の二つの場合のコスト-ロス比(C/L)と$E(\mathrm{CLIM})$との関係を太実線で示す。$p^c=0.3$の場合,コスト-ロス比が0.2のユーザーは,0.2Lの対策費用で本来起こりえる損失0.3Lを回避することができる。すなわち,たとえば,$L=100$万円,$C=20$万円のユーザーの場合,100回の予報試行に対して,現象発生により起こりえる損失費用30回$\times 100$万円$=3000$万円に対して,実際の対策費用の合計は100回$\times 20$万円$=2000$万円となる。結局,対策により1000万円の費用節減になる。同様に$p^c=0.5$の場合には3000万円の節減となる。なお,コスト-ロス比$=p^c$のところで,費用節

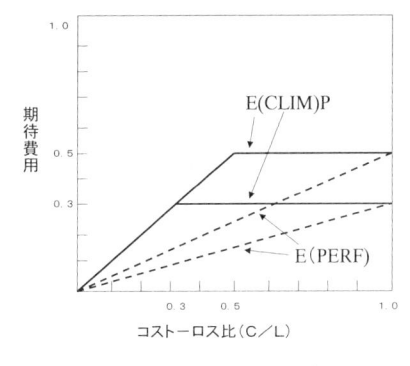

図 11.3.1
予測技術とコスト-ロス比
(実線：気候値予報，点線：完全予報)

減額はゼロ(対策費と損失額が同額)となる。

② 完全(PERF)予報の場合の期待費用

この標本の場合は予報が完全であるので，現象ありの予報の場合のみ対策をとることになる。また，完全予報では，現象ありと予報される回数(これは現象が観測される回数に等しい)は，全予報回数のうち本来起こるべき回数(気候値)に一致するはずだから，全予報回数×p^c である。したがって，この場合に要する費用の合計は，現象ありと予報される回数と1回あたりのコスト C の積になる。標準化された $E(\text{PERF})$ は，

$$E(\text{PERF})=p^c(C/L)$$

となり，コスト-ロス比 C/L に比例する。当然，完全予報は他のすべての予報技術に比べて期待費用は少なくその下限値を与える。先の図 11.3.1 に $p^c=0.3$ および 0.5 の場合の完全予報のグラフを点線で示す。$p^c=0.3$ の場合を見ると，①と同じコスト-ロス比が 0.2 のユーザーは，$0.06L$ の費用で $0.3L$ の損失を回避でき，2400万円の費用節減となり，気候値予報に比べても 1000万円少ない。なお，完全予報では，コスト-ロス比が1のところで費用節減額がゼロとなる。

③ カテゴリー(CAT)予報の場合の期待費用

カテゴリー予報は，事象を発生する／発生しない，強／中／弱など複数のカテゴリー(範疇)に分けた予報である。一般に，カテゴリー予報は確率で表わす

ことが可能だから、意思決定者は予報の確率がある基準値(p^*)を超えるかどうかで対策を決めることになる。すなわち、対策あり($p>p^*$)、対策なし($p<p^*$)である。この時の全費用は、対策をとった回数×Cと、対策なしで現象の起こった回数×Lの合計だから、結局、n回の予報に対して標準化された期待費用$E(\mathrm{CAT})$は、

$$E(\mathrm{CAT})=(1/\mathrm{n})[(C/L)\times(対策ありの回数)+対策なしの回数]$$

となり、C/Lに比例して増加する。

なお、確率予報を二値的なカテゴリー予報に変換する場合、通常$p^*=0.5$と設定される。

④ 確率(PROB)予報の場合の期待費用

確率予報ではrがたとえば0.1(10%)刻みで与えられる。この場合も期待費用はカテゴリー予報と同様に考えることができる。今度は、カテゴリー予報の場合のp^*と異なって、確率rが$r\geq C/L$を満たす場合のみ対策ありとなる。したがって、先の$E(\mathrm{CAT})$の式の中で、対策あり、対策なしの回数がC/Lの関数となるため、右辺第1項の積の部分が非線形となる。結局、標準化された$E(\mathrm{PROB})$は、

$$E(\mathrm{PROB})=(1/\mathrm{n})[(C/L)\times(対策ありの回数(C/Lの関数)\\+対策なしの回数(C/Lの関数))]$$

となる。

つぎに、以上の四つの予報技術において、気候値予報の$E(\mathrm{CLIM})$に比べてどれだけ費用を下回れる(節減できる)かで、それぞれの価値(V)を比較することができる。すなわち、完全予報価値は$V(\mathrm{PERF})=E(\mathrm{CLIM})-E(\mathrm{PERF})$、気候値予報価値は$V(\mathrm{CAT})=E(\mathrm{CLIMT})-E(\mathrm{CAT})$、確率予報価値は$V(\mathrm{PROB})=E(\mathrm{CLIM})-E(\mathrm{PROB})$とそれぞれ定義できる。当然、$V(\mathrm{PERF})$は全$C/L$の範囲について価値の最大値を与える。また、四つの予報技術の価値Vを完全予報の価値$V(\mathrm{PERF})$で割り、相対価値として、それぞれ気候値予報相対価値=

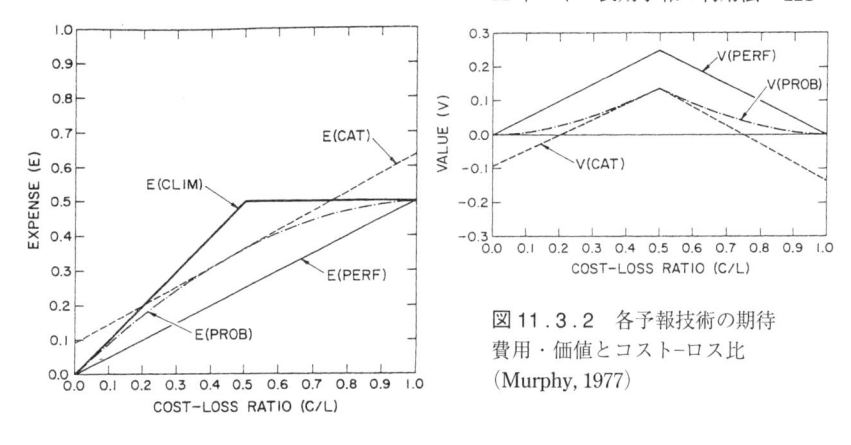

11章 中・長期予報の利用法 221

図11.3.2 各予報技術の期待費用・価値とコスト-ロス比 (Murphy, 1977)

$RV(CAT)=V(CAT)/V(PERF)$ のように定義することもできる。

図11.3.2は,それぞれ上記四つの予報技術の期待費用 E(左側に示す)および価値 V(右側に示す)について,コスト-ロス比の関係を表わしたものである。相対価値については省略した。なお,$E(PERF)$ および $E(CLIM)$ のグラフの形は p^c が与えられれば一義的であるが,$E(CAT)$ および $E(PROB)$ はどのような標本を考えるかにより変わる。ここでは標本として0から100%まで10%刻みの11階級を設定し,それぞれの階級に対して10回の予報を行い,現象が起こった相対度数も予報どおりに等しいと仮定(完全信頼予報:予報した割合で事象が起こる)している。全予報回数110回,発生回数55回,$p^c=0.5$,$p^*=0.5$ である。

これらの図を見ると,カテゴリー予報の期待費用(価値)は C/L の中域部分では気候値予報より少なく(大きく),その両側では多い(小さい)。また,確率予報の期待費用(価値)は,C/L のすべての範囲で,気候値予報とカテゴリー予報の期待費用(価値)に等しいか,または少ない(大きい)。とくに,確率予報の期待費用(価値)は,$0.1<C/L<0.3$ および $0.6<C/L<0.9$ の範囲で他の予報に比べて少なく(大きく)なる。

ここでの重要な結論は信頼性のある確率予報は,前述のルール($r=p>C/L$ の時に対策をとる)に従えば,気候値予報およびカテゴリー予報に比べて期待

費用を少なく押さえることができ，予報の価値が大きいという点である．このことは確率予報であるアンサンブル予報を意思決定者が自己システムのコスト－ロス比を考慮して対策を施せば，メリットがあることを意味している．

11.3.4 アンサンブル予報の優位性

リチャードソン(2000)は各種予報技術の相対価値を実際のアンサンブル予報を素材に比較した．図11.3.3はアンサンブル予報モデルを利用して，先に述べたコスト－ロス比モデルの考えに沿って，5日先の日降水量が10 mm以上である現象を対象とした3か月間の実験結果である．なお，ここでの相対価値は，$RV=E(\mathrm{CLIM})-E(\mathrm{FORC})/E(\mathrm{CLIM})-E(\mathrm{PERF})$と定義されている．これは完全予報による気候値予報の損失期待値の軽減に比べて，実際の予報による損失軽減がどれだけ気候値予報より軽減できるかを意味している．つまり，RVは予報精度が良くて完全予報に達すれば1となり，逆に気候値予報と同じレベルであれば0となる．RVが正であれば予報技術は効用を持つことを意味する．

ここで略号EPSはアンサンブル予報，EMはアンサンブル平均予報，Control(コントロール)は決定論的(初期値1組に対する)な予報である．なお，EMとControlはカテゴリー予報に対応する．

この図を見るとアンサンブル予報ではアンサンブル平均を施した予報の相対価値は非常に芳しくなく，コントロール予報より悪くなっている．一方，アンサンブル予報の全メンバーを利用した場合は，より広いC/Lにわたって相対

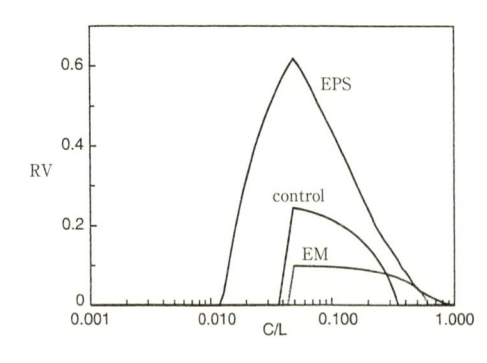

図11.3.3
アンサンブル予報と各種予報技術の相対価値の比較
(Richardson, 2000)

価値が高いことを示している。このことはアンサンブル平均予報では，平均化により予報(現象)が平滑化され，より厳しい現象の発生が低く予報されることに対応している。アンサンブル予報に基づく確率予報は，このような相対的に大きな偏りを持つ現象の恐れのリスク回避に対して非常に価値が高いことを例示している。

11.4　アンサンブル予報の応用

週間・1か月・3か月予報および暖・寒候期予報がすべてアンサンブル予報化されている。前節のリチャードソンの実験は，アンサンブル予報の確率的情報をユーザー固有のシステムの中に取り込むことにより，その効用が増大する可能性を示唆している。

11.4.1　確率予報

応用プログラムとまで行かなくても，まずアンサンブル予報の確率を使うだけでも価値がある。「確率予報」という言葉は毎日の天気予報の中で「降水確率」としてすでにおなじみとなっているが，1か月予報での確率も考え方は同じである。ただ降水確率は，1ミリ以上の雨が降るか降らないかの二値のうちの「降る確率」だけを表示しているが，1か月予報の確率では，3階級のすべてについて出現予想確率を表わしている。つまり気温ならば「低い」「平年並」「高い」になるそれぞれの確率，また降水量や日照時間の場合は「少ない」「平年並」「多い」になる確率を示している。

確率予報で「低い」の確率が10％，「平年並」が40％，「高い」が50％と表わされている場合に，この確率の分布はどのようなことを意味しているのだろうか。通常の気候の場合，「低い」「平年並」「高い」の各階級は，1章で述べたように，それぞれ1/3ずつの |33％：33％：33％| の割合の出現率と定義する(過去30年の観測値による)。この予報の場合では，3階級の内の「高い」となる確率がもっとも大きく50％となっており，3階級の中では一番実現の可能性が

```
          低い       平年並       高い
        ┌────────┬────────┬────────┐
        │  33%   │  33%   │  33%   │
        └────────┴────────┴────────┘

              低い           平年並   高い
        ┌──────────────┬──────────┬────┐
        │     60%      │   30%    │10% │
        └──────────────┴──────────┴────┘
```

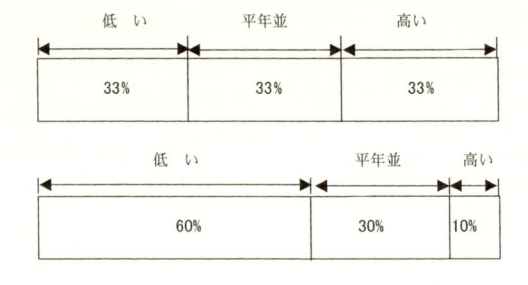

図 11.4.1
確率予報の例
通常の気候状態における
出現率と確率予報

大きい階級である。その一方で「低い」と「平年並」を合わせた確率も 50％となっており、「低いか平年並」となる可能性も 50％はある。これではあまり情報としては価値がなさそうであるが、さらに見方を変えて「低い」となる可能性に着目すると、この確率はわずか 10％しかない。つまり、「低い」となる可能性(利用者によっては、気温が低いことは不利益をもたらす危険性ともいえるかも知れない)はきわめて小さく、「90％の確率で平年並以上の気温」を予想していることを表わしている。

ところがこのような状況の時、従来の断定的な 1 か月予報では「向こう 1 か月の気温は「高い」とひと言で表現され、その予報が実現する可能性についての情報は含まれていなかった。つまり、確率をつけたこのアンサンブル長期予報では、予報の信頼度もあわせて表現していると同時に、その予報を利用する場合の危険率も合わせて表現していることになる。確率をつけた予報では、たくさんの数字が羅列されるので、いくぶんわずらわしくも感じられるが、それ以上に役に立つ情報が盛り込まれている。

図 11.4.1 には気温を例にとって、通常の気候状態時の「低い」「平年並」「高い」の出現率と、発表した確率予報の結果を示してある。この図では大気の状態が、平年よりも低温となる方に偏っていることを表わしている。このように確率をつけたことにより、これまでよりも豊富な情報が提供できるようになっている。

11.4.2 アンサンブル予報を利用した天候リスク評価

すでに見たように，気象予測は気象庁の生産する原情報まで遡れば多種多様な情報が入手可能な環境にある．たとえば，向こう30日先までに限ってみても，週間および1か月アンサンブル予報のGPVがそれぞれ12時間および1日単位の時間解像度で公開されており，種々のガイダンスや統計値も参照可能である．従来から，ある程度でき合いの最終製品型の予報データを引数(参照値)として，種々のオペレーション分野で意思決定が行なわれているが，それらの原情報はこれまでのところ決定論的な単一予報値に基づいている．ここで述べる天候リスク評価のユーザー応用プログラムは，個々のユーザーを対象にアンサンブル予報が持つ確率的情報を利用して，意思決定支援のための具体的情報を提供しようとするものである．この構築には，従来に比べて意思決定者のシステムに関する情報および予測に利用する情報の性質の両面で大きく異なっており，一段と上流部へ遡る作業が必要である．すなわち，応用プログラムの構築には企業の売上などの内部情報とそれに影響を与えている気象情報の詳細な分析が必須であり，大量の統計処理・解析および金融工学的なノウハウが必要となる．同時に運用段階でもユーザーと民間気象事業者などとの共同作業が必要となる．

この応用プログラムの基本的コンセプトは，個々のユーザーシステムにおける売上や支払額などのパラメータの変動確率を，アンサンブル予報のGPVを利用して求め，意思決定者の判断を支援しようとするものである．応用プログラム構築と運用のダイアグラムを図11.4.2に示す．

応用プログラムが有効に機能するためには事前の分析作業が不可欠である．事前作業はつぎの二つのサブプログラムからなる．①はユーザーシステム(企業の売上や生産過程など)と気象／天候に対する依存性(感応度)分析とそれを通じて得られる両者の相関関係プログラムの導出，②は相関関係式における気象／天候の引数をアンサンブル予報から求める変換プログラムの作成である．

①の作業では，気象官署をはじめアメダスなどの気温や降水量などの過去の観測データを利用して，ユーザーシステムの持つ生産量や需要，損害などとの

```
┌─────────────────────────────────────┐
│ 予め、売上や損失などと気象要素との相関関係を │
│ 過去データに基づいて分析、定式化         │
└─────────────────────────────────────┘
         │ (事前作業)
         ↓
   ┌──────────┐
   │ 相関関係式 │ ────→  ┌──────────┐
   └──────────┘         │ 天候リスクの│
         ↑   (オペレーション) │ 確率的評価 │
         │                │ ・対策     │
   ┌──────────┐         │ ・プライシング│
   │ 気象予測データ│         └──────────┘
   │(アンサンブル予報GPV)│
   └──────────┘
```

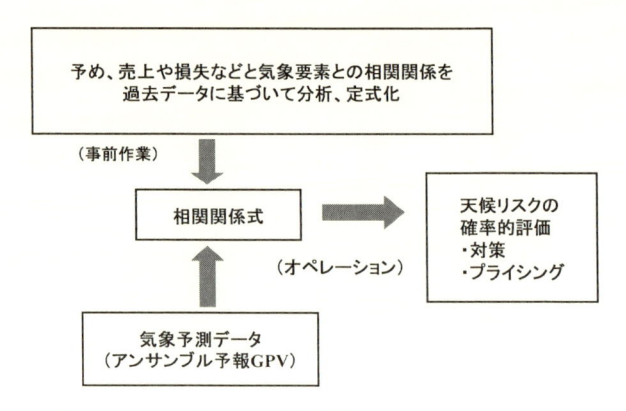

図 11.4.2　天候リスク評価応用モデルのフローチャート

相関を分析する。災害発生や損益などの分岐点の分析も含まれる。利用する観測データは，公的なもの以外にユーザー自身のものでも構わない。また，実測データでなくてもその時刻に対応する過去の予測情報(解析値とよばれる)を利用できる場合がある。ここで，ユーザーの関心パラメータである目的変数を Y (たとえば，ある期間の売上高など)，説明変数を X_n (X_1＝月平均気温，X_2＝月降水量など)とすれば，$Y=Y(X_n)$ と表わされる。$Y(X_n)$ の形を具体的に求めるのが相関分析であり，回帰式など種々の方法がある。この作業の基本は，6章で述べたガイダンスの作成過程と同じである。この作業が成功すれば，過去データの世界で X_n の変動に応じた売上や損失，対策費など変動性(天候リスク)が把握できたことになる。

②の作業は，アンサンブル予報の GPV から X_n を導く変換式をあらかじめ作成する作業である。ある1格子点あるいは複数格子点の GPV から X_n (特定地域・地点の気象／天候)へ細分する変換プログラムの作成である。常套的な方法は，やはり①におけると同様にあらかじめ過去データの世界(過去のアンサンブル予報と対応する時刻の X_n)で両者の関係を統計的に導くことである。今度は X_n が GPV の関数となるので，$X_n=X_n(F_k)$ の形を決める作業である。ここで F_k は GPV 要素(たとえば，850 hPa の温度，500 hPa の高度など)である。

さて，応用プログラムの実際の運用段階では，各格子点にはメンバー数(m

```
┌─────────────────────────────────────────┐
│ アンサンブル予報を利用した定量的リスク評価モデル │
└─────────────────────────────────────────┘
```

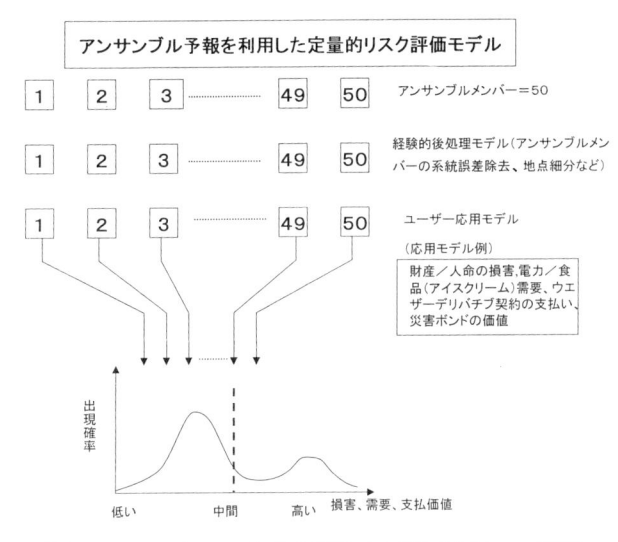

図11.4.3 パルマーによる応用プログラム（Palmer, 2000）

とする）だけの GPV が存在するから，変換プログラム（$X_n = X_n(F_k)$）を通じると m 個の X_n 分布が得られる．ついでそれぞれの X_n を機械的に $Y = Y(X_n)$ に代入することにより，Y が同じく m 個得られる．結局，最終的にアンサンブル予報を引数として，Y についての出現確率分布が得られる．したがって，意思決定者はこの確率分布を前述のコスト-ロス比モデルなどのルールに従って評価し，対策をとるか否かの判断が可能となる．たとえば，図11.4.3で出現確率の低い山が見られるが，たとえ確率が低くてもこの部分の発生により大きな損失をこうむる恐れのユーザーは，コスト-ロス比やその他の要因を考慮した対策をとることが可能である．このような意思決定は従来の決定論的な単一予報ではもともと不可能であり，確率的予報で初めて可能となる．

図11.4.3はパルマー（2000）のこのような考えに基づくアンサンブル予報（50メンバー）の出力とユーザーの応用システムとを結合させた定量的なリスク管理モデルのダイアグラムである．天候の偏りに伴うリスクとして，洪水による財産の損失，エネルギー需要，ウエザーデリバティブ契約の清算，災害証券の運用などが例示されている．

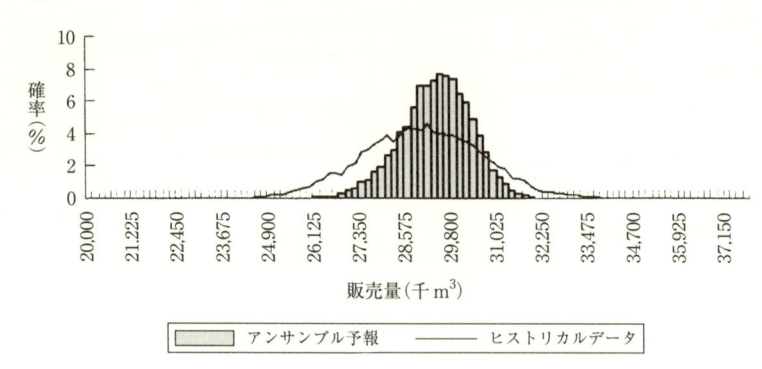

図11.4.4 アンサンブル予報を利用したガス販売量の予測分布。
(2001.12 — 2002.2)
(天候リスクマネジメントへのアンサンブル予報の活用に関する調査，気象庁報告書。平成15年3月)

このような応用プログラムが機能するためには，前段の感応度分析とリスク評価を踏まえて，実際のアンサンブル予報を使っての検証が必要である。図11.4.4は，実際のあるエネルギー企業を対象に，図11.4.2に示した手続きにしたがって，3か月アンサンブル予報を用いた場合と用いなかった場合(平年値を利用)で，販売量がどのように変動するかを確率で評価した例である。

いずれにしても，こうした手法は短期予報に比べて予報精度は低いが，確率的情報を持っているアンサンブル予報の有効な利用の方向を示していると考えられる。

11.5 天候リスクヘッジ—ウエザーデリバティブ—

11.5.1 ウエザーデリバティブ

1週間程度の期間内で起こりえる天候の変動についての対策は，すでにスーパーマーケットの販売管理など種々のオペレーション分野で天気予報(短期予報や週間予報)がデータとして定量的に取り入れられている。しかしながら，現在の予報技術では数か月や半年先に起こりえる冷夏などを的確に予測すること

が困難であることから,やむをえず「平年並」に推移することを前提とした対応が行なわれており,もしも冷夏や暖冬が起こってしまった場合は天の摂理として諦められてきた。しかしながら,近年,企業におけるリスク管理の重要性が急速に高まり,異常気象などによりこうむる「天候リスク」も管理すべき対象として,回避の必要性が認識され始めた。ウエザーデリバティブは,こうした将来の天候リスクをヘッジするべく生まれた金融派生商品(デリバティブ)の一種であり,1997年あたりから米国やヨーロッパを中心に商品化され,日本にも登場している。ウエザー(weather)は広義で気象を意味するから,より一般的には「気象デリバティブ」である。ウエザーデリバティブは,あらかじめ当事者の売上減少など不都合となりえる天候の状態(要素および値)を分析して指数(インデックス)化し,その指数を金額に連動させ,将来の指数変動自身を「商品」として取引するものである。天候に対する一種の保険である。悪天候ばかりではなく当事者にとって都合のよい天候も対象になりうる。

デリバティブ取引には,先物取引(将来の一定に時期に,あらかじめ決められた価格で商品の受渡および代金の支払いを約束する取引)やオプション取引(商品を,将来一定の価格で買いつける,あるいは売りつけることができる権利の取引)などがある。商品は穀物などの実体物以外に,株価や金利なども対象になっている。ウエザーデリバティブの場合は,株価などに相当するものが気象インデックスである。その仕組みは,たとえば,ある地点の暖冬や冷夏の度合いをある気温の積算値で指数化する。将来のある期間の指数が約定された基準値(権利行使値)に達するか否かに応じて権利が行使され補償料が支払われる商品であり,購入者はあらかじめオプション料を払ってその権利を取得する。購入者は指数が基準値に達すれば補償料を得るが,逆の場合はオプション料は返らない。一方,発売者にとってはオプション料が補償料の源泉である。保険と大きく異なる点は,デリバティブでは支払いに際して損害額などの査定がないことと,約定期間が満了した時点で観測値(指数の大小)がすべて確定するから,清算がただちに可能であることである。

11.5.2 ウエザーデリバティブの例

ウエザーデリバティブで気象の指標値としてよく使われるのはエネルギー需要に関連の深い HDD(暖房デグリデー(度日)), CDD(冷房デグリデー(度日))であり, その定義は米国式では,

$$CDD = \text{Max}(Ta - 65°F, \ 0)$$
$$HDD = \text{Max}(65°F - Ta, \ 0)$$

である。ここで 65°F は基準気温, $Ta = (Tmax + Tmin)/2$, Tmax は日最高気温, Tmin は日最低気温である。したがって, CDD はその日の平均気温が基準気温を上回る度数, HDD は下回る度数で, それぞれ一定の期間内の日累積値を度日で表わす。ただし, CDD も HDD も値が負の場合はゼロ度日とする。定義から, CDD は暑夏ほど大きく冷夏ほど小さくなり, 逆に HDD は寒冬ほど大きく, 暖冬の時ほど小さくなる。なお, 日本式では基準温度を 65°F の代わりに対応する 18℃を用い, また Ta を 24 時間平均気温とする場合もある。

つぎの例は気温を指標値とした冷夏リスクヘッジの商品の例であり, 冷夏が発生して電力消費量や清涼飲料の販売が減ることによる収益減をヘッジするために, 電力会社や飲料メーカーなどが損害保険会社と契約をかわすものである。

形式：CDD プット(注)

期間：7月1日～9月30日

権利行使値：650 CDD (3か月の累積値)

単位(ティック)：1 CCD あたり 100 万円

オプション料：1500 万円

対象観測地点：東京大手町

> (注)オプション取引にはコール取引とプット取引があり, コールは相手からその条件で買い付けることができる権利, プットは相手にその条件で売りつけることができる権利である。また, オプションは選択の権利を保証するための一種の手数料で, 損害保険でいえば保険料に相当する。

図 11.5.1 はこの商品の損益関係を示したものであり, 横軸は CDD の度日

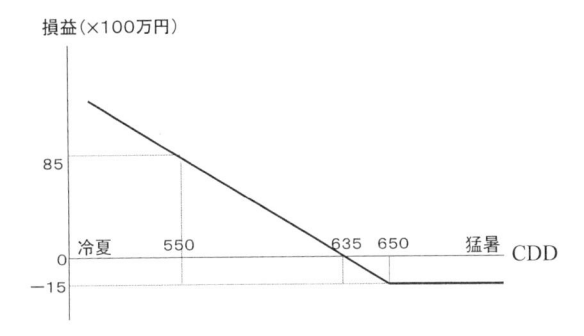

図11.5.1 ウエザーデリバティブ損益図

で左ほど冷夏，右に行くほど暑夏である。

この商品の購入者は，もしもCDDが行使値を100 CCDだけ下回る冷夏で経過した場合は，100×100万円＝1億円の補償料を受け取ることができる（すでに購入時に1500万円のオプション料を払っているから，正味の利益は8500万円）が，逆に，暑夏で推移しCDDが行使値より1度日でも上回った場合は，購入時に支払ったオプション料は戻らない。しかしながら，暑い夏となったので本業の電力等の売上が伸びるからオプション料を払ってあまりあることになる。なお，ウエザーデリバティブは金融商品として市場に上場される場合と，当事者間で約定する取引の二つがある。現在のところ後者がほとんどであり，最近日本では，ある場所，ある期間中の晴れ日数や降雪量など種々の天候要素を指標とする商品が開発されている。

11.5.3 ウエザーデリバティブと気象

気象はウエザーデリバティブと二つの接点を持っている。第一はデリバティブ商品の設計にあたって，対象企業の売上額などに気象がどのように影響を与えているかの分析のフェーズである。気象と売上の間に有意な相関がある場合は，損益の分岐点となる気象の基準値（たとえば，HDD＝1500，期間降水量＝500ミリなど）が得られる。第二はその基準値が得られた場合に，商品価格（オプション料）を設定するためには基準値を上回る（あるいは下回る）確率の見極め（予測）が必要であり，プライシングといわれるフェーズである。

第一のフェーズは，過去の気象データと売上額のデータに基づいて両者の相関が分析される．第二のフェーズには気象の予測が介在する．プライシングのフェーズには，過去データのみを用いる方法，ズバリ長期予報を用いる方法，両者の混合型などが考えられる．現在のところ，世界的に行なわれている方法は過去データを用いる方法である．過去データによる方法では，日本でいえば気象官署の30年程度のデータ，あるいはアメダスデータから対象とする要素についてのある期間の出現確率などが容易に求めることができるから，そこで

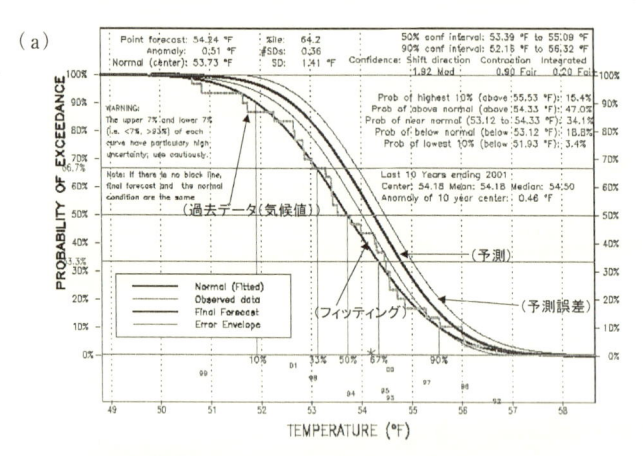

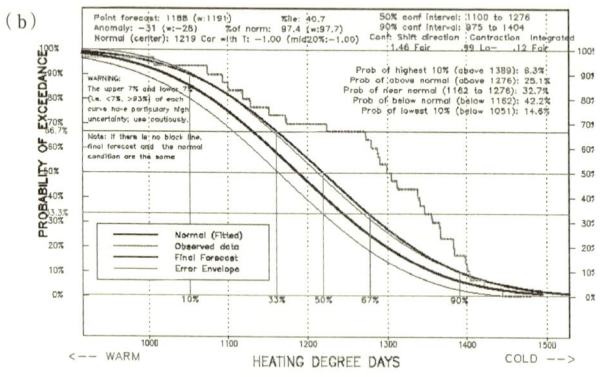

図11.5.2 確率的予報の応用実験例
(a)3か月平均気温の超過確率の見通し　(b)3か月累積HDD超過確率の見通し(米国気象局　ホームページより)

得られたと同じ確率が将来も実現すると考える．一方，長期予報をプライシングに用いる場合，ウエザーデリバティブの契約時点で，それから1か月や3か月先を起点とする1か月あるいは3か月間などという期間を対象とする予測であり，しかも要素が東京のCDDやHDDの累積値などとピンポイントであるため，現在の長期予報技術をそのまま適用することは無理がある．原理的には，前述の天候リスク評価の手法が適用可能である．

しかしながら，米国では長期予報が考慮されているようだ．図11.5.2(a)(b)は，米国気象局(NWS)が実験的に発表している3か月平均気温およびそれをHDDに焼き直した超過確率のOutlook(見通し)の一例である．リードタイムはそれぞれ1.5か月および約2週間である．これらの図から横軸の任意の温度およびHDDに対してそれを超える確率やある幅に落ちる確率が得られる．図中の階段状の実線は観測値，実線は観測値に最適なカーブをあてはめている．また，NWSによる予想値が太実線で示されている．過去データの最小値のところで超過確率(左側の縦軸)は100%であり，値が大きくなるにつれてその確率が低下し，最大値のところで0%である．この例では，長期予報を利用した予測値とその誤差幅が併記されており，過去データに比べて高温が予想されている．これを用いれば長期予報に基づくプライシングが可能である．

このようにNWSは長期予報に基づく超過確率も公表しているが，すでに日本でも3か月予報さらに暖・寒候期予報が確率情報として発表されているので同様な図の作成は可能と考えられる．土方（2003）は，長期予報のプライシングへの利用を試みている．問題は予測精度であろう．

皮肉にも，ウエザーデリバティブは長期予報があたらないことを前提とした保険であるが，長期予報へのアンサンブル予報の導入は，ウエザーデリバティブのプライシングや取り引きの世界に影響を及ぼすことは間違いない．

12章　諸外国の長期予報

　世界185の国と地域がWMO(世界気象機関)に加盟し，WMOの統一的な規範のもとで共同して地上・海上・航空気象観測などを行い，国際的に通報しあっている。
　一方，天気予報は各国の気象主務官庁が独立に行っているが，WMOでは世界を数ブロックに地域分けして各地域に気象センターを設け，各気象センターが地域内の関係国の予報作業を支援する形態をとっている。ちなみに，日本の気象庁は東アジア諸国に対する責任気象センターを分担し，国連のESCAP(東南アジア経済開発協力機構)とも共同して，短期予報や台風進路予報の数値予報の結果などを関係国に提供している。気候の関係では2002年4月からアジア太平洋気候センターを引き受けている。変わったところではイギリスやフランス，ドイツなどEU(ヨーロッパ連合)22か国は共同でヨーロッパ中期予報センター(ECMWF：European Center for Medium Range Forecast)を設け，域内の中期予報などを支援している。
　他方，長期予報(気象庁でいう季節予報に対応)については短期予報のようにほとんどすべての国で行なわれているわけではなく，とくに3か月以上の予報を本格的に行っている国は多くない。近隣諸国では韓国が1か月，3か月予報を，中国が1か月予報を行っている。英国が1か月先まで，ロシアでは月平均気温，季節平均気温，半年平均気温が予想されており，オーストラリアでは季節のOutlookである。カナダでは1年先まで，米国では13か月先までのOutlookを行っている。これらのうち1か月予報は力学的手法が主流であり統計的な手法も併用されているが，3か月を超えるような季節予報では依然として統計的な手法が幅を効かせている。
　ここで米国の長期予報をやや詳しく眺めてみよう。米国は図12.1.1に示す

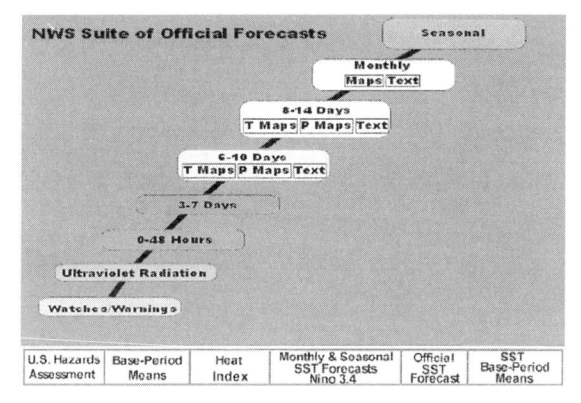

図12.1.1
米国気象局(NWS)の気象予報メニュー(米国気象局ホームページより)

ような一連の予報メニューを持ち，1か月予報のほか季節予報サービスとして13か月先までの気温，降水量，海面水温偏差などのOutlook(見通し)を発表している。図12.1.2は13か月Outlookの中の3か月平均気温についての例であり，予報期間を3月～5月，4月～6月，5月～6月のようにダブらせている。Outlookでは気温などが平年値に比べてどの程度高いあるいは低い方へシフトするかを表示している。降水量についても同様に行っている。なお，空白の領域は平年値以上に有効な情報(シグナル)が得られない地域を示している。注目されるのは日本の1か月予報の基礎情報は力学モデル(アンサンブル予報)のみであるが，米国では1か月予報やOutlookに対しても種々の統計的手法を併用しており，公式予報は予報担当者の主観的な総合判断に委ねられている点である。また，こうした予報以外にも図12.1.3に示すような気候区について，3か月平均気温のOutlookを超過確率の形で発表している(超過確率の例はすでに11章で示した)。米国で用いられている統計的手法は，二つのパターン相互の類似性を有効に分析する正準相関法(CCA)，統計の期間を最適に選ぶ最適気候値法(OCN)，土壌水分の多寡を考慮する方法，さらにエルニーニョが発生／非発生の場合の条件を加味する方法で構成されている。なお，米国の長期予報の考え方を日本と比較する際は，米国は太平洋と大西洋に挟まれた日本の面積の約25倍をもつ文字どおりの大陸であり，大陸東岸に位置する日本と気候特性やエルニーニョ現象の影響の現われ方が異なること，さらにシグナルが

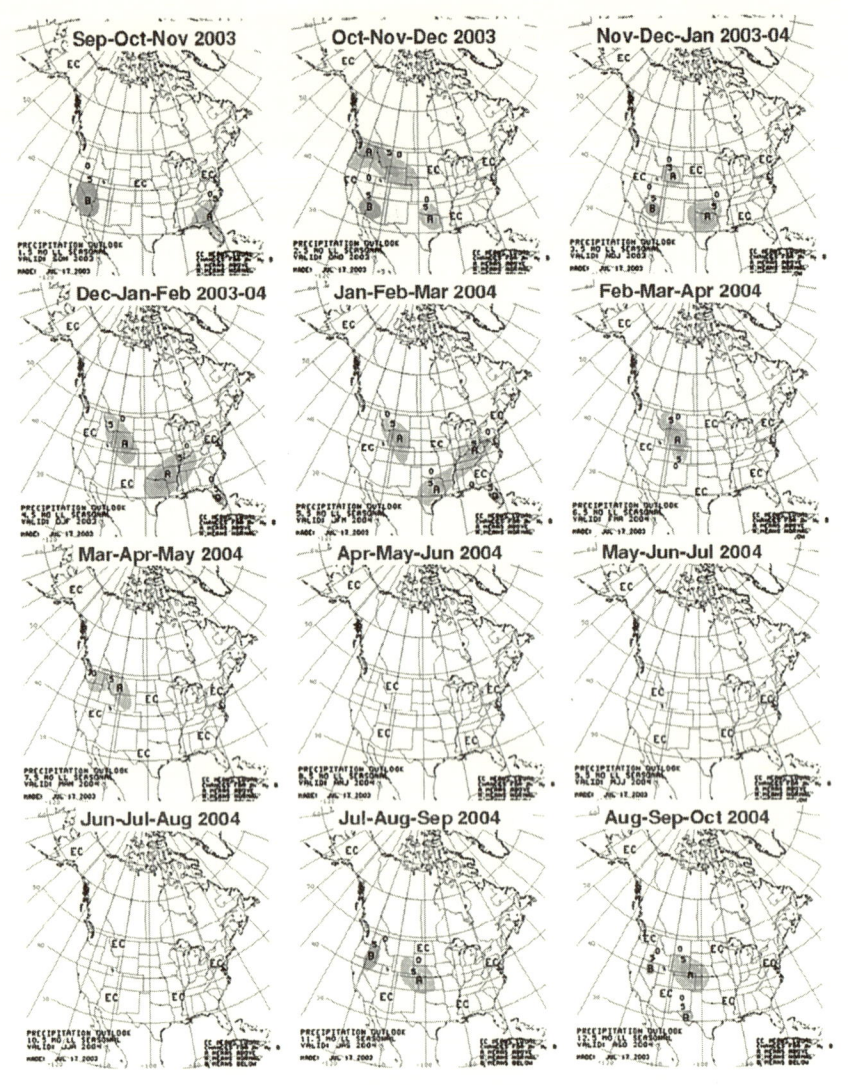

図 12.1.2　米国気象局の 3 カ月平均気温の Outlook
　　　　　（米国気象局ホームページより）

ない場合の空白域表示や超過確率の導入などを受け入れている社会構造などが異なる点に留意する必要がある。

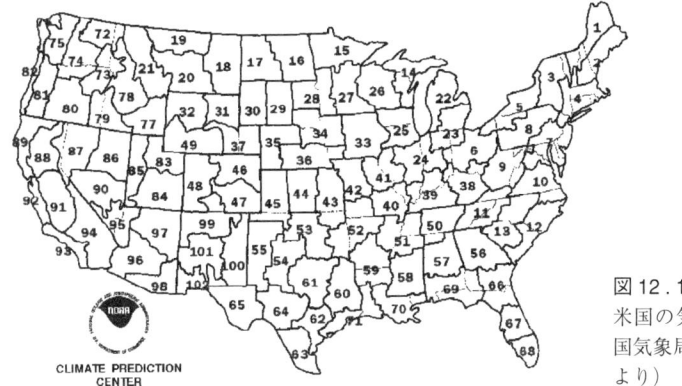

図 12.1.3 米国の気候予報区(米国気象局ホームページより)

さて,表12.1は世界の長期予報の中で力学的手法を中心に用いているものを気象庁で取りまとめたものである。予報技術はすべてアンサンブル予報で,予報要素は気温および降水量が中心である。世界各国がアンサンブル予報と統計的手法をミックスした形で予報期間の延長と精度向上をはかっているのが見られる。なお,これら種々の機関や組織が行っているアンサンブル予報のそれぞれをアンサンブルメンバーとみなして,それらを合成したスーパーアンサンブル予報という考え方もある。

エルニーニョ現象の予測については,日本以外では,NWSのNCEP(米国環境予測センター)とECMWFが大気海洋結合のアンサンブル数値予報モデルを使って行っている。予測の対象は10章で述べたエルニーニョ監視海域などの月平均や3か月平均の海面水温偏差である。

長期予報の分野は国際的にもいまだ研究的色彩が強く,国の機関以外に大学や研究機関でも実験的に予測を行い,それらの結果をインターネットで公開している。主なホームページに,気象庁の http://www.jma.go.jp 以外に,http://www.ecmwf.int, http://www.nws.noaa.gov, http://iri.ldeo.columbia.edu, http://www.ncar.edu などがある。これらを通して長期予報の最前線をうかがうことができる。

表 12.1　各国における長期予報の概要（気象庁）

国又は機関	発表予報	大気モデルの解像度	アンサンブルのメンバー数	初期値の与え方	境界条件（海面水温）の扱い	予報要素	予報期間	予報のリードタイム	備考
アメリカ合衆国	1か月予報	T62L28	20	LAF法	太平洋熱帯域については、大気海洋結合モデルで予測した海面水温の偏差を与える。それ以外については、初期場の偏差が45日後にゼロになるように変化する水温値を与える。	気温、降水量	1か月	約2週間	統計的手法を併用。
	季節予報					気温、降水量	6か月（1-3、4-6月）	約2週間	（同上）15か月の予報期間のうち最初の6か月のみ力学的手法を利用。
イギリス	1か月予報	緯度2.5°×経度3.75° L19	9	LAF法	初期場の偏差が持続する水温値を与える。	気温、降水量、日照時間等	4-10日 11-17日 18-31日	4日	数値モデルの出力の他に、海面気圧、1000-500hPa層厚、海面水温（実況）から算出した予測値も使用。
	季節予報					850hPa気温、降水量	4か月（1-3、2-4月）	0日	試験運用。
カナダ	1か月予報	T63L23	5	LAF法	初期場の偏差が持続する水温値を与える。	気温	1か月	0日	1000-500hPaの層厚から地上気温を算出。
	季節予報	T63L23 T32L10	各6	LAF法	初期場の偏差が持続する水温値を与える。	気温、降水量	3か月	0日	1か年の最初の1季節のみ力学的手法。
韓国	1か月予報	T106L21	10～20	LAF法	初期場の偏差が持続する水温値を与える。	気温、降水量	3か月	1～2日	（同上）
	季節予報					気温、降水量	3か月	5～7日	（同上）
中国	1か月予報	T63L16[1]	8	LAF法	(1)海洋モデルと結合させる、(2)統計的手法（初期場の偏差の簡単な外挿）で予測した水温値を与える（詳細不明）	気温、降水量	1か月	5～7日	統計的手法を併用。1)ECMWFのモデル、独自モデル（T63L16）も開発中。
フランス	季節予報	T63L31	3	LAF法	自己回帰式で予測した水温値を与える。	気温、降水量	3か月（1か月単位）	（不明）	部内資料として利用。
南アフリカ	1か月予報	T30L18[2]	9	LAF法	初期場の偏差が持続する水温値を与える。	気温、降水量等	1か月 又は 3か月（夏） （3か月単位）	（不明）	2)COLAのモデル。
	季節予報				熱帯域については、OCAIにより予測した水温値。その他の海域については、初期場の偏差が指数関数的に減少する水温値を与える。	気温、降水量		（不明）	統計的手法を併用。降水量予測にはPPM手法を採用。
ロシア	4週間予報	T41L14 北半球	11	SV法	平年値を与える。	気温、海面気圧、500hPa高度	4週間（1週間単位）	0日	2000年1月1日に開始。
CPTEC/INPE	季節予報	T62L28	25	LAF法	太平洋熱帯域については、NCEPの大気海洋結合モデルの予測値を与える。その他の海域については、12～3月に予測した水温値を統計的手法で予測した水温値を使用する。	気温、降水量	6か月（1-3、4-6月）	（不明）	
ECMWF	季節予報	T63L31	約30	LAF法	海洋モデルと結合させる。	気温、降水量、海面気圧	5か月（2-4、3-5、4-6月）	1か月	試験運用。
IRI	季節予報	T42L19[3] T42L18 T42L18	各々異なるくらも10	LAF法	(1)初期場の偏差が持続する水温値を与える（予報期間し、中・高緯度については、(2)統計モデルで予測した水温値の海域については、初期場の偏差が期間190日で０になる水温値を与える（予報期間6か月）。	気温、降水量、海面水温	6か月（1-3、4-6月）	（不明）	統計的手法を併用。地域モデルの予報を参考にする。3)上位順に[MPI、NCEP、NCARのモデル（モデルの予測値も提供）]。

CPTEC/INPE: Center for Weather Forecasts and Climate Studies/National Institute for Space Research (ブラジル)　　COLA: Center for Ocean-Land-Atmosphere Studies
IRI: International Research Institute for Climate Prediction (米)　　MPI: Max Planck Institute　　NCAR: National Center for Atmospheric Research (米)
NCEP: National Centers for Environmental Prediction (NOAA, 米)

おわりに

　この本の執筆に取りかかったのは，1か月アンサンブル予報モデルの生データの公開と1か月予報の自由化が始まった2001年のはじめであったが，以来3年ほどの間に，長期予報サービスの開始以来ずっと統計的・経験的手法に頼っていた3か月および暖・寒候期予報までがすべて力学的手法へと発展を遂げてしまった。長期予報への力学的手法の導入は世界的な趨勢であり，すでに各国で定常的なサービスが始められている。しかしながら，南北3000 kmにわたる日本列島は，亜熱帯から亜寒帯までの気候帯に属し，しかもユーラシア大陸と太平洋の境に位置していることなどから，天候や気候は複雑で地域性に富む。また，日本の気象予報の地域区分は，短期予報から中・長期予報にいたるまで，伝統的に米国などと比べて細かく設定されており，気象予報は世界的にみても第一級の厳しい環境にあるといえる。同時に，ユーザーの要求も細かく厳しいものがある。

　中・長期予報における一連の力学的手法の導入は，予報技術の発展からみれば必然の方向には違いないが，今後も統計的手法が併用されるなどいまだ精度は十分ではない。また，アンサンブル予報や確率的情報についての社会の認知度や受容性はきわめて低く，社会の期待と技術との間のギャップも依然として大きいことを認めざえるを得ない。またアンサンブル予報の利便性は，個々のユーザーが自己のシステムについて天候に対する依存性や感応度を客観的に分析し，GPVや種々の統計量にまで遡って，意思決定のための有効な応用モデルを作って初めて発揮される。さらに，中・長期予報の利用には，短期予報のような直截的な利用に比べて，技術的知見のほか工学的な処理も要請されることから，ユーザーをサポートする関係者の連携が不可欠である。

　しかし，何と言っても中・長期予報の利便性は，根幹となる予測モデル自身

の予報精度にかかっている。予報精度の向上にはモデルの精緻化はもちろん，境界条件である海洋や陸域データの収集や超高性能コンピュータの整備など多大の資源が必要である。気象庁には，中・長期予報に対する一層の啓蒙と，予測モデルの向上および技術情報の開示，民間への技術移転の促進などの施策が望まれる。また，民間気象事業者にとっては，天候リスクを持つ種々の分野と連携して，中・長期予報の利用しやすいツールやメニューの開発に努める必要があろう。と同時に利用者側からの積極的なアクションも望まれる。その際，損害保険や金融工学分野などとの共同も必要となる。

　中・長期予報への一連のアンサンブル予報の導入が，気象情報の新しい世紀を切り拓くことを願ってやまない。

付　　録

1. 支配方程式系
2. ローレンツモデル
3. ENSO（エルニーニョ南方振動：El Niño Southern Oscillation）
4. 週間・1か月アンサンブル予報資料
5. 3か月アンサンブル予報資料
6. 長期予報小史
7. 演習問題
8. 長期予報に関連する用語
9. 引用および参考文献

1. 支配方程式系

大気の運動を支配する方程式を地球の緯経度座標等（半径 a，東向き経度 λ，北向き緯度 φ，上向き z 方向）で表わすと，基本式は以下の四つである。

運動方程式

東西方向：$\dfrac{du}{dt} - \dfrac{\tan\varphi}{a} uv - fv = F_\lambda - \dfrac{1}{\rho a\cos\varphi} \cdot \dfrac{\partial p}{\partial \lambda}$ （1）

南北方向：$\dfrac{dv}{dt} + \dfrac{\tan\varphi}{a} u^2 + fu = F_\varphi - \dfrac{1}{\rho a} \cdot \dfrac{\partial p}{\partial \varphi}$ （2）

鉛直方向：$0 = -g - \dfrac{1}{\rho} \cdot \dfrac{\partial p}{\partial z}$ （静力学平衡近似） （3）

質量保存式または連続の式

$$\dfrac{d\rho}{dt} + \rho\left(\dfrac{1}{a\cos\varphi}\cdot\dfrac{\partial u}{\partial \lambda} + \dfrac{1}{a\cos\varphi}\cdot\dfrac{\partial v}{\partial \varphi} + \dfrac{\partial w}{\partial z}\right) = 0 \quad (4)$$

熱力学第1法則

$$C_\rho \dfrac{dT}{dt} - \dfrac{1}{\rho}\cdot\dfrac{dp}{dt} = Q \quad (5)$$

状態方程式

$$p = \rho RT \quad (6)$$

なお，この他に水蒸気量，雲水量，氷水量などの保存式（予測式）が加わる。ここで，時間についての個別微分 $\dfrac{d}{dt}$ は局所時間，空間微分を用いて，

$$\dfrac{d}{dt} = \dfrac{\partial}{\partial t} + \dfrac{u}{a\cos\varphi}\cdot\dfrac{\partial}{\partial \lambda} + \dfrac{v}{a}\cdot\dfrac{\partial}{\partial \varphi} + w\dfrac{\partial}{\partial z} \quad (7)$$

と表現される。

この関係は，直交座標系（x 東向き，y 北向き，z 上向き）では，以下である。

$$\dfrac{d}{dt} = \dfrac{\partial}{\partial t} + u\dfrac{\partial}{\partial x} + v\dfrac{\partial}{\partial y} + w\dfrac{\partial}{\partial z} \quad (8)$$

また，u, v, w はそれぞれ東向き，北向き，上向きの速度，p は気圧，ρ は密度，g は重力加速度，F_λ, F_φ は単位質量あたりの λ, φ 方向の摩擦力，$f = 2\Omega\sin\varphi$，はコリオリパラメーター，Q は単位質量あたりの非断熱加熱率（凝結による潜熱の放出など），C_R, R はそれぞれ乾燥大気の定圧比熱および気体定数である。

2. ローレンツモデル

x を水平方向,z を鉛直上方にとり,y 方向には変化しないと仮定した2次元のブジネスク流体(密度は変化するが非圧縮)の支配方程式系は,

$$\frac{\partial u}{\partial t} + u\frac{\partial u}{\partial x} + w\frac{\partial u}{\partial z} = -\frac{1}{\rho_0} \cdot \frac{\partial p}{\partial x} + \nu\nabla^2 u \tag{1}$$

$$\frac{\partial w}{\partial t} + u\frac{\partial w}{\partial x} + w\frac{\partial w}{\partial z} = -\frac{1}{\rho_0} \cdot \frac{\partial p}{\partial z} + g\frac{\theta}{\theta_0} + \nu\nabla^2 w \tag{2}$$

$$\frac{\partial u}{\partial x} + \frac{\partial w}{\partial z} = 0 \tag{3}$$

$$\frac{\partial \theta}{\partial t} + u\frac{\partial \theta}{\partial x} + w\left(\frac{\partial \theta}{\partial z} + \frac{\Delta T}{H}\right) = k\nabla^2 \tag{4}$$

と表わされる。ここで,上下に厚さ H を持ち,温度差が ΔT(下端の方が高い)のモデルを考える(本文の図5.3.1参照)。u, w は速度の x および z 方向の成分,p, θ は基本場からの偏差である。ν, κ はそれぞれ粘性係数,熱拡散係数であり,一定を仮定する。

(1)(2)式より渦度方程式を求める $\left(\frac{\partial(1)}{\partial z} - \frac{\partial(2)}{\partial x}\right)$ と,

$$\frac{d\eta}{dt} = \frac{\partial \eta}{\partial t} + u\frac{\partial \eta}{\partial x} + w\frac{\partial \eta}{\partial z} = \frac{g}{\theta_0} \cdot \frac{\partial \theta}{\partial x} + \nu\nabla^2 \eta \tag{5}$$

ここで(3)式を考慮すると,流れ関数 ψ が定義でき,

$$u = -\frac{\partial \psi}{\partial z}, \quad w = \frac{\partial \psi}{\partial x} \tag{6}$$

となり,渦度 η は,

$$\eta = \nabla^2 \psi \tag{7}$$

と表わされる。(5)式および(4)式に ψ を代入すると,

$$\frac{\partial}{\partial t}\nabla^2 \psi = -\frac{\partial(\psi, \nabla^2 \psi)}{\partial(x, z)} + \frac{g}{\theta_0} \cdot \frac{\partial \theta}{\partial x} + \nu\nabla^4 \psi \tag{8}$$

$$\frac{\partial}{\partial t}\theta = -\frac{\partial(\psi, \theta)}{\partial(x, z)} + \frac{\Delta T}{H} \cdot \frac{\partial \psi}{\partial x} + k\nabla^2 \theta \tag{9}$$

が得られる。

レイリー (Rayleigh) は，レイリー数 (Ra) がある臨界値 (Rc) を超える場合には，流れの場が次の三角関数の形で表現できることを見い出した。

$$\psi = \psi_0 \sin(\pi a H^{-1} x) \sin(\pi H^{-1} z) \tag{10}$$

$$\theta = \theta_0 \cos(\pi a H^{-1} x) \sin(\pi H^{-1} z) \tag{11}$$

ローレンツは，最終的に解の形を，

$$a(1+a^2)^{-1} K^{-1} \psi = X\sqrt{2} \sin(\pi a H^{-1} x) \sin(\pi H^{-1} z) \tag{12}$$

$$\pi R_c^{-1} R_a \Delta T^{-1} \theta = Y\sqrt{2} \cos(\pi a H^{-1} x) \sin(\pi H^{-1} z) \\ - Z \sin(2\pi H^{-1} z) \tag{13}$$

に設定した。ここで X, Y, Z は時間 t だけの関数である。

(12)(13)式を(8)(9)式に代入して，(12)(13)式に現われている三角関数項以上を無視すると，

$$\dot{X} = -\sigma X + \sigma Y \tag{14}$$

$$\dot{Y} = -XZ + \gamma X - Y \tag{15}$$

$$\dot{Z} = XY - bZ \tag{16}$$

ここでは時間微分 $(\dot{X}, \dot{Y}, \dot{Z})$ は，無次元された時間 $\tau = \pi^2 H^{-2}(1+a^2)kt$ によるものであり，$\sigma = k^{-1} \nu$ （プラントル数），$\gamma = R_c^{-1} R_a$, $b = 4(1+a^2)^{-1}$ である。

結局，ローレンツモデルでは，支配方程式(14)(15)(16)を満足する，X, Y, Z がえられれば，流れの場および温度場が(12)(13)の関数を用いて表現できることを意味している。

3. ENSO（エルニーニョ-南方振動：El Niño Southern Oscillation）

①エルニーニョとエルニーニョ現象

ENSO は 1 章で述べたように，熱帯太平洋域で起こる海洋および大気の大規模な現象であるため，地球規模で大気の流れに影響を及ぼし世界的な異常気象を引き起こす一因になっている。

まず，平年の熱帯太平洋の海面水温分布を見ると，図付 3.1 に示すように西部のインドネシア付近の水温は 28℃〜29℃程度，一方，東部の南米沿岸から沖合にかけては，24℃〜25℃程度の低さである。つまり，熱帯太平洋の海面水温には西で高く東で低いという特徴的な分布が見られる。どうしてこのような分布になっているのだろうか。熱帯の海面は，3 章で述べたように太陽からの豊富な熱をもらってつねに暖められ，表面の水温は高くなっている。一方，大気の流れを見ると，熱帯の下層付近ではつねに東から西へと偏東貿易風が吹いている。このため，表面の暖かい水は東から西へ向かって吹き寄せられて行き，西部には暖かい水が蓄積されている。一方，東部の海域では表面の暖かい水が西方に運ばれた後を補うように，下層から冷たい水が湧昇しており，さらに南米沿岸に沿って南極方面からの寒流が流れ込んできている。このため，南米の沿岸から沖合にかけての海面水温は冷たくなっている。湧昇流はプランクトンの餌となる栄養塩といわれる有機物を豊富に含んでいる。こうして通常はペルーやエクアドルの沖合は冷たく

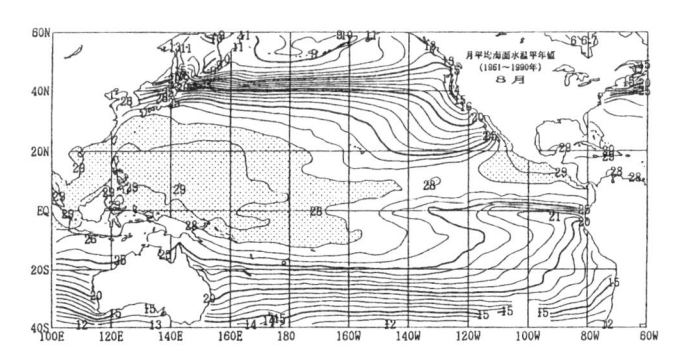

図付 3.1　太平洋の月平均海面水温分布，8 月。（等温線は 1℃ 間隔）
　　　　　陰影部は 28℃以上の暖水域を示す。

栄養豊富な海水に占められており，この付近は世界有数のアンチョビー（カタクチイワシの一種）の漁場となっている。ところが毎年の季節変化として，12月ころ（南半球では夏の始まり）になると北の方からの暖流が流れ込み，この沿岸で海面水温が局所的に上昇する。その暖流に乗っていつもは見かけない魚も回遊してくる。そのほかにこの時期はバナナやココナツなどの収穫期でもあることから，地元の漁師や人たちは天からの恵みへの感謝の意を込めて，クリスマスにちなんでこのような海面水温の上昇するでき事を「エルニーニョ」とよんでいた。クリスマスのころに見られる季節現象であるので，スペイン語で神の子（男の子，キリスト）を意味する「エルニーニョ」（El Niño）とよんでいたのである。ところが数年に一度の割合で，この海面水温が平年に比べて2℃から5℃くらいも高くなり，その状態が半年から1年以上も続くことがある。このような水温の上昇により，餌となるプランクトンが激減してアンチョビーをはじめとする沿岸漁業に大きな打撃を与えることがあった。また通常はほとんど雨の降らない地域であるが，水温の上昇するこの時期には大雨の災害などで，天災としても恐れられていた。地元ではこのように数年に一度の現象もエルニーニョとよんでいた。

ところが近年になって，地球規模の大気や海洋の観測網が整備されるようになり，そのデータを解析してみると，この数年に一度の海面水温が上昇する現象は，ペルー沖などの南米沿岸だけでの局所的な現象ではなく，沿岸からずっと東の日付変更線付近までの熱帯太平洋東部の広い範囲にわたっていることがわかってきた。そのとき，海面水温は平年に比べて1℃～2℃高くなり，期間も1年程度続いている現象であることがわかった。そこで現在では，もともとの局地的なエルニーニョと区別して，このような熱帯太平洋東部における大規模海水温の上昇する現象を改めて「エルニーニョ」あるいは「エルニーニョ現象」とよんでいる。この現象は太平洋熱帯域の気圧場の変動とも関係しており，さらに全球的な大気の循環場にも影響を及ぼし，中・高緯度まで含めた世界各地の天候に大きな影響を及ぼしていることがわかってきた。

図付3.2は今世紀最大といわれた1982年に発生したエルニーニョ現象の最盛期における海面水温の偏差分布図（平年からの偏りの様子）である。これを見ると南米の沿岸付近から赤道に沿って暖かい海水温が日付変更線付近まで広がっており，中心付近では5℃近くも高くなっている。この暖かい海水温は南北方向にも幅を持って広がっており，くさび状の分布となっている。これがエルニーニョ現

付録3．ENSO 247

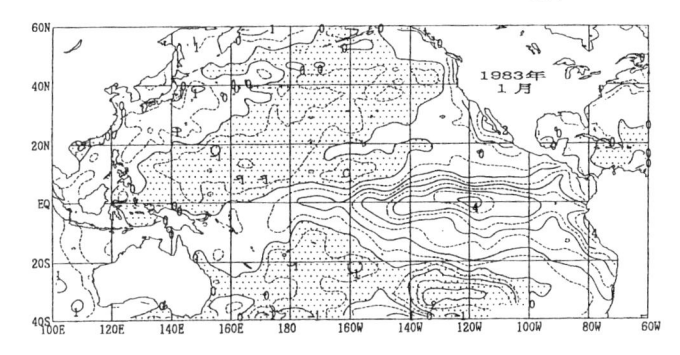

図付3．2 太平洋の海面水温偏差分布，1983年1月。（等温線は0.5℃間隔）陰影部は平年より低いことを示す。

象時の特徴的な海面水温偏差分布である。なお，ここで注意すべきことは，水温の絶対値で見れば西部の方が高いことには変りなく，あくまでも偏差で見てこのように高くなることである。

　気象庁では，赤道をはさんで北緯4度から南緯4度，西経90度から西経150度に囲まれた領域を「エルニーニョ監視海域」として，そこの平均海面水温の状況からエルニーニョ現象が発生しているかどうかの判断をしている。

　エルニーニョ現象の発生メカニズムが解明されると，世界的な異常気象も予測することができるかも知れない。いまのところ十分解明されているわけではないが，現時点でいちばんもっともらしいと考えられているエルニーニョ現象発生のシナリオについて説明しよう。

　熱帯太平洋の海面水温分布とその上を吹いている貿易風とは深い関わりがあり，この貿易風の強弱がエルニーニョ現象の発生と大いにかかわっている。図付3．3は熱帯太平洋の海洋の温度分布と貿易風の強弱との関係を模式的に示した図である。太平洋域を赤道に沿って切った鉛直断面図で，図の左の方がアジア側，右の方が南米側となっている。下層に冷たい水があり，その上に暖かい水が重なるという構造になっている。ところで熱帯太平洋域ではつねに東から西へと貿易風が吹いているため，表面の暖かい水が西側に吹き寄せられているので，暖かい水の層は上の方だけでなく西部では深いところまで達しており，一方東部では暖かい水の層は薄く，海面近くだけとなっている。このため海面は西と東で約70 cm程度傾斜している(上段左)。ところが，なんらかの原因で貿易風が弱まる，あるい

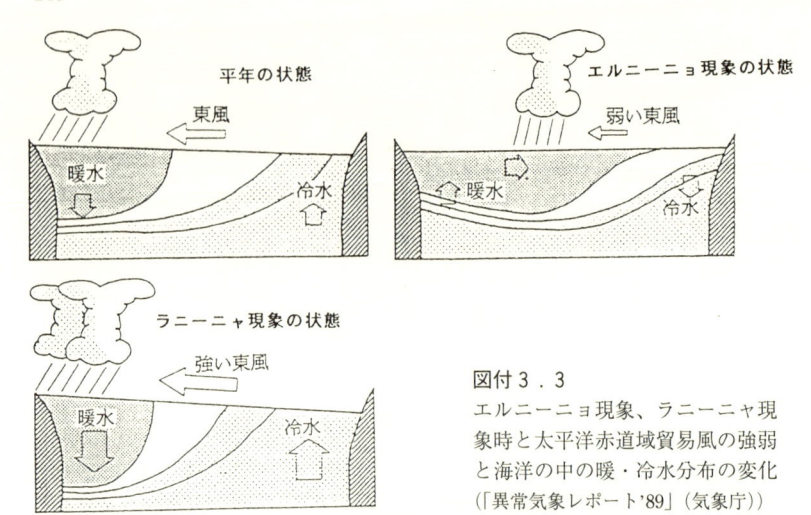

図付 3.3
エルニーニョ現象、ラニーニャ現象時と太平洋赤道域貿易風の強弱と海洋の中の暖・冷水分布の変化
(「異常気象レポート'89」(気象庁))

は弱い西風が吹き出す。これを西風バーストとよんでいる。東から西へと暖かい水を運ぶ風による応力が弱まるため、西部に蓄積されていた暖かい水が東部へと移動することになる。なお、暖水塊の東向きの移動は赤道に沿って海洋中を東向けにのみ伝播することができるケルビン波という波動に伴う現象として説明される。ちなみに、赤道上空の大気中でも同じ性質を持つケルビン波が存在している。こうして東部の水温は平年に比べて高くなり、西部では平年に比べて低くなるというわけである。これがエルニーニョ現象の発生である(上段右)。これが現時点で考えられているエルニーニョ現象発生の一つのシナリオである。

　一方、これとは逆に貿易風が平年よりも強くなる段階がある。この場合には、平年に比べて西側に向かって暖かい水がより強く運ばれるので、西部では平年に比べて暖かい水の層が厚くなって行く。一方、東側では冷たい水の湧き上がりがさらに強くなって、海面水温は平年よりも低くなる。この状態はエルニーニョ現象とはちょうど逆の状態であるので、男の子のエルニーニョに対して女の子を意味するラニーニャ現象とよばれている(下段)。

　エルニーニョ現象は熱帯太平洋の海面水温分布が平年の状態から偏る現象である。しかし、これは単に海洋の現象というだけにとどまらず、それに接する大気にも影響し、やがて世界的な異常気象あるいは日本の冷夏や暖冬などにも関係している。これらについては、2章のなかで記述した。

4．週間・1か月アンサンブル予報資料（気象庁）

週間アンサンブル数値予報モデル

1． 概要
（1） 全球
- ① 初期値　　　： 12UTC
- ② 予報時間　　： 192時間予報，24時間間隔
- ③ アンサンブルメンバ数： 25メンバ
- ④ 格子系　　　： 等緯度等経度
- ⑤ 格子間隔　　： 緯度方向2.5度×経度方向2.5度
- ⑥ 領域　　　　： 全球

（2） 日本域
- ① 初期値　　　： 12UTC
- ② 予報時間　　： 192時間予報，12時間間隔
- ③ アンサンブルメンバ数： 25メンバ
- ④ 格子系　　　： 等緯度等経度
- ⑤ 格子間隔　　： 緯度方向1.875度×経度方向1.875度
- ⑥ 領域　　　　： 日本域(北西端71.3N,90E，南東端22.5N,180Eの矩形領域)

2．データ内容（物理量）
（1） 全球

通報面	高度	風	気温	相対湿度	積算降水量	海面更正気圧
地上		◎			○	○
850hPa	○	◎	○	○		
500hPa	○	◎	○			
300hPa	○	◎	○			

（2） 日本域

通報面	高度	風	気温	相対湿度	積算降水量	上昇流	海面更正気圧
地上		◎			○		○
850hPa	○	◎	○	○			
700hPa						○	
500hPa	○	◎	○				

◎　は2要素分のデータ（風の場合，東西方向と南北方向の2要素）

1か月アンサンブル数値予報モデル

1　メンバ別の格子点値
(1) 概要
① 初期値　　：　水曜日 12UTC、木曜日 12UTC
② 予報時間　：　34日間（1日間間隔）
③ アンサンブル数　：　26メンバ
　　　　　　　（水曜日、木曜日の初期値毎に各13メンバで合計26メンバ）
④ 格子系　　：　等緯度経度（2.5度格子）
⑤ 領域　　　：　全球

(2) データ内容
① 地上物理量

	海面更正気圧	積算降水量
地上	○	○

② 気圧面物理量

気圧面 (hPa)	高度	風	気温	相対湿度
850	○	◎	○	
500	○	◎	○	
200	○	◎	○	
100	○			

◎は2要素分のデータ（風の場合、東西方向と南北方向の2要素）

2　アンサンブル統計格子点値
(1) 概要
① 予報初日　：　土曜日
② 予報期間　：　4週間（1週間間隔または2週間間隔）
③ 統計処理
　　（メンバ）：　アンサンブル平均またはクラスター*¹毎の平均
　　（期間）：　1週間平均、2週間平均または4週間平均
④ 格子系　　：　等緯度経度（2.5度格子）
⑤ 領域　　　：　全球、北半球域または極東域

(2) データ内容
① 地上物理量

	海面更正気圧	積算降水量
地上	○	○

② 気圧面物理量

気圧面(hPa)	高度	高度平年偏差	風	気温	気温平年偏差	相対湿度	その他
850			◎	○	○	○	気温スプレッド[*2]
500	○	○					高度スプレッド 高度高偏差確率[*3]
200			◎				
100	○	○					

◎は2要素分のデータ(風の場合,東西方向と南北方向の2要素)
なお、統計処理、領域及び予報の時間間隔は、物理量により異なっており、詳細は別紙資料を参照。

3　1か月予報ガイダンス

① 予報初日　　：　土曜日
② 予報期間　　：　4週間(1日間隔、1週間間隔または2週間間隔)
③ 統計処理　　：　1週間平均、2週間平均または4週間平均
④ アンサンブル数　：　26メンバ
⑤ 領域　　　　：　気象庁が1か月予報を行なう場合の地方予報区等
　　　　　　　　　(北日本日本海側、北日本太平洋側、東日本日本海側、
　　　　　　　　　東日本太平洋側、西日本日本海側、西日本太平洋側、
　　　　　　　　　南西諸島、北海道地方、東北地方、関東甲信地方、
　　　　　　　　　北陸地方、東海地方、近畿地方、中国地方、四国地方、
　　　　　　　　　九州北部地方、九州南部地方、沖縄地方)
⑥ 要素　　　　：　気温、降水量、日照時間、降雪量[*4]、晴れ日数[*5]
　　　　　　　　　降水日数[*6]、雨日数[*7]
　　　　　　　　　気温、降水量、日照時間、降雪量の「高い・低い」
　　　　　　　　　(または「多い・少ない」)の階級が出現する確率値

なお、各ガイダンスはメンバー別に作成されます。また、統計処理、予報の時間間隔は、要素により異なっており、詳細は別紙「1か月アンサンブル数値予報モデル(アンサンブル統計格子点値)及び1か月ガイダンスの詳細」資料を参照。

[*1] クラスター　：　メンバー相互の類似度(どの程度似通っているかの尺度)を日本付近の高度パターンから算出し、この値を用いてアンサンブルメンバーのグループ分けを行なう。こうして分類された各グループをクラスターと呼ぶ。
[*2] スプレッド　：　予報メンバの標準偏差を自然変動の標準偏差で規格化した値。
[*3] 高偏差確率　：　予想される偏差の絶対値が自然変動の標準偏差の0.5倍を上回る確率。
[*4] 降雪量　　　：　12月～翌2月のみ配信する。
[*5] 晴れ日数　　：　日照時間の可照時間に対する割合が40%以上の日数
[*6] 降水日数　　：　日降水量の合計が1mm以上の日数
[*7] 雨日数　　　：　日降水量の合計が10mm以上の日数

1か月アンサンブル数値予報モデル（アンサンブル統計格子点値）及び1か月ガイダンスの詳細

1．アンサンブル統計格子点値
（全球または北半球域）

要素		レベル (hPa)	領域	予報対象期間
アンサンブル平均値 (7日平均値場)	海面更正気圧、積算降水量	-	全球 2.5x2.5度	予報初日から0-6, 7-13, 14-20, 21-27 日
	気温、相対湿度、風(東西成分、南北成分)	850		
	ジオポテンシャル高度	500,100		
	風(東西成分、南北成分)	200		
	海面更正気圧の平年偏差	-	北半球 2.5x2.5度	予報初日から0-6, 7-13, 14-20, 21-27, 0-13, 14-27, 0-27 日
	気温の平年偏差	850		
	ジオポテンシャル高度の平年偏差	500,100		
アンサンブルメンバー間のスプレッド	海面更正気圧	-		
	気温	850		
	ジオポテンシャル高度	500		
高偏差確率.		500		

（極東域）

要素		レベル (hPa)	領域	予報対象期間
クラスター毎の平均値 (7日平均値場)	ジオポテンシャル高度 ジオポテンシャル高度の平年偏差	500	日本域 2.5x2.5度	予報初日から0-6, 7-13, 14-20, 21-27 日

2．1か月予報ガイダンス

要素		統計処理	予報の時間間隔
予報値	気温、降水量、日照時間、降雪量、晴れ日数、降水日数、雨日数	1週間平均	1日
		2週間平均	1日
		4週間平均	
階級毎の確率値	気温、降水量、日照時間、降雪量	1週間平均	1週間
		2週間平均	2週間
		4週間平均	

5. 3か月アンサンブル予報資料

資料名	対象期間	要素	線種	等値線間隔	陰影
3か月予報資料(3) 実況解析図	予報発表月の前3か月平均、予報発表月を含む前3か月平均（一部数値予報含む）、予報発表月の前1か月平均、予報発表月の1か月平均（一部数値予報含む）	実況500hPa 高度	実線	60m	
		同偏差	破線	30m	負偏差
		実況850hPa 気温	実線	3℃	
		同偏差	破線	1℃	負偏差
		実況海面更正気圧	実線	4hPa	
		同偏差	破線	1hPa	負偏差
3か月予報資料(4) 熱帯・中緯度予想図 （アンサンブル平均）	予報発表月の翌月からの3か月平均	海面水温偏差	実線	0.5℃	負偏差
		降水量偏差	実線	2mm/日	負偏差
		200hPa 速度ポテンシャル	正実線、負破線	3×10^6m^2/s	
		200hPa 流線関数	正実線、負破線	2×10^7m^2/s	
		850hPa 流線関数	正実線、負破線	0.5×10^7m^2/s	
	予報発表月の翌月からの3か月平均と各月	200hPa 速度ポテンシャル偏差	実線	1×10^6m^2/s	負偏差
		200hPa 流線関数偏差	実線	1×10^6m^2/s	負偏差
		850hPa 流線関数偏差	実線	0.5×10^6m^2/s	負偏差
3か月予報資料(5) 北半球予想図 （アンサンブル平均）	予報発表月の翌月からの3か月平均と各月	500hPa 高度	実線	60m	
		同偏差	破線	30m	負偏差
		850hPa 気温	実線	3℃	
		同偏差	破線	1℃	負偏差
		海面更正気圧	実線	4hPa	
		同偏差	破線	1hPa	負偏差
3か月予報資料(6) 高偏差確率	予報発表月の翌月からの3か月平均と各月	高偏差確率	実線	0.25	0.5以上の正の高偏差に＋、負の高偏差に－の影
		500hPa 高度（アンサンブル平均）	実線	60m	

254

サンプル・3か月予報資料（3）

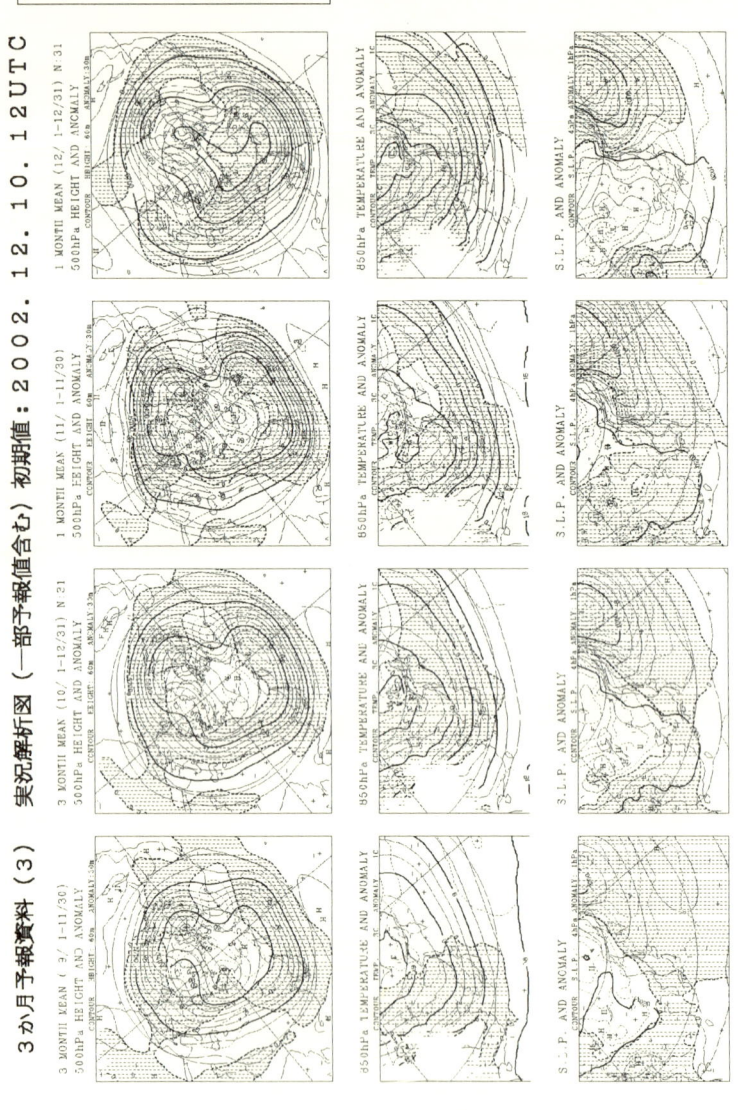

3か月予報資料（3）　実況解析図（一部予報値含む）初期値：2002．12．10．12UTC

1段目：500hPa 高度（実線、等値線間隔60m）とその偏差（破線、30m）。左からそれぞれ、2002年9〜11月の3か月平均、10〜12月の3か月平均（12月10日以後は系統誤差補正したアンサンブル平均予測）、10月、11月、12月の解析値。ただし、12月10日以後は系統誤差補正したアンサンブル平均予測。平年偏差の負に影。

2段目：1段目と同じ。ただし、850hPa気温（実線、3℃）と平年偏差（破線、1℃）。

3段目：1段目と同じ。ただし、海面更正気圧（実線、4hPa）と平年偏差（破線、1hPa）。

図付5.1

サンプル・3か月予報資料（4）

3か月予報資料（4）熱帯・中緯度予想図　初期値：2002.12.10.12UTC

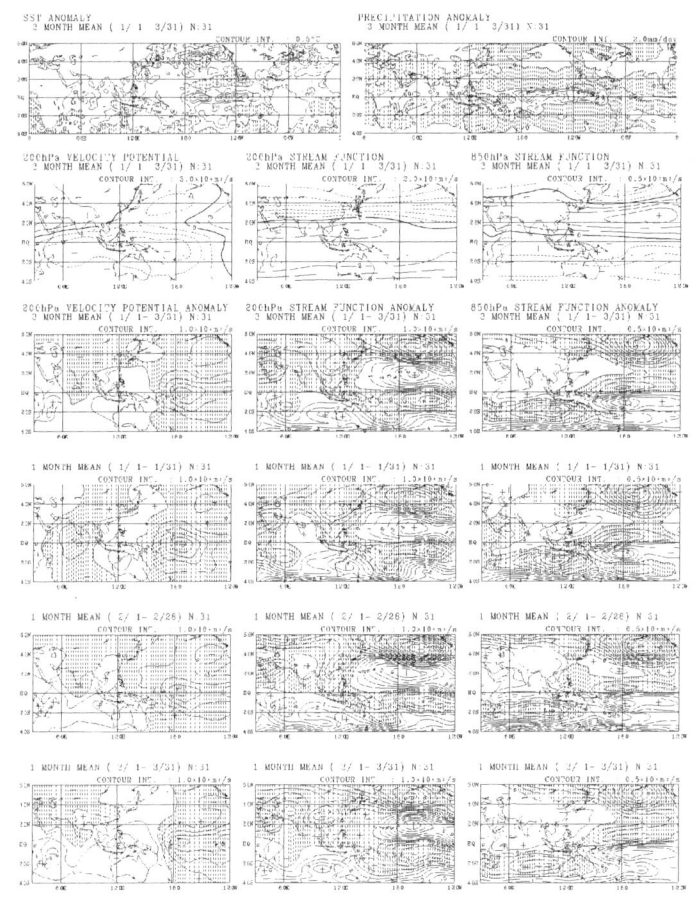

3か月予報資料（4）（熱帯・中緯度予想図）の例（2002年12月10日12Zを初期値とするアンサンブル平均）
1段目左から：モデルの下部境界条件として与える海面水温偏差（等値線間隔0.5℃、負に影）、2003年1～3月の3か月平均降水量平年偏差（2mm/day、負に影）。
2段目左から：1～3月の3か月平均200hPa速度ポテンシャル（$3 \times 10^6 m^2/s$）、200hPa流線関数（$2 \times 10^7 m^2/s$）、850hPa流線関数（$0.5 \times 10^7 m^2/s$）。
3段目：2段目と同じ。ただし全て平年偏差。等値線間隔は左から$1 \times 10^6 m^2/s$、$1 \times 10^6 m^2/s$、$0.5 \times 10^6 m^2/s$、負に影。
4段目：3段目と同じ。ただし2003年1月。
5段目：3段目と同じ。ただし2003年2月。
6段目：3段目と同じ。ただし2003年3月。

図付5.2

256

サンプル・3か月予報資料（5）

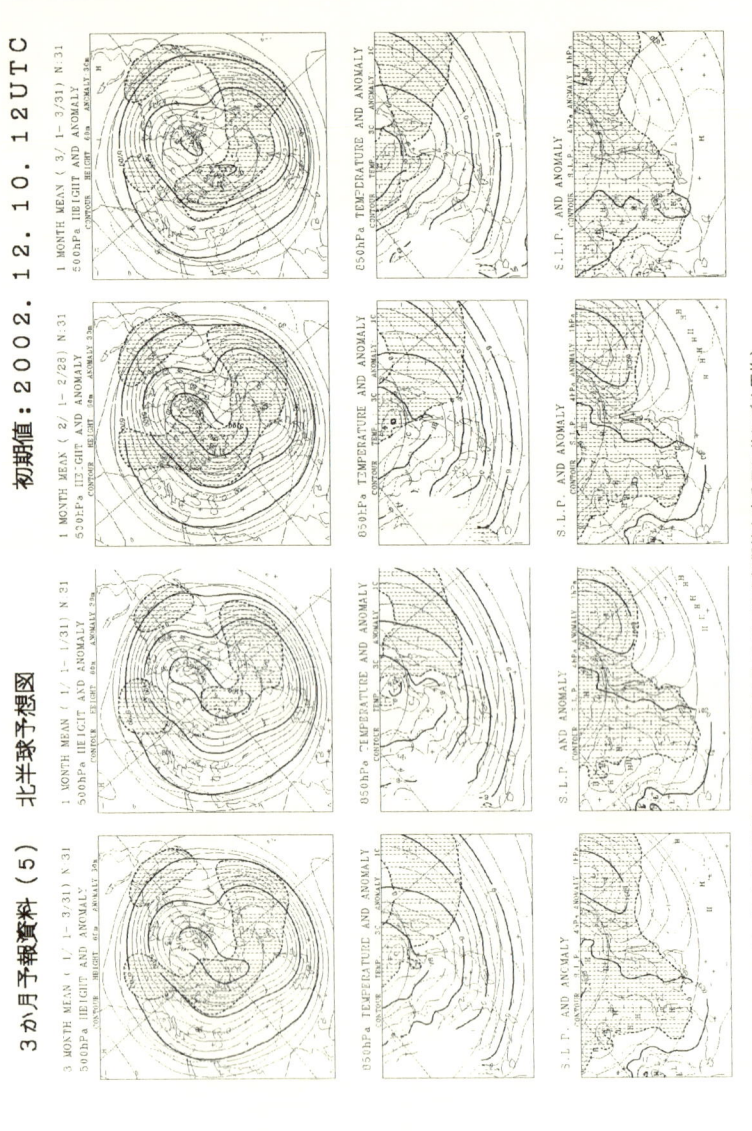

3か月予報資料（5）　（北半球予想図）　北半球予想図　　初期値：2002.12.10.12UTC

図付5.3

3か月予報資料（5）（北半球予想図）の例（2002年12月10日12Zを初期値とするアンサンブル平均）
1段目：500hPa高度（実線、等値線間隔60m）と平年偏差（破線、30m）。左からそれぞれ、2003年1～3月の3か月平均、1月、2月、3月。平年偏差の負に影。
2段目：1段目と同じ。ただし、850hPa気温（実線、3℃）と平年偏差（破線、1℃）。
3段目：1段目と同じ。ただし、海面更正気圧（実線、4hPa）と平年偏差（破線、1hPa）。

付録5．3か月アンサンブル予報資料　257

サンプル・3か月予報資料（6）

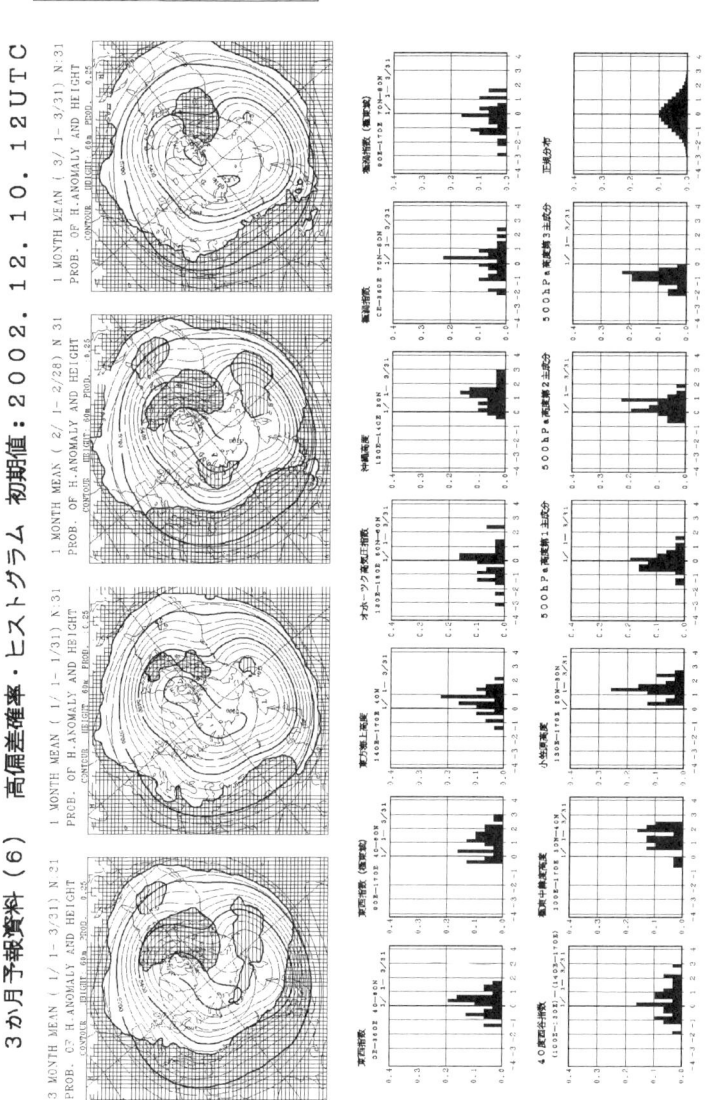

3か月予報資料（6）　高偏差確率・ヒストグラム　初期値：2002．12．10．12UTC

1段目：500hPa高度（実線、等値線間隔60m）と高偏差確率（0.25間隔、正の高偏差を＋の影、負の高偏差を−の影で示す。予測された北半球500hPa高度偏差の絶対値が、解析値の標準偏差の0.43倍を超える場合を高偏差と定義し、全アンサンブルメンバーのうちこのしきい値を超えるメンバーの比率を示す）の3か月平均、1〜3月の3か月平均、1月、2月、3月。2002年12月10日12Zを初期値）

2段目：循環指数類ヒストグラム。2003年1〜3月の3か月平均（北半球）、横軸は標準偏差比で階級の巾は1/4。左から、東西指数、極東域東西指数、オホーツク高気圧指数、沖縄高度、寒帯前線指数（重慶度）。

3段目：2段目と同じ。ただし左から40度西谷指数、鹿児島中緯度高度、極東中緯度高度、小笠原高度、北半球500hPa高度第1主成分スコア、第2主成分スコア、第3主成分スコア。右端には平均0標準偏差1の正規分布のヒストグラムを示す。循環指数類の定義等の詳細は、本文を参照のこと。

図付5．4

258

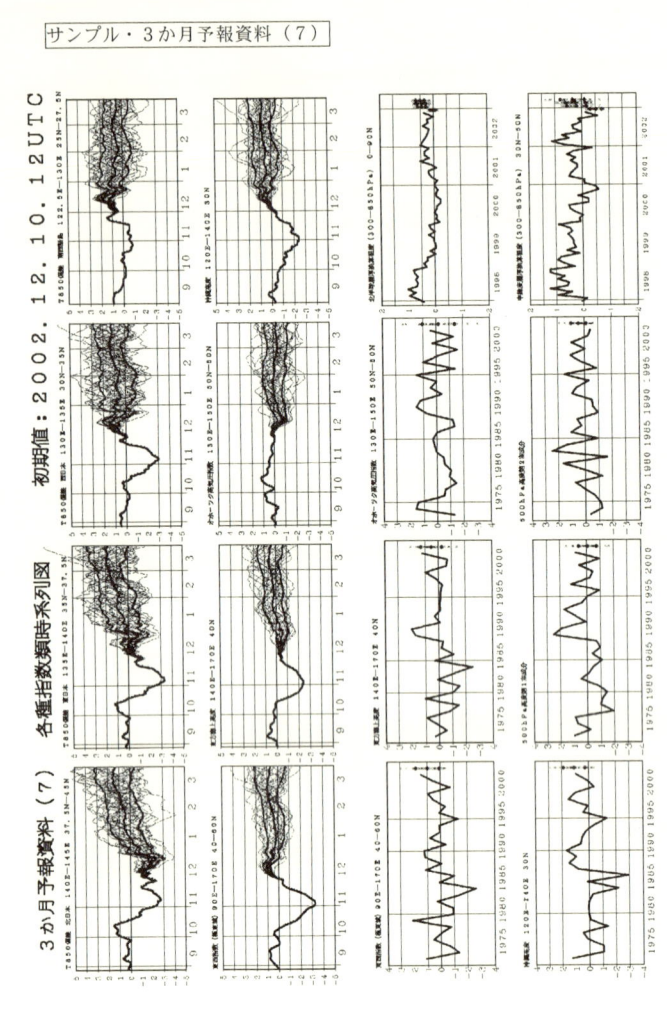

サンプル・3か月予報資料（7）

初期値：2002.12.10.12UTC

3か月予報資料（7）各種指数類時系列図

3か月予報資料（7）各種指数類時系列図の例（2002年12月10日12Zを初期値）

1段目：解析、および予測された各種指数類の30日移動平均時系列図、太実線は解析、アンサンブル平均予測、およびアンサンブル平均予測±標準偏差（スプレッド）、細い実線は各メンバー。日付けは30日移動平均の中心に対応（例えば12月1日〜30日の30日平均値は12月15日と16日の中間に表示）。予報初期値の日-120日からの解析の30日平均を基準値。左から、北日本域850hPa気温平年偏差、西日本域850hPa気温平年偏差、南西諸島域850hPa気温平年偏差。

2段目：1段目と同じ。ただし、左から東西指数（極東域）、東方海上高度、オホーツク海高気圧指数、沖縄高度。

3段目（左から3つ）：解析、および予測された各種指数類の1〜3か月平均値の時系列、アンサンブル平均予測±標準偏差（スプレッド）を●で表示する。要素（左右から）東西指数（極東域）、東方海上高度、オホーツク海高気圧指数、の値を×、アンサンブル平均、および予測±アンサンブル平均±標準偏差（300hPaと850hPa間）偏差。解析値は過去60か月分。予報値は、1か月平均の各メンバーの値を×、アンサンブル平均、および予測±アンサンブル平均値（300hPaと850hPa間）を●で表示。

3段目（右端）：3段目の左から3つと同じ。ただし左から沖縄平均した月層厚換算温度、北半球500hPa高度第1主成分スコア、第2主成分スコア。

4段目（左から3つ）：3段目の左から3つと同じ。ただし左から沖縄平均した月層厚換算温度、北半球500hPa高度第1主成分スコア、第2主成分スコア。

4段目（右端）：3段目右端と同じ。ただし3段目右端の北半球中緯度（30°N〜50°N）層厚換算温度（300hPaと850hPa間）偏差。

図付5.5

付録5．3か月アンサンブル予報資料　259

3か月予報アンサンブル格子点値の解説

1．概要
3か月予報アンサンブル格子点値には、3か月予報メンバー別格子点値と3か月予報アンサンブル統計格子点値がある。

（1）3か月予報メンバー別格子点値
- 作成回数　　　：　月1回
- 予報時間　　　：　120日間（1日間間隔）
- アンサンブルメンバー数：　31メンバー
- 格子系　　　　：　等緯度経度（2.5度格子）
- 領域　　　　　：　全球
- データ内容　　：
  - 地上要素

	海面更正気圧*	積算降水量
地上	○	○

- 気圧面要素

気圧面(hPa)	高度*	風	気温*	相対湿度
850	○	◎	○	○
500	○	◎	○	
200	○	◎	○	
100		○		

◎東西方向と南北方向の2要素
*海面更正気圧、高度、気温は系統誤差補正済み。詳細については、「技術情報第124号」参照。

（2）3か月予報アンサンブル統計格子点値
- 作成回数　　　：　月1回
- 予報期間　　　：　3か月（予報初日の属する月の翌月から3か月）
- 統計処理　　　：　1か月平均及び3か月平均のアンサンブル平均値、スプレッド
- 格子系　　　　：　等緯度経度（2.5度格子）
- 領域　　　　　：　全球
- データ内容　　：
  - 地上要素

	海面更正気圧*1			日平均降水量		
	気圧	平年差*2	スプレッド	降水量	モデル偏差	スプレッド
地上	○	○	○	○	○	○

	地上2m気温			海面水温	
	気温	モデル偏差	スプレッド	海面水温	平年差
地上	○	○	○	海上 ○	○

- 気圧面要素

hPa	高度*1			風			気温*1		
	高度	平年差*2	スプレッド	風	モデル偏差	スプレッド	気温	平年差*2	スプレッド
850				◎	◎	◎	○	○	○
500	○	○	○						
200				◎	◎	◎			

図付5.6

6. 長期予報小史

わが国の長期予報は明治末期に頻発した東北地方の冷害を契機に研究が始まり，さらに昭和に入って冷害が頻発したことで，当時の中央気象台において長期予報が業務的に開始された。今日まで約60年の歴史を持っている。力学的な手法が初めて長期予報に導入されたのは1990年3月のことで1か月予報が対象であった。力学的手法といっても，最初は予報の前半部分だけを数値予報で行い，後半は従来の統計的手法で行うという変則的な形態であった。当時はアンサンブル予報が実用化されていなかったため，従来型の数値予報であった。その後，実用化を目指した開発が進められ，気象庁は1996年3月にはアンサンブル予報による本格的な1か月予報を開始したが，数値予報の生データ(GPV)は部内でのみ利用されてきた。2001年には同モデルの大幅な高度化を果たし，かつGPVや予報資料の部外提供等の体制等が整ったことにより，新1か月アンサンブル予報の正式運用および自由化にいたった。続いて2003年3月から3か月予報，また9月から暖・寒候期予報についてもアンサンブル予報化された。力学的季節予報の本格的な到来である。しかしながら，わが国における長期予報の歴史には以下に述べるように幾多の曲折があった。

6.1 長期予報の創世期

古来，異常な低温や干ばつなど平年からの大きな偏りの出現は，日本の人々の生活に大きな影響を与えてきた。なかでも今日のような近代的な農業技術の発達する以前は，冷夏や干ばつは農民にとって死活問題であり，よく取り上げられる江戸時代の天明・天保期の飢饉などはその典型的な例である。科学的な気象観測が行われるようになった明治以降でも，北日本を中心にたびたび冷夏が現われ，冷害・凶作が繰り返された。長期予報は，そのような状況の中で農学者や気象学者達がいかにして稲作を冷害から守るかという目的で研究が始められた。つまり，わが国の長期予報は出発の当初から，明日の天気予報がいまだ経験に頼っていた明治後期という時代にあって，すでに春先に数か月先の夏の天候を予測するというとんでもない過酷な課題を目指していた。世界的に見ても，天気予報の発展は気象学および観測網の発展と呼応して予報期間の短い方から長い方へとたどってきたが，わが国の場合は長期予報の社会的な要請が気象学や予報の技術に先行し

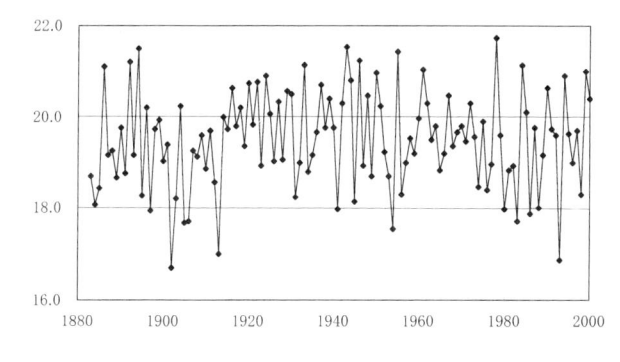

図付 6.1
宮古の過去 120 年間の気温の推移

てしまったわけである。

　さて，約 100 年前の明治時代末期から大正時代の初めにかけて，日本の気候は低温の時代に入っていた。とくに稲作期間である夏の低温傾向は顕著であった。図付 6.1 は宮古測候所の夏の気温経過を示したものであるが，明治 35 年(1902)から大正 2 年(1913)ころにかけては，頻繁に極端な低温の夏が現われているのがわかる。冷夏の影響がどんなものであるかは，まだ記憶に新しい平成 5 年(1993)の大冷夏を思い起こせば容易にわかる。たった 1 年きりの冷夏であったが日本国中で米不足に陥り，米屋やスーパーマーケットでは外米と抱き合わせでなければ日本産の米が手に入りにくかった大騒ぎの経験も持つ。もしも，現在，あのような冷夏が連続してあるいは 2～3 年おきに現われたとするならばその影響たるや計り知れない。当時の農業技術や資料は現在とは格段の差があったため農村の悲惨さは想像を絶するものであった。このような冷夏が頻発し，凶作年が多かった時期という意味でこのころを明治凶作群とよんでいる。その悲惨な状態をなんとか救いたいという熱意が，当時の農学者や気候学者をして冷夏や冷害の実体の把握，その予想についての研究に駆り立てた。わが国の長期予報は，東北地方の農業を冷害から守り被害を軽減することを目的として始まったのである。

　当時の研究の一端を見てみよう。旧盛岡農林高等学校の関豊太郎(宮沢賢治の恩師)は，明治 38 年の冷害は宮古湾など沿岸の 4 月ころの海水温と関係していることを示唆した。また長野県の上田蚕糸専門学校の築地宜雄は，北の高気圧から吹き出す北東風が東北地方に凶冷をもたらすことを指摘している。その後は原因の探究だけではなく冷害の予想へと研究が進み，大正 4 年に東京の西ヶ原農事試験場の安藤廣太郎によって，夏季の天候予想の具体的な方法が提示された。その

基本的な考え方は，東北地方の夏の低温は北海道東方海上に発生する局地的高気圧が原因であるとして，その予報を試みようとした。また中央気象台の岡田武松は有名な梅雨論(明治43年)において，北日本の低温には北海道および三陸東方の高気圧が大きな役割を果たしていることを指摘し，この高気圧の原因として海水温が低いことを取り上げた。これらは東北地方に冷害をもたらす「やませ」やオホーツク高気圧の発達に注目するもので，いま考えてもまさにポイントをついた研究である。

さて，明治凶作群といわれた時代も大正2年の大凶作が最後であった。その後は昭和の初期にかけて，比較的おだやかな天候の時代が続いたことなどから，冷害防止を目指して始まった長期予報の研究は一時下火になった感があったが，やがて昭和6年(1931)年夏の大冷害以降，再び冷涼な天候が現われやすい時代となり，冷害が頻発する時代になった。とくに昭和9年(1934)，10年そして16年などは顕著な凶作年となった。あらためて長期予報の必要性が認識され，数か月先の夏の天候を予想するための研究が再び活発になり，冷害対策という観点からも施設整備が図られた。昭和9年11月に秋田県に田名部測候所が創設され，昭和11年7月には岩手県に八戸測候所が，さらに今日のような高層気象観測が整っていない時代に上空の大気の状態を観測するための山岳測候所として岩手山にも測候所が創設された。また，それまでの研究で冷害と関係があると指摘されている三陸沖の海洋を観測するため，八戸測候所に親潮丸(11年7月)が，宮古測候所には黒潮丸(11年7月)などの海洋観測船が配属された。このように当時としては画期的ともいえる海・陸・空における立体的な気象観測網が展開され，冷害予報のための活発な観測や研究の体制がとられた。

この時期の長期予報の研究は東北地方が中心となって進んでいた。昭和16年4月には，盛岡測候所に東北地方の全測候所長が会合して冷害予報についての討議が行われ，東北地方における長期予報の研究体制が整った。そして昭和17年4月，中央気象台での発表より4か月早く東北地方の長期予報の発表が始まった。東北地方が長期予報研究の発祥の地といわれているゆえんであり，その伝統はいまでも流れている。

"サムサノ夏ハオロロアルキ"とうたった「雨ニモマケズ」の詩は宮沢賢治の晩年の作品であるが，それは昭和6年のまさに昭和凶作群の始まりの時期にあたっている。彼は明治29年(1896)の生まれだから，幼少のころから青年期にかけ

ては明治凶作群の真っただ中，晩年は昭和凶作群の始まりの時期に直面した。東北地方の凶作を生涯を通して身をもって経験したに違いない。彼のなんとかして冷害から農民を救いたいという気持ちは，昭和7年の作品「グスコーブドリの伝記」の中でも語られている。この中では，春先の気候状態からその夏の冷害を心配した火山技師のブドリが人工的に火山を噴火させ，炭酸ガスの放出で温室効果により冷害を解消するという物語である(現実には，大規模な火山噴火は，たとえば1991年のフィリピンのピナトゥボ火山の噴火でわかったように，炭酸ガスによる温室効果よりも成層圏まで

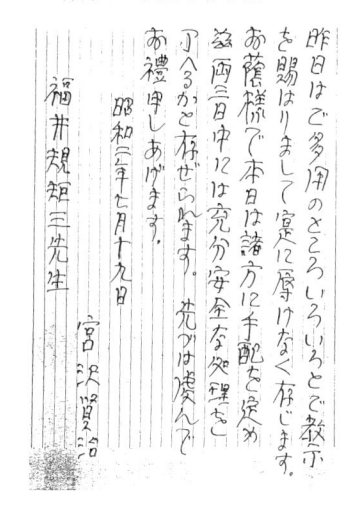

宮沢賢治の手紙

吹き上げられた微粒子による日傘効果による地球規模での気温低下が大きいのだが)。なんとかして冷害を克服したいという気持ちが如実に現われている。ところで宮沢賢治は大正13年(1924)の夏，創立間もない岩手県の盛岡測候所を訪ねている。その年は東北地方では珍しい大干ばつの夏で，農業高校の教師をしていた賢治は，水不足と気象の関係を専門家から聞き，その対策を立てるためであったようである。盛岡測候所には，彼がその後もたびたび訪れ気象資料の閲覧を行った記録が残っている。写真は宮沢賢治が同測候所を訪問した後昭和2年7月19日に当時の福井規矩三所長に宛てた礼状の複製である。この礼状は福井所長の親族が盛岡地方気象台に寄せられたものを借用した。

6.2 長期予報の開始と中断

中央気象台(現在の気象庁)においては，昭和17年8月はじめての1か月予報を発表した。公式に発表された長期予報の第1号ということになる。続いて9月には3か月予報が，さらに翌18年の4月には暖候期予報も発表された。現在の長期予報のメニューの基本はこの時に作られたものである。公式とはいっても，当時は第二次世界大戦中で予報は軍事機密であり，現在のように広く一般に報道されることはなく，軍関係や農林省などの関係方面だけに発表するというもので

あった．

長期予報は，戦後も引き続き発表され，昭和20年12月16日には1か月予報が初めてラジオで放送されるようになり，翌21年1月からは3か月予報も放送され，広く一般の人が長期予報を利用することができるようになった．しかしながら，昭和24(1949)年2月，公式の発表が中止となった．この冬の長期予報が大きくはずれたことが主な理由だといわれている．考えてみると，昭和24年の冬は，それまで続いていた寒冬の時代から暖冬の時代へと冬の天候ベースが大きくシフトする変わり目の年であった．まさに記録的な暖冬の年にあたっており，後に「気候のジャンプ」といわれるほどに，これまでの天候のベースが急激に大きく変化した年であった．このような気候ジャンプの予測は現在の気象学・技術のレベルをもってしても困難であり，無理な注文であったといえる．

6.3 長期予報サービスの再開

長期予報の公的発表の中止を契機に，予報技術を根本から見直し基礎的調査や研究に勢力が注がれた．長期予報で対象とするような規模の大きな現象を扱うには，少なくとも北半球全体のデータが必要であり，また対流圏から成層圏までも含めた立体的な解析ができる高層データが必要と考えられた．ようやく昭和27年頃から北半球全体の高層観測資料も含めた気象資料が収集できるようになり，長期予報で必要とする気象資料もしだいに整備されてきたことで，長期予報の研究は大きく進歩した．たとえば，2章で記述したように，日本の気候を北半球の大気大循環の変動に結びつける方法，天候パターンとその作用中心に関する研究，偏西風の流れが大きく蛇行してしまうブロッキングの研究など，その後の長期予報技術の基本となる種々の考え方が次々に発表され，試みられた．このように基礎的な研究が進む中で，農業関係者などからは公式の長期予報発表の再開についての要望が年々強まり，先の中断から4年ぶりに，昭和28年2月に長期予報の発表が再開された．

6.4 長期予報の技術的系譜

長期予報の技術面での発展の経過を概観してみる．本格的な高度気象観測が行われる以前は，たとえばある一地点の気圧変化と日本付近の天候ベースとの関係をとらえた予報則やマーカス島(南鳥島)上空の風の変化の特徴から梅雨の入り・

付録6. 長期予報小史 265

明けなどを左右する天候ベースの変化を予測するなど，限られた少ない資料を使って天候変化の兆しを見つけ出すという工夫がなされた。こうした予報則は，たとえば，その後に判明した大規模なブロッキング現象の一部，すなわちブロッキング高気圧の動きを，気圧の変化という観点でとらえていたことになる。

　その後，全球的な気象資料の整備が進み，すでに短期予報で用いられていた北半球天気図を用いたシノプティックな予報法が長期予報にも導入され始めた。シノプティックな予報法とは，ある地点や地域の天候(予報要素)と北半球全体の各格子点上の気圧との相関を計算して相関分布図を作成し，その分布図を基に気象学的な意味づけをして，その解析から予測する方法である。このようにすると，短期予報における毎日の天気図のシノプティック解析と同じような考え方で天候と大気の循環場との関係などが解析できることから，この方法は"相関シノプティックス"と名づけられ，その後の長期予報の予測手法における大きな柱となった。過去のデータ群から，たとえば日本が暖冬になる場合の相関分布やあるいはオホーツク海高気圧が発達して冷夏になる場合の相関分布図などがあらかじめ作成されるので，特定の天候と全球規模の循環場の関係の特徴を見つけることができる。これらの分布は偏西風波動との関わりで理解されており，日本の天候を地球規模の現象の中でとらえようとする立場である。これは今でいうところのテレコネクション(遠隔結合)に相当するものであり，当時はテレコネクションという用語こそは生まれていなかったが，わが国の長期予報関係者の間では相関シノプティックスの解釈として，すでにこのテレコネクションの概念が認識されていたことになる。ちなみにテレコネクションに関しては，1980年代にウォレスとガッツラー(Wallace and Gutler)により組織的研究が行われたことなどにより，広く知れわたるようになったが，日本では予報技術の実行が先行し，あたり前となっていたため英文による学術的な発表が遅れてしまった。

　このような統計的手法に立脚した技術は，その後物理的な解釈を加え，現在でも2章で紹介した相関法，類似法，周期法などとして3か月予報の一部や暖・寒候期予報に受け継がれている。

　つぎなる発展は力学的手法の導入であり，「力学的方法による長期予報技術の開発」および「確度をつけた長期予報の発表」は長年の悲願であった。数値予報による週間予報はすでに実施されていたが，1988年10月から毎日発表となった。その後，長期予報の観点からその延長が図られ15日先までの延長が可能となっ

た。1990年3月，はじめて力学的手法による数値予報が長期予報の現場に導入され，1か月予報のうち前半の15日に限って数値予報を基本とした予報に切り替えられた。その後，アンサンブル手法が開発され，1か月予報が全面的に数値予報に基づいて現業化されたのは1996年である。これを境に1か月予報は，完全に従来の統計的予測法から数値予報による方法に切り替えられた。同時に気温，降水量，日照時間の予報に確率表示がされるようになり，長期予報への確率表現の導入も実施されることとなった。また新しい1か月予報では，従来のような文章による天候の記述という形式から，要素別予報を中心とした客観的な手法となり，気温・降水量・日照時間の予想される平年差または平年比を確率で表示することになった。

その後，アンサンブル予報技術は2003年3月から3か月予報に導入され，続いて2003年9月から，暖・寒候期予報にも適用され，長期予報の基礎はすべて力学的数値予報に移行した。なお，3か月および暖・寒候期予報では，最適気候値法(OCN)や正準相関法(CCA)を用いた統計的手法が併用されている。

長期予報に対する基本スタンスも，"現在の技術を評価して科学的に予測可能なことがらだけを予報する。あるいは定量的な評価が可能な要素だけを予報する"という方針に変更された。すなわち，かつては予報文として記述していた細かな天候経過等は，予測資料の根拠あるいは定量的な評価が難しいという見方から，新しい形態では予報文として記述されていない。また，数か月先の梅雨の予報や台風の予報等は，客観的に評価できる明瞭な予報根拠がある場合のみ予報するということになった。

7. 演習問題

問1 次の文章は，大気の運動の性質について述べたものである。このうち，間違っている文章の番号を選べ。
(1) 大気の運動を律している支配方程式系は線形系で，初期条件がわずかに異なれば，それに比例して結果もわずかに異なる。
(2) 大気の運動を律している支配方程式系は非線形系で，初期条件がわずかに異っても，結果がわずかに異なるとはかぎらない。
(3) 大気の運動を律している支配方程式系は非線形系で，初期条件のごくわずかの違いによって，結果が全然異なってしまうことがあり，カオス（混沌）とよばれる。
(4) 大気の運動を律している支配方程式系は非線形系で初期条件に敏感に依存するが，唯一の解を得ることができる決定論的カオスとよばれる。
(5) 大気の運動を律している支配方程式系は非線形系で，初期条件を与えても唯一の解を得ることはできない非決定論的なふるまいをする。

問2 次の文章は，アンサンブル予報について記述したものである。このうち誤っている文章の番号を選べ。
(1) アンサンブル予報は，単一の初期値を用いる数値予報である。
(2) アンサンブル予報は，集団的な初期値のそれぞれに対して数値予報を行う。
(3) アンサンブル予報のメンバー数は，多ければ多いほど予報誤差が減少する。
(4) アンサンブル予報の各メンバーの初期値は，いずれも観測誤差程度の大きさである必要がある。
(5) アンサンブル予報では，メンバーの単純平均がもっとも実現しやすい解と考えるが，これは各メンバーの予測誤差が互いに打ち消されるためである。

問3 次の文章は，ブロッキングについて記述したものである。このうち正しい文章の番号を選べ。
(1) 偏西風の流れが波動的な状態からほとんど東西方向に変化すると，南北方向の空気の移動が阻止されるのでブロッキングとよばれる。
(2) 日本付近でブロッキングが発生すると，寒気流や暖気流に長く覆われるため，低温や高温，干ばつや大雨などの異常気象にみまわれやすい。

(3) ブロッキングは，偏西風の蛇行が大きくなり，流れが分流してその状態が1週間程度以上続く現象である。
(4) 偏西風の波動が北へ蛇行したところには相対的に暖かい空気を持つブロッキング高気圧が形成されやすい。
(5) ブロッキングは，その発生場所がいつも決まっており現在の数値予報モデルでほとんど予測可能である。

問4 次の文章は，ウオーカー循環について記述したものである。このうち正しい文章の番号を選べ。
(1) ウオーカー循環とは，低緯度地方の流れの平均状態を赤道に沿った鉛直断面内で見たものである。
(2) エルニーニョおよびラニーニャ現象の発生に伴うウオーカー循環を見ると，それぞれ下層および上層の収束・発散場および気圧場に特徴的なパターンが現われる。
(3) エルニーニョ現象時のウオーカー循環を見ると，対流活動が活発な赤道中部太平洋付近の下層が収束域となり，高圧部が形成される。一方，太平洋西部では相対的に低圧部となる。
(4) エルニーニョ現象時のウオーカー循環を見ると，中部太平洋のタヒチの地上気圧は太平洋西部のダーウイン(オーストラリア北部)に比べて低くなっており，東風が弱まる。
(5) ウオーカー循環とは，低緯度地方の流れの平均状態を南北断面で見たものであり，熱の南北輸送などの様子を示している。

問5 次の文章は，500 hPa面天気図の高度と地上気温の関係について述べたものである。このうち，間違っている文章の番号を選べ。
(1) 500 hPa面は大気の中層に位置しており，一般にその高度が高いほどそれより下層の平均気温は高い。
(2) 500 hPa面は約5 kmとはるか上空にあるため，500 hPa面の高度と地上気温との間にはほとんど相関はない。
(3) 一般に500 hPa面天気図の高度が高いほど地上付近の気温も高く，逆に高度が低いほど気温も低い。
(4) 500 hPa面天気図月平均高度の平年偏差の負領域は，月平均地上気温が平

均に比べて低いことを意味している。
(5) 500 hPa 面天気図の月平均高度と地上の月平均気温との間に間には正相関が認められる。

問6 次の文章は，1か月アンサンブル予報の時系列における移動平均などについて記述したものである。このうち誤っている文章の番号を選べ。
(1) 時系列において，移動平均とは，着目したい現象のうち，より細かい時間変動の成分を除くために用いられる手法である。
(2) 移動平均とは，離散的な原時系列 Xn のおのおのに対して，Xn を中心にそれぞれ前後複数個の Xn を単純平均したものである。
(3) 1か月アンサンブル予報では，1日ごとに高度などの予測値が出力されるが，日々変動を除去するため1週間移動平均などが施されている。
(4) 移動平均で平均する個数を合計 M 個とすると，それ以上の長い周期の変動成分が押さえられ，細かい変動成分が得られる。
(5) 1か月アンサンブル予報では，月平均値は前後2週間の移動平均を施したものである。

問7 次の文章は，テレコネクションについて記述したものである。このうち誤った文章の番号を選べ。
(1) テレコネクションは一般に遠隔結合と訳されており，数千 km 程度離れた地域の気圧場などの間に正や負の相関がみられることを意味する。
(2) 夏季，インドネシア付近の対流活動が強いとき，小笠原高気圧が発達するのはテレコネクションの一例である。
(3) エルニーニョ現象に伴う赤道太平洋西部の低圧部と太平洋東部の高圧部の形成はテレコネクションの一例である。
(4) 地球規模の種々のテレコネクションパターンが知られているが，その形成過程は未解明の点が多く，現在の予報技術ではそれらの発生を数ヶ月前から予測することは困難である。
(5) テレコネクションは熱帯の対流活動の大きな偏りが，プラネタリー波として地球上を伝播するものであり，現在の数値予報でそのパターンを予報することができる。

問8 次の文章は，気象庁の週間予報および1か月予報について記述したものである．このうち正しい文章の番号を選べ．
(1) 週間予報の手法はアンサンブル予報と同じで，解析予報サイクルを用い，モデルや初期条件を共用している．
(2) 週間アンサンブル予報の初期値は，毎日12 UTCの観測値(解析値)に対応するコントロール，BGM法で得られる12個の摂動，その符号を反対にした12個の摂動，の合計25メンバーである．
(3) 1か月アンサンブル予報は，まず毎週水曜日にその日の12 UTCの観測値に対応するコントロールとBGM法で得られる12個の摂動を合わせた13メンバーで約30日先までランを行い，ついで翌日の木曜にまったく同様の手法による13メンバーでランを行い，全体は合計26メンバーで構成されている．
(4) 週間予報では，予報の信頼度を500 hPa天気図の高度のばらつき具合に基いてA，B，Cで示しており，同じ晴れマークでも日によって信頼度が異なる．
(5) 週間予報も1か月予報も，同じアンサンブル予報技術を用いているので，いずれも日単位で意味のある予報が得られる．

問9 次の文章は，ENSOについて記述したものである．このうち誤っている文章の番号を選べ．
(1) ENSOは，エルニーニョ現象を意味するENと，南方振動を意味するSOの合成語であり，エルニーニョ現象に伴う海面水温の変化と大気の対流活動が互いに表裏一体の関係にあることを意味している．
(2) 南方振動とは，南半球の低緯度で見られる気圧場や風の場の1年周期の振動である．
(3) 南方振動の例は，太平洋西部のダーウインと南太平洋タヒチの月平均地上気圧の時系列の間に負の相関を持っていることに見られる．
(4) 南方振動に見られる太平洋西部のダーウインと南太平洋タヒチの月平均地上気圧の差は，月平均のウオーカー循環に伴う地上の収束・発散と対応している．
(5) 太平洋西部のダーウインと南太平洋タヒチの月平均地上気圧の差は，SO

指数とよばれ，エルニーニョ／ラニーニャ現象の監視などに利用される。

問10 次の文章は，アンサンブル予報の初期値について記述したものである。誤っている文章の番号を選べ。
(1) アンサンブル予報の初期値は，観測値に適当な係数を乗じて必要メンバー数を得ている。これを係数変化法という。
(2) アンサンブル予報の初期値メンバーに与える摂動の大きさは，観測誤差程度の大きさを持つものでなければならない。
(3) アンサンブル予報の初期値メンバー数は，多ければ多いほど精度がよくなる。
(4) BGM（成長モード生育法）は初期値メンバー作成法のひとつであり，気象庁でも採用されている。
(5) アンサンブル予報でコントロールとよばれるメンバーは，観測値に基づくメンバーであり，従来の数値予報の単一初期値に対応する。

問11 次の文章は，アンサンブル予報の確率などについて記述したものである。このうち誤っている文章の番号を選べ。
(1) アンサンブル予報のメンバー数をmとすると，各格子点においてm個の予測値が得られるので，たとえば，気温がある幅の範囲に落ちる出現度数がわかり，同様に確率分布が得られる。
(2) アンサンブル予報で，出現度数分布に明らかに異なる二つのグループがあるとき，高い度数のグループに対応する事象が必ず実現するので，他のピークは考慮しなくてよい。
(3) 「高い」「平年並」「低い」などの発生確率は，アンサンブル予報の各メンバーがそれぞれの階級に落ちる度数比から求められている。
(4) アンサンブル予報で発表される月平均気温は，各メンバーで得られた月平均気温の単純平均である。
(5) アンサンブル予報で出現度数分布に明らかに異なる二つのグループがあるとき，低い度数のグループがブロッキングなどを予測している場合もあるので，その場合の対策も必要である。

問12 次の文章は，アンサンブル予報の利用について記述したものである。こ

のうち誤っている文章の番号を選べ。
(1) 1か月アンサンブル予報の結果は日単位で出力されているので，たとえば第15日目晴れ，16日目曇りのように予報することができる。
(2) 1か月アンサンブル予報の結果は日単位で出力されているが，予報として意味のあるのは，最大1週間程度の時間巾の平均気温や降水量などである。
(3) 週間アンサンブル予報は，個々の高・低気圧などに伴う天気が対象であり，結果も日単位で出力されている。したがって，予報として意味のあるのも日単位である。
(4) 1か月アンサンブル予報の予報区は，短期予報の県規模と異なり，複数の県を含む広域を対象としている。
(5) アンサンブル1か月予報では，予報の第2週目までは1週間平均の予報であるが，それより先は第3週目と第4週目を合わせた2週間平均および4週間平均である。

問13 次の文章は，アンサンブル予報のスプレッドについて記述したものである。このうち誤っている文章の番号を選べ。
(1) スプレッドは，各メンバーと全メンバーの単純平均との差で定義されており，その値が小さいほど精度がよいと考える。
(2) スプレッドは，各メンバーと全メンバーの単純平均との差の2乗の平方根を平均し，気候値で規格化されている。その値が小さいほど精度がよいと考える。
(3) スプレッドは，気候値で規格化されているので，1以下では予報の意味があるが，1を超える場合はその精度は気候値並であることを意味している。
(4) 各メンバーのバラツキが大きくても，スプレッドが小さい場合は予報の信頼性は高いと見なされる。
(5) 一般に予報期間の先になるほどスプレッドは大きくなり，気候値に近づく。

問14 次の文章は，1か月アンサンブル予報のガイダンスなどについて記述したものである。誤っている文章の番号を選べ。
(1) ガイダンスは，過去の統計的関係を用いず予報区近傍の数個のGPVを物理モデルに入力して気温などを求めている。
(2) ガイダンスは，あらかじめ過去のアンサンブル予報のGPVと地上気温と

の統計的関係式を導いておき，その関係を予報された GPV に適用する。
(3) 地上気温や降水量ガイダンスはアンサンブル予報の地上の GPV そのものであり，そのまま予報として発表されている。
(4) ガイダンスには，予報対象により日別ガイダンスと週平均ガイダンスの二種類があるが，前者は降水を対象としたものである。
(5) 週平均ガイダンスでは場が平均化されてしまうので低気圧などに伴う降水現象が適切に表現できないため，まず日別ガイダンスを作り，それを1週間平均や2週間平均したガイダンスを作成している。

問 15 次の文章は，ローレンツモデルおよび大気の運動について記述したものである。誤っている文章の番号を選べ。
(1) ローレンツモデルとは，1960年代にローレンツが開発した1か月予報などに使われる全球スペクトル数値予報モデルの一種である。
(2) ローレンツは，1960年代に2次元熱対流の非線形効果を記述する非常に簡単化した方程式系を発見し，その数値積分により初期条件のわずかの相違がまったく異なる時間発展につながることを示した。
(3) ローレンツによる2次元熱対流モデルが示す非線形の特長は，大気の運動にもあてはまり，現在のアンサンブル予報の理論的背景となっている。
(4) ローレンツモデルは，初期条件がわずかに異なると解は途中までは同じような時間的発展をたどるが，途中からまったく異なった発展をたどることがあり，その差はあらかじめ知ることができない。
(5) ローレンツモデルは，初期条件の差がわずかであれば，その後の時間発展もほとんど同じであることを示しており，あらかじめその差を知ることできる。

(答)
問 1(1)(5)，問 2(1)(3)，問 3(2)(3)(4)，問 4(1)(2)(4)，問 5(2)，問 6(4)，問 7(5)，問 8(1)(2)(3)(4)，問 9(2)，問 10(1)(3)，問 11(2)，問 12(1)，問 13(1)，問 14(1)(3)，問 15(1)(5)

8. 長期予報に関連する用語

シベリア高気圧
寒候期にモンゴル北部からシベリア付近に現われる冷たく乾燥した高気圧で，大陸地表の放射冷却により形成される。小笠原高気圧に比べて背が低い。

チベット高気圧
北半球夏季のモンスーン時期に，チベット高原上の対流圏上層に現われる高気圧。100 hPa（およそ高度 15～16 km）天気図で明瞭に見られる。

オホーツク海高気圧
暖候期にオホーツク海や千島付近に現われる低温で湿潤な停滞性の高気圧。とくに梅雨期から夏に現われることが多く，北日本の太平洋側に低温で湿った北東の風（ヤマセ）を吹かせ，冷夏の要因の一つである。

亜熱帯高気圧
北半球では北緯 20 度～30 度を中心に存在する高気圧で，夏季に発達する。赤道付近で上昇した気流が下降する場にあたり，中層および上層で高温・乾燥している背の高い高気圧である。

太平洋高気圧
夏季を中心に強まる高気圧で，北半球では北緯 30 度～40 度の北太平洋東部に中心を持つ準定常的な亜熱帯高気圧で，日本の天候に大きく影響する。季節変化が大きく夏季に発達する。その西縁が日本付近まで張り出している部分は小笠原高気圧ともよばれる。

循環指数
大気大循環における偏西風の強さなどの状態を簡便に見るためのもので，特定の等圧面高度あるいは等圧面上の緯度間の高度差などにより作られた指数。長期予報関係では主に 500 hPa 高度場を用いており，たとえば東西指数・極うず指数・亜熱帯指数・沖縄高度指数・オホーツク海高気圧指数・東方海上高度指数・西谷指数などがある。

偏西風
両極を中心にして主に中緯度帯で，西から東に向かって吹いている帯状の地球規模の西風。温度風の関係から南北の温度差が大きいほど上空の偏西風は強くなる。

ジェット気流

偏西風の中のとくに強い部分で対流圏上部または圏界面付近の狭い領域に集中して吹いている非常に強い風。通常は 10 km くらい上空にもっとも風の強い部分があり，中心の風速は寒候期には 50～100m/s に達する。

東西指数

長期予報でよく使われる循環指数の一種で偏西風の蛇行の程度をみる目安である。東西指数は緯度 40 度帯の平均高度(平年差)から 60 度帯の平均高度差(平年差)を引いて求める。その対象領域は極東域(90 E～170 E)や北半球全体などである。偏西風の蛇行が小さく東西の流れが卓越している場合は高度差が大きくなるため高指数(東西流型)という。この状況では大規模な寒気の南下はなく，中緯度地方の天気変化は順調で，温暖な天候が期待されるが，北極地方は寒気の蓄積のステージとなる。一方，南北方向の流れとなり蛇行が大きい場合は高度差が小さくなり低指数(南北流型)という。偏西風が南北に蛇行しているため，大規模な寒気の南下している領域と暖気が北上している領域が現われる。暖気が北上している領域では季節はずれのバカ陽気となり，寒気の南下している領域は強い低温となる。その境界領域では悪天が続く場合や低気圧が猛烈に発達することがある。

ブロッキング(現象)

偏西風の蛇行が大きくなり，流れが分流してその状態が 1 週間程度以上続くこと。偏西風が北へ蛇行したところにはブロッキング高気圧が形成されやすく，偏西風の中を西から東に移動する低気圧や高気圧の動きを阻害する。その結果同じ天候が長く続くことから異常気象の原因ともなる。

極うず・極うず指数

北極付近の上空に形成される低圧部のことを極うずという。極うずの発達の目安をみる指数として極うず指数がある。極うず指数は 500 hPa 高度場で北緯 70 度と 80 度の高度偏差の和として求める。これにより極付近の寒気蓄積の度あいをみることができる。極うず指数が正(極付近の高度が高い)ならば寒気は中緯度側に放出されて極付近にはない，負(極付近の高度が低い)ならば逆と考えられ，寒気の蓄積，放出の動向をみる目安となる。

テレコネクション

地球上で数千 km も遠くはなれた地点間で，気象や海象の変化に互いに関連が

みられることをテレコネクション(遠隔伝播もしくは遠隔結合)という。たとえば，500 hPa 高度場の偏差分布のパターンがお互いに関連しながら正・負・正などと波列状につながる。そのような高度偏差分布をテレコネクションパターンという。北東太平洋から北米大陸にかけての PNA パターン(太平洋・北米パターン)やユーラシア大陸から日本付近にかけての EU パターン(ユーラシアパターン)などがある。PNA パターンはエルニーニョ現象発生中に顕著に見られる。

暑夏・冷夏
長期予報では 6～8 月の 3 か月を夏としており，この期間の平均気温が夏の平均気温である。夏の平均気温が気候値の 3 階級区分で「高い」にランクされる場合を暑夏，「低い」いにランクされる場合を冷夏という。

暖冬・寒冬
長期予報では前年の 12～2 月の 3 か月を冬としており，この期間の平均気温が冬の平均気温である。冬の平均気温が気候値の 3 階級区分で「高い」にランクされる場合を暖冬，「低い」にランクされる場合を寒冬という。

北暖西冷型
南北に長い日本列島全体の気温分布の特徴を見る場合の分布型の一つで，北日本が平年より暖かく西日本が平年より低い場合をいう。このほかに「北冷西暑」など，暖(暑)，冷，並を組み合わせて用いる。全国一様のときは，全国高温または全国低温などと表現する。

ENSO(エンソ)
エルニーニョ／ラニーニャ現象と南方振動とは，同じ現象を海洋と大気の側面からとらえたと考えられ，エルニーニョ(EL Niño)と南方振動(Southern Oscillation)のそれぞれの頭文字をとって ENSO とよばれている。

南方振動指数
エルニーニョ現象と関係の深い指数である。赤道付近の対流圏下層では通常偏東風が吹いており，貿易風とよぶ。エルニーニョ現象発生時には貿易風が弱くなることから貿易風の強弱がエルニーニョ現象をみる目安となる。貿易風の強さをみる指数として，南太平洋のタヒチとオーストラリアのダーウィンの地上気圧偏差を計算したのが南方振動指数である。エルニーニョ現象発生時にはこの指数がマイナス(負値)となる場合が多い。

季節内変動
一般に，1季節(90日程度)以内の周期的な変動を指す。その中でもっとも顕著な現象は，MJO(マッデン-ジュリアン振動)とよばれる。MJOは赤道地方における対流活動の活発な地域が地球を取り巻いて東進するもので，波数は1(三角関数的にみて対流が活発な地域と不活発な地域が一つずつの波動)である。対流活動はインド洋から太平洋西部にかけての領域で活発になる。

ウオーカー循環
低緯度地方の流れの平均状態を赤道に沿った鉛直断面内でみたものである。エルニーニョ現象時のウオーカー循環を見ると，対流活動が活発な赤道中部太平洋付近の下層が収束域となり，低圧部が形成される。一方，太平洋西部では相対的に高圧部となる。

アノマリー相関
期間の異なる二者の気温分布などを比較する際に，絶対値ではなく偏差(平年などからの偏り：アノマリー)の形で両者の相関を見る立場。対応する全格子点で相関係数を求める。

9. 引用および参考文献

新しい数値解析予報システム：平成12年度数値予報研修テキスト（気象庁予報部，経田他，2000）

新しい気象力学：岸保勘三郎，佐藤信夫（東京堂出版，1986）

1か月数値予報とアンサンブル予報：平成6年度長期予報研修テキスト（気象庁予報部，高野清治他，1994）

1か月予報指針：気象庁（1981）

1か予報の予測手法：平成11年度季節予報研修テキスト（気象庁気候・海洋気象部，高野清治他，1999）

一般気象学：小倉義光（東京大学出版会，1984）

エルニーニョ現象：木村吉宏（（財）日本海洋協会，1998）

カオスのエッセンス：E. N. LORENZ 著，杉山勝・杉山智子訳（共立出版，1997）

カオスの中の秩序：P. ベルジュ，Y. ポモウ，Ch. ビダル著，相澤洋二訳（産業図書，1992）

気候系監視報告および別冊：気象庁

気候変化・長期予報：根本順吉，朝倉正（朝倉書店，1980）

気象百年史：気象庁（1975）

天気予報の知識と技術：古川武彦（オーム社，1997）

気象予報による意思決定：立平良三（東京堂出版，1999）

気象予報の物理学：二宮洸三（オーム社，1998）

季節予報指針（上・下）：気象庁（1970）

グロースベッター：LFグループ（1990, 1991, 1993, 1996, 1998）

グローバル気象学：廣田勇（東京大学出版会，1992）

新気象読本：新田尚（東京堂出版，1988）

新版NHK気象ハンドブック：NHK出版（1995）

数値予報：岩崎俊樹（共立出版，1993）

全国季節予報技術検討会資料（平成8年度〜12年度）：気象庁気候・海洋気象部

総論天候デリバディブ：土方薫（シグマベイキャピタル，2003）

大気大循環と気候：廣田勇（東京大学出版会，1981）

大気科学講座（3成層圏と中間圏の大気：松野太郎，島崎達雄，4大気の大循環：

岸保勘三郎，田中正之），（東京大学出版会，1981）
地球温暖化の実態と見通し(IPCC 第二次報告書，気象庁編)
長期予報研修テキスト(平成5年度～平成14年度)：気象庁
長期予報新講：和田英夫（地人書館，1969）
最新 天気予報の技術 改訂版：新田尚，立平良三(東京堂出版，2000)
天気予報ガイダンスの解説：気象庁予報部(1991)
図説気象学：根本順吉，島田守家，小林禎作，荒川正一，山下脩二，渡辺和夫，
　　関口理郎（朝倉書店，1982）
物理読本　ソリトン，カオス，フラクタル　非線形の世界：戸田盛和（岩波書店，1999）

Barker, t. W., 1991 : The relationship between spread and forecast error in extended-range forecast. J. Climate, 4, 733-742

Leith, C.E., 1974 : Theoretical skill of Monte Carlo forecasts. Mon.Weather. Rev., 102, 409-418.

Lorenz, 1963 : Deterministic nonperiodic flow. J. Atmos. Sci., 20, 130-141.

Molteni, F and T. N. Palmer., 1993 : Predictability and finite-time Instability of the northern winter circulation. Wallace, J. M. and D. S. Gutler, 1981 Teleconnections in the geopotential height field during the Northern Hemisphere Winter. Mon. Wea. Rev., 109, 784-812.

Murphy, A.H., 1977 The Value of Climatological, Categorical and Probabilistic Forecasts in the Cost-Loss Ratio Situation. Mon. Wea. Rev., 105, 803-816.

Newell, R, E., J. W. Kidson, d. G. Vincent and G. J. Boer, 1972, 1974 : The General Circulation of the Tropical Atmosphere and Integrations with Extratropical Latitudes. Vol.1 (1972), 258pp., Vol.2 (1974)., 371pp., The MIT Press.

Palmer, T. N., 1993 : Extended-range atmospheric prediction and Lorenz model. Bull. Amer. Meteor. Soc., 74, 49-65.

Palmer, T. N, J.Barkmeijer, R. Buizza, E. Klinker and D. Richardson, 2000 : The future of the ensemble prediction, ECMWF Newsletter, 88, 2-8

The Weather Book (USA TODAY, Jack Williams)

Richardson, D.S., 2000 : Skill and relative value of the ECMWF ensemble prediction system. Q. J. R. Meteorol. Soc., 649-667

索　引

あ　行

秋 …………………………………… 42
亜熱帯高気圧 ……………… 34, 40, 53, 275
アノマリー ………………………… 146
アノマリー相関 …………………… 278
雨日数 ……………………………… 158
アルベド（albedo） ………………… 88
アンサンブル平均 …………… 133, 135
アンサンブル平均図 ………… 19, 153
アンサンブルメンバー …………… 145
アンサンブル予報 …………… 106, 132
異常気象 ……………………… 22, 23
異常高温 …………………………… 23
異常少雨 …………………………… 23
異常多雨 …………………………… 23
異常低温 …………………………… 23
1か月アンサンブル予報 ………… 144
1か月予報 ………………………… 62
ウェザーデリバティブ …………… 228
ウォーカー循環 …………………… 278
エルニーニョ（El Nino） …… 51, 52, 53, 247
───────監視海域 ………… 47, 249
───────現象 ……………… 47, 247
───────予測 …………… 195, 197
エンソ ……………… 47, 49, 52, 247, 277
小笠原高気圧 ……………………… 33, 35
オプション料 ……………………… 229
オホーツク海高気圧 …… 31, 32, 36, 39, 275
温室効果 …………………………… 85, 88
温度風 ……………………………… 30, 42, 94

か　行

階級区分 …………………………… 19, 20
解析値 ……………………………… 132
解析・予報サイクル …………… 117, 119
ガイダンス ………………… 120, 157〜159
カオス ……………………………… 17
確率ガイダンス ……………… 157, 187
確率予報 …………………………… 223
可視画像 …………………………… 86
カテゴリー予報 …………………… 219
仮予測因子 ………………………… 161
カルマンフィルター ……………… 204
カルマン方式 ……………………… 161
寒候期予報 …………………… 62, 195
完全モデル ……………………… 108, 143
乾燥断熱減率（Γd） ……………… 105
寒冬 ………………………………… 27, 277
寒冷低気圧 ………………………… 68
気圧傾度力 ………………………… 104
期間別予測式ガイダンス ………… 162
気候学的値 ………………………… 22
気候値 ……………………………… 22
気候の出現率 ……………………… 21
気象 ………………………………… 59
気象予報メニュー ………… 210, 212
季節内変動 ………………………… 288
季節予報 …………………………… 62
客観解析 …………………………… 117
客観解析値 ………………………… 132
極渦 ………………………… 36, 43, 276
極渦指数 …………………… 185, 276
金融派生商品（デリバティブ） …… 229
警報 ………………………………… 60
ケルビン波 ………………………… 250
圏界面 ……………………………… 92
格子点値（GPV） ……………… 110, 120
高周波変動 ………………………… 17
降水日数 …………………………… 158
高偏差確率 …………………… 154, 155
高偏差確率分布図 …………… 167, 184
高偏差生起確率分布図 ………… 170
コスト-ロス比モデル …………… 215

500 hPa 天気図 …………………… 16, 18, 19
コリオリ力 ……………………………… 81, 104
コントロール ………………………………… 133

さ　行

最適気候値(法) ………… 183, 191, 192, 197, 237
最適モード法 ………………………………… 140
作用中心 ……………………………………… 171
3 か月アンサンブル予報 …………………… 178
3 か月予報 ……………………………… 62, 178
ジェット ……………………………………… 17
――――気流 ……………… 32, 38, 94, 104, 276
時間・空間スケール ………………………… 94
実況解析図 …………………………………… 146
湿潤断熱減率(Γm) …………………………… 105
支配方程式系 …………………………… 102, 243
シベリア高気圧 ……………………… 24, 42, 275
重回帰式 ………………………………… 160, 161
週間アンサンブル予報 ……………………… 200
――――――――モデル ……………… 203
週間天気予報 ………………………………… 62
週間予想図(FEFE 19) ……………………… 206
週間予報支援図 ……………………………… 206
周期変化 ……………………………………… 67
周期法 ………………………………………… 76
主成分分析 ……………………………… 185, 191
循環指数 ………………………………… 185, 275
循環場 ……………………………… 16, 36, 66, 166
暑夏 ……………………………………… 38, 277
初期化 ………………………………………… 117
初期条件 ……………………………………… 123
初期値 ………………………………………… 132
――――敏感性 ………………… 123, 129, 132
水平解像度 …………………………………… 116
数値予報 ………………………………… 106, 108
――――モデル ………………………… 106
スパゲティーダイアグラム ………………… 169
スプレッド ……………………… 133, 154, 155, 167
――――空間分布図 ………………… 167
スプレッド-スキル …………………………… 138
スペクトルモデル …………………………… 115
正準相関分析(法) ………… 183, 190, 195, 235
成層圏 ………………………………………… 92

成長モード生育法 …………………………… 141
世界気象機関 ………………………………… 234
赤外画像 ………………………………… 86, 90
赤外放射 ……………………………………… 84
切断波数 ……………………………………… 116
説明変数 ………………………… 160, 187, 226
全球モデル(GSM) ……………………… 107, 202
線形系 ………………………………………… 123
相関法 ………………………………………… 74
層厚換算温度 ………………………………… 186
相互作用 ………………………………… 98, 101
速度ポテンシアル ……………………… 155, 156

た　行

大気海洋結合モデル …………………… 181, 199
大規模場 ……………………………………… 17
太平洋高気圧 ……………………… 31, 36, 53, 275
太陽 …………………………………………… 78
――――エネルギー ……………………… 83
――――放射 ………………………… 84, 85
対流圏 ………………………………………… 91
短期予報 ……………………………………… 62
暖候期予報 ……………………………… 62, 195
短時間予報 …………………………………… 61
短周期変動 …………………………………… 17
暖冬 ……………………………………… 26, 277
断熱変化 ……………………………………… 104
短波放射 ……………………………………… 84
暖房デグリーデー(度日) …………………… 230
地球 …………………………………………… 78
――――の自転 …………………………… 81
――――放射 ………………………… 84, 85
地衡風 …………………………… 69, 82, 102
チベット高気圧 ……………………… 39, 40, 275
中期予報 ………………………………… 62, 202
超過確率 ………………………………… 233, 238
長期予報 ………………………………… 61, 62
長周期変動 …………………………………… 17
超長波 ………………………………………… 97
長波 …………………………………………… 97
――――放射 ……………………………… 84
直接循環 ……………………………………… 35
梅雨 …………………………………………… 30

低周波変動 …………………………………… 17
テレコネクション(遠隔結合) ……… 49, 55, 276
天気 …………………………………………… 60
――日数 …………………………………… 158
天候 …………………………………………… 61
――リスク …………………………… 216, 229
――リスク評価 …………………………… 224
転向力 ………………………………………… 81
東西指数 ………………………… 69, 156, 185, 278
東西流型 ………………………………… 38, 65, 67
特異ベクトル法 …………………………… 180

な 行

夏 …………………………………………… 33
南方振動(Southern Oscillation) ………… 47, 48
南方振動指数(SO-INDEX) ………… 49, 51, 277
南北流型 ………………………………… 38, 67
西谷型 …………………………………… 65, 70
日別信頼度 ………………………………… 204
日別予測式ガイダンス …………………… 162
日射 ………………………………………… 84
ニューラルネットワーキング方式 ……… 161

は 行

ハドレー循環 ………………………………… 35
パラメタリゼーション …………………… 110
春 …………………………………………… 28
晴れ日数 …………………………………… 158
反類似法 …………………………………… 75
東谷型 …………………………………… 65, 70
日替わり予報 …………………………… 121
低い(少ない) ……………………………… 20
非線形 ……………………………………… 123
非線形性 …………………………………… 101
標準大気 …………………………………… 91
フェーン現象 …………………………… 29, 105
冬 …………………………………………… 24
プライシング ……………………………… 231
プラネタリー(惑星)波 …………………… 97
ブロッキング ………………………… 32, 44, 278
ブロッキング型 …………………………… 68
ブロッキング高気圧 ………… 44, 47, 68, 166
平均図 ……………………………………… 16

平均値 ……………………………………… 16
平均天気図 ………………………………… 16
平年値 ………………………………… 19, 20
平年並 ……………………………………… 20
偏差図 ……………………………………… 16
偏差値 ……………………………………… 16
偏西風 ……… 17, 34, 36, 41, 42, 44, 67, 89, 104, 275
貿易風 …………………………………… 249
北暖西冷型 ………………………………… 277

ま 行

メソスケール現象 …………………………… 97
メンバー …………………………………… 133
猛暑 ………………………………………… 38
目的変数 ……………………………… 160, 187, 226
モンテカルロ法 …………………………… 139

や 行

やせ ……………………………………… 36, 39
予報 ………………………………………… 60
予報期間と発表日(更新日) ……………… 144
予報期間の単位 …………………………… 144
予報区(域) …………………………… 62, 144
予報メニュー ……………………………… 235
予報要素 …………………………………… 144

ら 行

ラニーニャ ……………………………… 51, 52, 53
――現象 ………………………………… 47
離散化 ……………………………………… 113
領域モデル(RSM) ……………………… 109
類似法 ……………………………………… 75
冷夏 …………………………………… 35, 277
冷房デグリーデー(度日) ………………… 230
レイリー―ベナール対流 ………………… 125
ローレンツ ………………………………… 124
――アトラクター ……………… 127, 134
――のストレンジアトラクター ……… 127
――モデル ……………………… 124, 247

A~Z

BGM法 ………………………………… 141, 204
CCA …………………………………… 183, 193

CCA 法 191, 192, 195, 235	MOS（Model Output Statistics） 160, 161
CCN（正準相関分布） 74	OCN（Optimum Climate Normal）
CDD（冷房度日） 230	183, 190, 195
ENSO 47, 49, 52, 247, 277	OCN 法 190, 193, 235
EU パターン 56, 57	Outlook 233, 234
GPV 110, 120	PJ パターン 56, 185
GSM 107, 202	PPM（Perfect Prediction Method） 160, 161
HDD（暖房度日） 230	SO-INDEX 49, 51, 279
LAF 法（Lagged Average Forecast） 139	SV（Singular Vector）法 180
MJO 280	WMO（世界気象機関） 234

著者略歴
古川武彦（ふるかわ　たけひこ）
1940 年　滋賀県に生まれる。
1961 年　気象庁研修所高等部（現気象大学校），1968 年東京理科大学物
　　　　理学科卒業。
　気象庁航空気象管理課長，同予報課長，札幌管区気象台長を経て，現在，（財）日本気象協会技師長。理学博士（九州大学）。専門は気象学，気象予報技術。
著書―『天気予報の知識と技術』（オーム社）など。

酒井重典（さかい　しげのり）
1943 年　長崎県佐世保市に生まれる。
1964 年　気象大学校卒業。
　気象庁長期予報課予報官，鳥取・盛岡・新潟気象台長を経て，現在，東京電力（株）系統運用部気象担当部長。専門は長期予報。
著書―災害とたたかうシリーズ『台風』（監修）（偕成社）など。

アンサンブル予報
―新しい中・長期予報と利用法―

2004 年 2 月 25 日　初版印刷
2004 年 3 月 10 日　初版発行

著　　者	古　川　武　彦 酒　井　重　典
発 行 者	今　泉　弘　勝
印 刷 所	株式会社　三秀舎
製 本 所	渡辺製本株式会社

発 行 所　株式会社 東 京 堂 出 版
〔〒101-0051〕東京都千代田区神田神保町 1-17
電話 03-3233-3741　　振替 00130-7-270

ISBN 4-490-20518-X　C3044　　©Takehiko Furukawa　2004
Printed in Japan　　　　　　　　 Shigenori Sakai

最新 気象の事典　和達清夫監修

1993
アメダス・エルニーニョ・環境アセスメント・酸性雨など気象学の進歩とともに新しい用語が続出した。本書は全面的な改稿を施し最新の情報を網羅し気象関係者や図書館の要望に応える第3版。　菊判　650頁　9800円

最新 天気予報の技術　天気予報技術研究会編集
改訂版
2000
気象学の基礎知識から予報の実務・関連法規まで気象予報士として必要な知識をわかりやすく解説。独自に想定した実技例題5題をあげ詳しく説明。執筆は前と元の気象庁長官が担当。　四六倍判　348頁　2800円

気象予報士試験 実技演習例題集　天気予報技術研究会編

2000
問題を解く前の基本的な注意事項、各問の読み方や解答のポイントなどを丁寧に解説。付録に現象別の総説、天気図の一覧など基礎的事項を収録。本試験に準拠した唯一の実技問題集。　四六倍判　304頁　3400円

気象予報士のための 天気予報用語集　新田尚監修　天気予報技術研究会編

1996
天気予報の解説では専門用語がそのまま使われることが多い。本書は気象予報士試験を受けようとする人や気象関係の記事を読む人のために、かゆい所に手が届くようわかりやすく解説した。　小B6判　296頁　2200円

気象予報のための 天気図のみかた　CD-ROM付き　下山紀夫著

1998
気象情報・気象資料にはどのようなものがあり、それをどうしたら天気予報に利用できるのかを図版を多数挿入して解説。CD-ROMには天気図等予報資料を収録し天気図を見るポイントを解説。　菊倍判　208頁　5200円

天気予報のための 局地気象のみかた　中田隆一著

2001
集中豪雨、局地的な強風、霧など、日常生活に多大の影響をもたらす局地気象。本書は、現地観測による実例をもとに、現象を考察。数値予報モデルでは難しい局地現象の予測をも可能にした。　菊倍判　120頁　3800円

豪雨と降水システム　二宮洸三著

2001
小地域に短時間に集中し、大災害をひき起こす豪雨。本書は大気-海洋における水蒸気の相互循環など、地球規模で降水システムをとらえ、日本・世界の豪雨の特性や特徴を考察。　A5判　250頁　3500円

天気予報のための 大気の運動と力学　股野宏志著

1991
正確な天気予報のためには、基礎となる気象力学の理解、応用効果である数値予報資料の正しい解釈が不可欠。本書は複雑な大気の運動をわかりやすく解説。気象予報士をめざす人にも最適。　A5判　154頁　2200円

気象予報による意思決定　立平良三著

1999
「外れ」はつきものである気象予報。本書は、気象予警報を利用しどのようなルールで意思決定すればベストな結果が得られるかを解説。各種イベントの雨対策、地域の防災活動などに最適。　A5判　150頁　2600円

（価格には消費税は含まれておりません）

雷雨とメソ気象　大野久雄著

2001

メソ気象—数百〜1km程度の大気現象—を雷雨を中心に解説した実用的な入門書で，雷雨を中心にしたのは突発的で激しく社会への影響が高いからである。気象予報士や防災関係者などに必備。　Ａ５判　314頁　3800円

最新 航空気象　中山　章著

1996

100％の安全運航をめざし，複雑な気象情報をいかに的確に把握し，いかに対処するか。予報官の長年の経験と事故調査の実地の体験をもとに，最新の航空気象の基礎知識から実務知識までを解説。　Ａ５判　250頁　3398円

海洋大事典　和達清夫監修

1987

海洋時代を迎え進展著しい研究成果を網羅すべく海洋物理・化学・地学・生物・水産・海運等にわたり700項目（索引項目は3000）を収め第一線の専門家81氏が執筆。巻末に付表18点を収録。　Ｂ５判　600頁　16000円

数 値 予 報　増田善信著

1981

数値予報がはじめて実用化に成功してから四半世紀がすぎ，理論の進歩と実際面で多くの成果を蓄積してきた。本書は本格的な数値予報論として現実に用いられる大気モデルに即して解説した。　Ａ５判　288頁　4369円

天気図の歴史　斎藤直輔著

1982

天気図は気象学のシンボルである。天気図がたどった道のりをふり返ることは，気象学の歴史を眺めることである。本書ははじめてわが国の気象史・気象学の近代史を語る本である。　Ａ５判　226頁　3500円

天気と予測可能性　新田　尚著

2002

天気予報を論じた本は多いが，本書は気象学の最先端の知識を「天気とその予測可能性」という見地から再構築し，従来のパターンを破った新しい「天気予報論」を提供した。　Ａ５判　238頁　4369円

大気の汚染と気候の変化　原田　朗著　〈残部僅少〉

1982

大気の汚染とは何か，大気が汚染されると気候はどう影響をうけるか，都市や局地の気候は，地球全体の気候は。この今日的なテーマを自由な観点から科学的根拠のあるアプローチを試みた。　Ａ５判　236頁　4369円

地球流体力学入門　木村龍治著

1983

大気や海洋の運動のメカニズムには共通点が多い。それは地球の自転効果と密度成層の存在による。流体に生じる基礎的性質を理論と実験によって示し自然現象との関連を論じた。　Ａ５判　264頁　4500円

ヒマラヤの気候と氷河　安成哲三・藤井理行著

1983

ヒマラヤの存在がモンスーンを成立させ，モンスーンがヒマラヤの氷河を維持する。このような大気圏・雪氷圏・岩石圏の相互作用の反映としての気候・氷河の実態を紹介した。　Ａ５判　268頁　4369円

（価格には消費税は含まれておりません）

新しい天気予報　立平良三著

1986

最近の天気予報は精度の向上と時間的・地域的にきめ細かく利用度の高い発表形式を工夫する方向に進んでいる。確率予報と短時間の予報についての問題を実例をまじえながら具体的に解説した。　A5判　216頁　4500円

モンスーン　村上多喜雄著　〈残部僅少〉

1986

モンスーン研究の第一線に立つ著者が、梅雨やインドモンスーンに中心をおいて、近年明らかになった数々の興味深い現象の詳しい紹介と、それを説明する理論の解説がなされている。　A5判　210頁　3500円

気象学百年史　高橋浩一郎・内田英治・新田尚著

1987

近年著しい進歩を示した気象学の成果をまず通史として社会の変化の下に回顧・展望・評価し、つづいて諸学説の背後にある考え方の推移や技術的進展をもたらした経緯を各論として説いた。　A5判　244頁　3500円

新総観気象学　松本誠一著

1987

近年の大幅な進歩により大気と大気運動を物理学的に診断することができ、総観気象学に新しい展望をもたらした。特にメソ現象や温帯高・低気圧などをとりあげ新しい総観気象学を説いた。　A5判　206頁　4500円

気象情報の利用　関根勇八・酒井俊二著　〈残部僅少〉

1987

農業・エネルギー産業・水資源など社会・産業の各分野で、活動計画に適した気象情報の有効な利用法を求める声が多い。そうした要望に応えるため新しい視点から気象情報の利用法について解説。A5判　200頁　3500円

気候変動　浅井冨雄著　〈残部僅少〉

1988

最近、社会的に関心の高い地球の気候はどうなるかについて、学問的立場に立ちながらも一般読者にわかるよう解説。気候変動の実態や機構を解明するため世界の学者の最新の研究をとりあげた。　A5判　220頁　4369円

実験気象学入門　菊地勝弘・瓜生道也・北林興二著

1988

雲粒・雨粒・雪結晶などの雲物理学的過程、地表面付近の大気乱流構造など大気中の様々な現象をとりあげ、実験室を通してその本質に迫る。日進月歩の実験気象学が果す大きな役割を鮮明にす。　A5判　266頁　3500円

新気象読本　新田　尚著

1988

気象学とは何か、これからどうなるのかという問題をいちど原点に返って問い直すとともに、気象学の今日的課題をとりあげて解説し、総合科学となりつつある気象学の未来像をさぐる。　A5判　304頁　4369円

大気の物理化学　小川利紘著

1991

地球の自然環境は大きく変化しており、大気環境について大気中の微量成分の物理化学を解説し、気象や気候との関連を明らかにする。光化学大気汚染・二酸化炭素等々も具体的に解説。　A5判　236頁　3500円

(価格には消費税は含まれておりません)